새로운 배움, 더 큰 즐거움

미래엔이 응원합니다!

과학 **6·1**

WRITERS

미래엔콘텐츠연구회
No.1 Content를 개발하는 교육 콘텐츠 연구회

COPYRIGHT

인쇄일 2022년 10월 17일(1판1쇄)
발행일 2022년 10월 17일

펴낸이 신광수
펴낸곳 (주)미래엔
등록번호 제16–67호

교육개발1실장 하남규
개발책임 오진경 **개발** 서규석, 최진경, 유수진, 권태정, 하희수

콘텐츠서비스실장 김효정
콘텐츠서비스책임 이승연

디자인실장 손현지
디자인책임 김기욱 **디자인** 장병진

CS본부장 강윤구
제작책임 강승훈

ISBN 979-11-6841-392-4

초등학교 3학년부터 6학년까지
과학 한눈에 보기

3학년 1학기에는

탐구 과학 탐구를 수행하는 데 필요한 기초 탐구 기능을 배워요.

1단원 물체와 물질이 무엇인지 알아보고, 우리 주변의 물체를 이루는 물질의 성질을 비교해요.

2단원 동물의 암수에 따른 특징을 비교하고, 다양한 동물의 한살이를 알아봐요.

3단원 자석의 성질을 알아보고, 자석이 일상생활에서 이용되는 모습을 찾아봐요.

4단원 지구의 모양과 표면, 육지와 바다의 특징, 공기의 역할을 이해하고, 지구와 달을 비교해요.

3학년 2학기에는

1단원 동물을 분류하고 동물의 생김새와 생활 방식을 알아봐요.

2단원 흙의 특징과 생성 과정을 알아보고, 흐르는 물이 지형을 어떻게 변화시키는지 알아봐요.

3단원 물질의 세 가지 상태를 알고, 물질의 상태에 따라 우리 주변의 물질을 분류해요.

4단원 소리의 세기와 높낮이를 비교하고, 소리가 전달되거나 반사되는 것을 관찰해요.

5학년 1학기에는

1단원 과학자가 자연 현상을 탐구하는 과정을 알아봐요.

2단원 온도를 측정하고 온도 변화를 관찰하며, 열이 어떻게 이동하는지 알아봐요.

3단원 태양계를 구성하는 행성과 태양에 대해 알고, 북쪽 하늘의 별자리를 관찰해요.

4단원 용해와 용액이 무엇인지 이해하고, 용해에 영향을 주는 요인을 찾으며, 용액의 진하기를 비교해요.

5단원 다양한 생물을 관찰하고, 그 생물이 우리 생활에 미치는 영향을 알아봐요.

5학년 2학기에는

1단원 탐구 문제를 정하고, 계획을 세우며, 탐구를 실행하고, 결과를 발표해요.

2단원 생태계와 환경에 대해 이해하고, 생태계 보전을 위해 할 수 있는 일을 알아봐요.

3단원 여러 가지 날씨 요소를 이해하고, 우리나라 계절별 날씨의 특징을 알아봐요.

4단원 물체의 운동과 속력을 이해하고, 속력과 관련된 일상생활 속 안전에 대해 알아봐요.

5단원 산성 용액과 염기성 용액의 특징을 알고, 산성 용액과 염기성 용액을 섞을 때 일어나는 변화를 관찰해요.

1 매일매일 꾸준히 학습하고 싶다면 초코 학습 계획표를 사용하여 스스로 공부하는 습관을 길러 보세요!

2 매일 학습을 하고, 학습이 끝나면 ☐ 에 √ 표시를 하세요.

2
달의 동

1일차
17~19 쪽

월   일

학습 완료 ☐

2일차
20~23 쪽

월   일

학습 완료 ☐

3일차
24~25 쪽

월   일

학습 완료 ☐

4일차
26~27 쪽

월   일

학습 완료 ☐

지

1일차
49~51 쪽

월   일

학습 완료 ☐

2일차
52~55 쪽

월   일

학습 완료 ☐

3일차
56~57 쪽

월   일

학습 완료 ☐

4일차
58~59 쪽

월   일

학습 완료 ☐

구조와 능

1일차
81~83 쪽

월   일

학습 완료 ☐

2일차
84~87 쪽

월   일

학습 완료 ☐

3일차
88~89 쪽

월   일

학습 완료 ☐

4일차
90~91 쪽

월   일

학습 완료 ☐

차
3 쪽

일

☐

5
빛과 렌즈

1일차
115~117 쪽

월   일

학습 완료 ☐

2일차
118~121 쪽

월   일

학습 완료 ☐

3일차
122~123 쪽

월   일

학습 완료 ☐

1 과학자처럼 탐구해 볼까요

1일차
8~9 쪽

월 일
학습 완료 ☐

2일차
10~12 쪽

월 일
학습 완료 ☐

3일차
13~15 쪽

월 일
학습 완료 ☐

2 지구와 운

5일차
28~31 쪽

월 일
학습 완료 ☐

6일차
32~39 쪽

월 일
학습 완료 ☐

7일차
40~43 쪽

월 일
학습 완료 ☐

8일차
44~47 쪽

월 일
학습 완료 ☐

3 여러 기체

5일차
60~63 쪽

월 일
학습 완료 ☐

6일차
64~71 쪽

월 일
학습 완료 ☐

7일차
72~75 쪽

월 일
학습 완료 ☐

8일차
76~79 쪽

월 일
학습 완료 ☐

식물의 기

5일차
92~93 쪽

월 일
학습 완료 ☐

6일차
94~97 쪽

월 일
학습 완료 ☐

7일차
98~105 쪽

월 일
학습 완료 ☐

8일차
106~109 쪽

월 일
학습 완료 ☐

9일
110~11

월
학습 완료

4일차
124~127 쪽

월 일
학습 완료 ☐

5일차
128~135 쪽

월 일
학습 완료 ☐

6일차
136~139 쪽

월 일
학습 완료 ☐

7일차
140~143 쪽

월 일
학습 완료 ☐

초등학교 3학년부터 6학년까지 과학에서는 무엇을 배우는지 한눈에 알아보아요!

4학년 1학기에는

탐구 기초 탐구 기능을 활용하여 실제 과학 탐구를 실행해요.

1단원 지층과 퇴적암을 관찰하고, 화석의 생성 과정, 화석과 과거 지구 환경의 관계를 알아봐요.

2단원 식물의 한살이를 관찰하고, 여러 가지 식물의 한살이를 비교해요.

3단원 저울로 무게를 측정하는 까닭을 알고, 양팔저울, 용수철저울로 물체의 무게를 비교하고 측정해요.

4단원 혼합물을 분리하여 이용하는 까닭을 알고, 물질의 성질을 이용해서 혼합물을 분리해요.

4학년 2학기에는

1단원 식물을 분류하고 식물의 생김새와 생활 방식을 알아봐요.

2단원 물의 세 가지 상태를 알고 물과 얼음, 물과 수증기 사이의 상태 변화를 관찰해요.

3단원 물체의 그림자를 관찰하며 빛의 직진을 이해하고, 빛의 반사와 거울의 성질을 알아봐요.

4단원 화산 분출물, 화강암, 현무암의 특징을 알고, 화산 활동과 지진이 우리 생활에 미치는 영향을 알아봐요.

5단원 지구에 있는 물이 순환하는 과정을 알고, 물 부족 현상을 해결하는 방법을 찾아봐요.

6학년 1학기에는

1단원 일상생활에서 생긴 의문을 탐구 과정을 통해 해결하면서 통합 탐구 기능을 익혀요.

2단원 태양과 달이 뜨고 지는 까닭, 계절에 따라 별자리가 변하는 까닭, 여러 날 동안 달의 모양과 위치의 변화를 알아봐요.

3단원 산소와 이산화 탄소의 성질을 확인하고, 온도, 압력과 기체 부피의 관계를 알아봐요.

4단원 식물과 동물의 세포를 관찰하고, 식물의 구조와 기능을 알아봐요.

5단원 빛의 굴절 현상을 관찰하고, 볼록 렌즈의 특징과 쓰임새를 알아봐요.

6학년 2학기에는

1단원 전기 회로에 대해 알고, 전기를 안전하게 사용하고 절약하는 방법을 조사하며, 전자석에 대해 알아봐요.

2단원 계절에 따라 기온이 변하는 현상을 이해하고, 계절이 변하는 까닭을 알아봐요.

3단원 물질이 연소하는 조건과 연소할 때 생성되는 물질을 알고, 불을 끄는 방법과 화재 안전 대책을 알아봐요.

4단원 우리 몸의 뼈와 근육, 소화 · 순환 · 호흡 · 배설 · 감각 기관의 구조와 기능을 알아봐요.

5단원 우리 주변 에너지의 형태를 알고, 에너지 전환을 이해하며, 에너지를 효율적으로 사용하는 방법을 알아봐요.

과학은
자연 현상을 이해하고 탐구하는 과목이에요.

하지만
갑자기 쏟아지는 새로운 개념과
익숙하지 않은 용어들 때문에
과학을 어렵게 느끼는 친구들이 많이 있어요.

그런 친구들을 위해
초코 가 왔어요!

초코 는~
중요하고 꼭 알아야 하는 내용을 쉽게 정리했어요.
공부한 내용은 여러 문제를 풀면서 확인할 수 있어요.
알쏭달쏭한 개념은 그림으로 한눈에 이해할 수 있어요.

공부가 재밌어지는 **초코** 와 함께라면
과학이 쉬워진답니다.

초등 과학의 즐거운 길잡이!
초코! 맛보러 떠나요~

구성과 특징

"책"으로
공부해요

1 개념이 탄탄

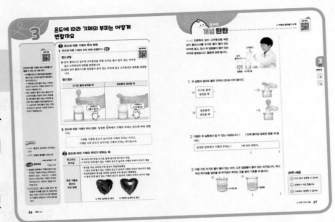

- 교과서의 탐구 활동과 핵심 개념을 간결하게 정리하여 내용을 한눈에 파악하고 쉽게 이해할 수 있어요.
- 간단한 문제를 통해 개념을 잘 이해하고 있는지 확인할 수 있어요.

2 실력이 쑥쑥

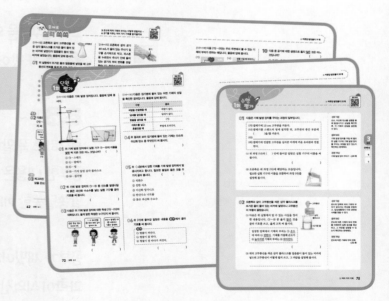

- 객관식, 단답형, 서술형 등 다양한 형식의 문제를 풀어 보면서 실력을 쌓을 수 있어요.
- 단원 평가, 수행 평가를 통해 실제 평가에 대비할 수 있어요.

"온라인
서비스"도
활용해요

생생한 실험 동영상

어렵고 복잡한 실험은 실험 동영상으로 실감 나게 학습해요.

3 핵심만 쏙쏙

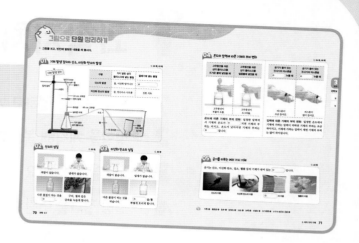

- 핵심 개념만 쏙쏙 뽑아낸 그림으로 어려운 개념도 쉽고 재미있게 학습할 수 있어요.
- 비어 있는 내용을 채우면서 학습한 개념을 다시 정리할 수 있어요.

4 교과서도 완벽

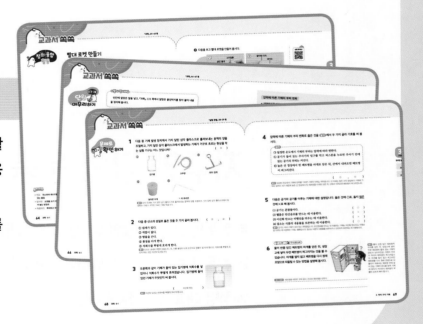

- 교과서의 단원 도입 활동, 마무리 활동을 자세하게 풀이하여 교과서 내용을 놓치지 않고 정리할 수 있어요.
- 교과서와 실험 관찰에 수록된 문제를 다시 확인할 수 있어요.

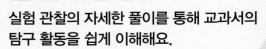
교과서 탐구를 손쉽게
실험 관찰 길잡이
실험 관찰의 자세한 풀이를 통해 교과서의 탐구 활동을 쉽게 이해해요.

스스로 확인하는
정답과 풀이
문제를 풀고 정답과 풀이를 바로 확인하면서 스스로 학습해요.

차례

과학자처럼
탐구해 볼까요

이 단원에서 무엇을 공부할지 알아보아요.

탐구 문제를 정하고 가설을 세워 볼까요

예상과 가설의 차이

• 예상은 조건의 변화에 따라 앞으로 일어날 일을 미리 생각해 보는 것입니다.

• 가설은 왜 그런 일이 일어나는지 그 까닭을 함께 진술하는 것입니다.

용어 사전

★ **가설** 어떤 사실을 설명하기 위해 임시로 정한 해답

★ **조건** 어떤 일을 이루도록 또는 이루지 못하도록 갖추어야 할 상태

★ **심지** 초에 불을 붙이기 위하여 꼬아서 꽂은 실오라기나 헝겊

❶ 가설 세우기 [탐구]

탐구 과정

❶ 양초의 모습을 관찰하다가 궁금하게 생각한 것을 이야기합니다.

❷ 촛불의 길이에 영향을 주는 조건을 생각해 보고, 탐구 문제를 정합니다.

❸ 촛불의 길이를 길게 할 수 있는 조건과 그 까닭을 고려해 가설을 세웁니다.

탐구 결과

[궁금한 점]	[촛불의 길이에 영향을 주는 조건]	[가설]
왜 양초마다 촛불의 길이가 다른 걸까?	양초 심지의 굵기 [탐구 문제] 양초 심지의 굵기가 촛불의 길이에 영향을 미칠까?	양초 심지의 굵기가 굵을수록 양초가 잘 타서 촛불의 길이가 길 것이다.

> 다르게 해야 할 조건과 같게 해야 할 조건, 그리고 실험에서 측정해야 할 것을 포함하여 가설을 세워요.

❷ 가설을 세울 때 생각할 점

1 가설: 관찰한 사실이나 경험, 책에서 알게 된 내용 등을 바탕으로 하여 탐구 문제에 대해 내려 보는 잠정적인 결론

2 가설을 세울 때 생각할 점

① 탐구를 통해 알아보려는 내용이 분명하게 드러나야 합니다.

② 누구나 이해하기 쉽고 간결하게 표현해야 합니다.

③ 탐구를 통해 맞는지 확인할 수 있어야 합니다.

➡ **바른답·알찬풀이 2쪽**

문제로 개념 탄탄

1 탐구 문제에 대해 내려 보는 잠정적인 결론을 무엇이라고 하는지 **보기** 에서 골라 기호를 써 봅시다.

> **보기**
> ㉠ 조건   ㉡ 예상   ㉢ 가설

(   )

2 가설을 세울 때 생각할 점으로 옳은 것에 ○표, 옳지 않은 것에 ×표 해 봅시다.

(1) 탐구 문제와 관련 없는 내용을 가설로 세운다. (   )

(2) 탐구를 통해 알아보려는 내용이 분명하게 드러나야 한다. (   )

(3) 나만 이해할 수 있도록 어렵고 복잡하게 표현해야 한다. (   )

2 실험을 계획해 볼까요

❶ 실험 계획 세우기 탐구

탐구 과정	탐구 결과
❶ 가설이 맞는지 확인하려면 어떻게 실험해야 할지 생각합니다.	**[가설]** 양초 심지의 굵기가 굵을수록 양초가 잘 타서 촛불의 길이가 길 것이다. _실험을 통해 알아보고자 하는 하나의 조건이에요._
❷ 실험에서 다르게 해야 할 조건과 같게 해야 할 조건을 정합니다.	• 다르게 해야 할 조건: 양초 심지의 굵기 ┐ • 같게 해야 할 조건: 양초의 모양과 크기, 양초 심지의 재료, 양초 심지의 길이 등 _다르게 해야 할 조건 외에는 모두 같게 해요._
❸ 실험에서 관찰하거나 측정해야 할 것을 정합니다.	• 양초 심지의 굵기가 다른 세 양초의 촛불의 길이를 관찰해 비교한다. • 사진으로 촬영한 세 양초의 촛불의 길이를 측정해 기록한다.
❹ 실험에 필요한 준비물을 확인하고, 실험 과정을 정해 순서대로 정리합니다.	• 준비물: 양초 점토, 유리그릇, 이쑤시개, 양초 심지(지름 1 mm, 2 mm, 3 mm), 가위, 금속 자, 스탠드, 양쪽 집게, 스마트 기기, 삼각대, 점화기, 보안경, 실험용 장갑, 면장갑, 실험복 • 실험 과정 ① 모양과 크기가 같은 양초 세 개를 만든다. ② 재료와 길이는 같고 굵기만 다른 양초 심지 세 개를 준비한다. ③ 굵기가 다른 양초 심지를 각각의 양초에 꽂고, 불을 붙인 뒤 사진을 찍어 촛불의 길이를 측정한다.
❺ 모둠원의 역할을 정합니다.	예 양초 만들기, 양초에 불 붙이기, 촛불 사진 찍기, 촛불의 길이 측정하기 등

실험 관찰

변인 통제

실험에서 다르게 해야 할 조건과 같게 해야 할 조건을 확인하고 통제하는 것을 변인 통제라고 합니다.

용어 사전

★ **실험** 이론이나 현상을 관찰하고 측정함.

★ **계획** 앞으로 할 일의 순서, 방법 등을 미리 정한 내용

★ **통제** 일정한 방침이나 목적에 따라 행위를 제한함.

➡ 바른답·알찬풀이 2 쪽

문제로

개념 탄탄

정답 확인

1 다음 가설이 맞는지 확인하기 위한 실험 계획을 세우려고 합니다. 실험에서 다르게 해야 할 조건은 무엇인지 써 봅시다.

> **[가설]**
> 양초 심지의 굵기가 굵을수록 양초가 잘 타서 촛불의 길이가 길 것이다.

(   )

2 다음 중 실험 계획을 세울 때 정하지 <u>않는</u> 것은 어느 것입니까? (   )

① 준비물   ② 실험 과정   ③ 탐구 문제

④ 모둠원의 역할   ⑤ 같게 해야 할 조건

3 실험을 해 볼까요

1 양초 심지의 굵기에 따른 촛불의 길이 알아보기 탐구

탐구 과정

❶ 모양과 크기가 같은 세 개의 양초 가운데에 이쑤시개로 심지를 넣을 구멍을 뚫고, 굵기가 다른 양초 심지를 각각 넣습니다.

❷ 스탠드에 금속 자를 설치하고, 양초의 윗면과 금속 자의 눈금 0이 일치하게 양초 세 개를 나란히 놓습니다.

❸ 삼각대에 스마트 기기를 설치하고 양초에 불을 붙인 뒤 사진을 찍어 촛불의 길이를 측정합니다.

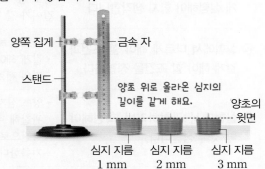

양쪽 집게 ─ 금속 자
스탠드 ─
양초 위로 올라온 심지의 길이를 같게 해요.
양초의 윗면
심지 지름 1 mm · 심지 지름 2 mm · 심지 지름 3 mm

촛불의 길이를 측정하는 방법

양초의 윗면부터 촛불의 끝부분까지의 세로 길이를 측정합니다.

─ 촛불의 끝부분
촛불의 길이
양초의 윗면

탐구 결과

양초 심지의 굵기	심지 지름 1 mm	심지 지름 2 mm	심지 지름 3 mm
촛불의 길이 (mm)	15	30	45

2 실험을 할 때 주의할 점

1 변인을 통제하면서 계획한 과정에 따라 실험하고, 안전 수칙을 철저히 지킵니다.

2 관찰하거나 측정한 내용을 있는 그대로 기록하고, 실험 결과가 예상과 다르더라도 고치지 않습니다.

3 반복하여 실험하면 더 정확한 실험 결과를 얻을 수 있습니다.

 용어 사전

★ **수칙** 지켜야 할 사항을 정한 규칙

➔ 바른답·알찬풀이 2 쪽

 문제로
개념 탄탄

정답 확인

1 다음은 실험 과정을 순서 없이 나타낸 것입니다. 순서대로 기호를 써 봅시다.

> (가) 양초에 불을 붙인 뒤 사진을 찍어 촛불의 길이를 측정한다.
> (나) 모양과 크기가 같은 양초 세 개에 굵기가 다른 심지를 각각 넣는다.
> (다) 양초의 윗면과 금속 자의 눈금 0이 일치하게 양초를 나란히 놓는다.

(   ) → (   ) → (   )

2 실험을 할 때 주의할 점으로 옳은 것에 ○표, 옳지 않은 것에 ×표 해 봅시다.

⑴ 실험하는 동안 안전 수칙을 철저히 지킨다.   (   )

⑵ 실험 결과가 예상과 다르면 예상에 맞게 고친다.   (   )

4 실험 결과를 변환하고 해석해 볼까요

1 자료를 변환하고 해석하기 탐구

실험 관찰

탐구 과정	탐구 결과
❶ 실험 결과를 어떤 형태의 그래프로 나타낼지 정합니다.	• 그래프의 형태: 막대그래프 • 까닭: 촛불의 길고 짧음을 한눈에 비교할 수 있기 때문
❷ 그래프의 제목, 가로축과 세로축에 나타낼 것을 정하여 실험 결과를 그래프로 나타냅니다. 가로축에는 다르게 한 조건을, 세로축에는 측정한 값을 나타내요.	**양초 심지의 굵기에 따른 촛불의 길이** 촛불의 길이(mm): 45, 30, 15, 0 심지 지름 1 mm 심지 지름 2 mm 심지 지름 3 mm 양초 심지의 굵기
❸ 그래프를 해석합니다.	양초 심지의 굵기가 굵을수록 촛불의 길이가 길다.

막대그래프를 나타내는 순서

① 그래프의 제목을 쓰고, 가로축과 세로축을 그립니다.
② 가로축의 이름을 쓰고, 다르게 한 조건을 표시합니다.
③ 세로축의 이름을 쓰고, 결과를 모두 나타낼 수 있도록 적당한 간격으로 눈금을 표시합니다.
④ 가로축의 조건과 세로축의 결과가 만나는 곳에 점을 찍고, 가로축까지 막대를 그립니다.

2 자료 변환과 자료 해석

1 자료 변환: 실험 결과로 얻은 자료를 그림, 표, 그래프 등으로 바꾸어 나타내는 것
• 자료의 형태에 따른 특징: 실험 결과를 잘 나타낼 수 있는 방법을 선택합니다.

그림	사물의 모습이나 자연 현상을 이해하기 쉽게 표현할 수 있음.
표	많은 양의 자료를 체계적으로 정리할 수 있음.
그래프	실험 조건과 실험 결과의 관계를 한눈에 알아보기 쉽게 나타낼 수 있음.

└─ 실험할 때 다르게 한 조건이에요.

2 자료 해석: 실험에서 다르게 한 조건과 실험 결과 사이의 관계나 규칙을 찾는 것
• 변인이 잘 통제되지 않아 규칙을 벗어난 경우 실험 방법을 고쳐 다시 실험합니다.

용어 사전

★ **변환** 다르게 하여 바꿈.
★ **해석** 내용을 이해하고 설명하는 일 또는 그 내용

➡ 바른답·알찬풀이 2 쪽

문제로 개념 탄탄

정답 확인

1 많은 양의 자료를 체계적으로 정리하여 나타내려고 할 때 어떤 형태의 자료가 좋을지 보기에서 골라 기호를 써 봅시다.

보기

㉠ 표   ㉡ 그림   ㉢ 그래프

(   )

2 실험 결과로 얻은 자료를 그림, 표, 그래프 등으로 바꾸어 나타내는 것을 무엇이라고 하는지 써 봅시다.

(   )

5 결론을 내려 볼까요

실험 관찰

창의적으로 생각해요 『과학』 20 쪽

패러데이의 이야기를 바탕으로 하여 과학자가 탐구할 때 갖추어야 할 태도를 생각해 봅시다.

예시 답안 과학자들은 호기심을 가지고 자연 현상을 관찰하며, 이 과정에서 생긴 의문을 해결하려고 탐구를 할 때 창의적인 실험 방법을 고안하기 위해 노력한다. 또, 많은 자료를 수집하고 객관적인 실험 결과를 근거로 결론을 도출해야 하고, 강연과 같은 활동을 통해 사람들에게 긍정적 영향을 줄 수 있어야 한다. 많은 사람들에게 배움의 기회를 제공하며, 사람들이 과학 지식을 바탕으로 하여 문제를 해결할 수 있게 도와야 한다.

용어 사전

★ **결론** 최종적으로 판단을 내림.

1 결론 이끌어 내기 탐구

탐구 과정	탐구 결과
① 실험 결과를 바탕으로 하여 가설이 옳은지 판단합니다.	양초 심지의 굵기가 굵을수록 촛불의 길이가 길었기 때문에 가설을 받아들일 수 있다.
② 실험 결과에서 결론을 이끌어 냅니다.	[결론] 결과를 확대 해석하여 예측하거나 추측하지 않아요. 양초 심지의 굵기가 굵을수록 양초가 잘 타서 촛불의 길이가 길다.

2 과학 탐구 방법

1 과학 탐구 방법

자연 현상 관찰하기 → 탐구 문제 정하기 → 가설 세우기 → 실험 계획 세우기 → 실험하기 → 자료를 변환하고 해석하기 → 결론 이끌어 내기

가설 수정 / 실험 결과가 가설과 다를 때

① 결론 도출: 실험 결과를 정리하고 해석하여 가설이 옳은지 그른지 판단하고, 이를 바탕으로 하여 결론을 이끌어 냅니다.
② 실험 결과가 가설과 다를 때: 가설을 수정하고 탐구를 다시 시작합니다.

2 새로운 탐구 문제 정하기: 탐구를 마친 뒤 더 알고 싶은 것 중에서 새로운 탐구 문제를 정하고 새로운 탐구를 시작할 수 있습니다.

예 촛불의 길이에 대한 새로운 탐구 문제와 가설
  • 탐구 문제: 양초 심지의 길이에 따라 촛불의 길이가 달라질까?
  • 가설: 양초 심지의 길이가 길수록 양초가 잘 타서 촛불의 길이가 길 것이다.

➔ 바른답·알찬풀이 2 쪽

문제로 **개념 탄탄**

정답 확인

1 실험 결과를 정리하고 해석하여 가설이 옳은지 판단하고, 이를 바탕으로 하여 이끌어 내는 것을 무엇이라고 하는지 써 봅시다.

(   )

2 과학 탐구 방법으로 옳은 것끼리 선으로 이어 봅시다.

(1)	실험 결과가 가설과 다를 때	•	• ㉠	새로운 탐구 문제를 정해 새로운 탐구를 시작한다.
(2)	탐구를 마친 뒤	•	• ㉡	가설을 수정하고 탐구를 다시 시작한다.

단원평가

01 가설을 세울 때 생각할 점으로 옳은 것을 **보기**에서 골라 기호를 써 봅시다.

보기
- ㉠ 알아보려는 내용이 분명하지 않아도 된다.
- ㉡ 누구나 이해하기 쉽고 간결하게 표현해야 한다.
- ㉢ 직접 탐구를 하지 않아도 맞는지 확인할 수 있어야 한다.

(   )

02 다음 가설이 맞는지 확인하는 실험 계획에 대한 설명으로 옳지 <u>않은</u> 것은 어느 것입니까? (   )

[가설]
양초 심지의 굵기가 굵을수록 양초가 잘 타서 촛불의 길이가 길 것이다.

① 모둠원 각자의 역할을 정한다.
② 실험에 필요한 준비물을 확인한다.
③ 촛불의 길이는 측정해야 할 것이다.
④ 양초 심지의 굵기는 다르게 해야 할 조건이다.
⑤ 실험 결과를 정해 그에 따라 실험을 계획한다.

03 다음은 실험 계획을 세울 때 실험 조건을 정하는 과정에 대한 설명입니다. ( ) 안에 들어갈 알맞은 말을 각각 써 봅시다.

실험 계획을 세울 때 실험을 통해 알아보고자 하는 하나의 조건을 (㉠) 해야 할 조건으로 정하고, 그것을 제외한 나머지는 모두 (㉡) 해야 할 조건으로 정한다.

㉠: (   ), ㉡: (   )

[04~05] 다음은 양초 심지의 굵기에 따른 촛불의 길이를 알아보는 실험입니다. 물음에 답해 봅시다.

(가) <u>모양과 크기가 같은 세 개의 양초</u> 가운데에 이쑤시개로 심지를 넣을 구멍을 뚫습니다.
(나) 양초 세 개의 구멍에 <u>길이가 다른 양초 심지</u>를 각각 넣습니다.
(다) 스탠드에 금속 자를 설치하고, <u>양초의 윗면과 금속 자의 눈금 0이 일치하게</u> 양초 세 개를 나란히 놓습니다.
(라) 삼각대에 스마트 기기를 설치한 뒤 스마트 기기의 카메라 기능을 실행하고, 화면에 양초 세 개와 금속 자의 눈금이 모두 보이게 합니다.
(마) 양초에 불을 붙인 뒤 사진을 찍어 <u>촛불의 길이를 측정</u>합니다.

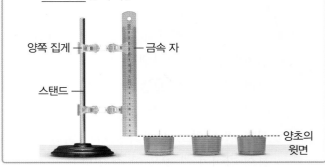

04 위 실험의 (가)~(마)에서 밑줄 친 부분이 옳지 <u>않은</u> 것을 골라 기호를 써 봅시다.

(   )

05 위 실험을 할 때 주의해야 할 점으로 옳은 것을 **보기**에서 골라 기호를 써 봅시다.

보기
- ㉠ 실험 안전 수칙을 지키지 않아도 된다.
- ㉡ 한 번만 실험해야 실험 결과가 정확하다.
- ㉢ 실험 결과가 예상과 다르더라도 고치지 않는다.

(   )

[06~07] 다음은 양초 심지의 굵기에 따른 촛불의 길이를 측정한 결과입니다. 물음에 답해 봅시다.

양초 심지의 굵기	심지 지름 1 mm	심지 지름 2 mm	심지 지름 3 mm
촛불의 길이 (mm)	15	30	45

06 위 실험 결과를 그래프로 변환하고 해석하는 과정에 대한 설명으로 옳지 <u>않은</u> 것은 어느 것입니까?
( )

① 그래프의 제목은 '양초 심지의 굵기에 따른 촛불의 길이'라고 쓴다.
② 세로축에는 실험에서 측정한 값인 촛불의 길이를 나타낸다.
③ 가로축에는 실험에서 다르게 한 조건인 양초 심지의 굵기를 나타낸다.
④ 그래프는 사물의 모습이나 자연 현상을 이해하기 쉽게 표현할 수 있다.
⑤ 실험 결과 양초 심지의 굵기가 굵을수록 촛불의 길이가 긴 것을 알 수 있다.

07 다음은 위 실험 결과를 변환한 자료입니다. 빈칸에 들어갈 알맞은 숫자나 말을 각각 써 봅시다.

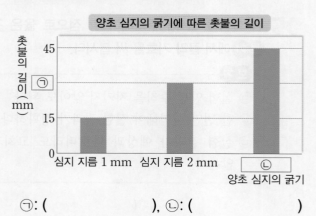

양초 심지의 굵기에 따른 촛불의 길이

촛불의 길이 (mm)
45
㉠
15
0
심지 지름 1 mm   심지 지름 2 mm   ㉡
양초 심지의 굵기

㉠: (   ), ㉡: (   )

08 다음은 실험하는 동안 변인이 잘 통제되지 않았을 때 해야 하는 일에 대한 학생 (가)~(다)의 대화입니다. 옳게 말한 학생은 누구인지 써 봅시다.

이대로 결과를 해석해.
실험 방법을 고쳐 다시 실험해.
새로운 탐구 문제를 정해서 새로운 탐구를 시작해.

(가)   (나)   (다)

( )

[09~10] 다음은 과학 탐구 방법을 나타낸 것입니다. 물음에 답해 봅시다.

자연 현상 관찰하기 → 탐구 문제 정하기 → 가설 세우기 → 실험 계획 세우기 →

실험 결과가 가설과 다를 때   (가)

실험하기 → 자료를 변환하고 해석하기 → (나)

09 위 (가)에 들어갈 알맞은 말을 써 봅시다.
( )

10 위 (나)에 대한 설명으로 옳은 것을 보기에서 골라 기호를 써 봅시다.

보기
㉠ 변인을 통제하면서 계획한 과정에 따라 실험한다.
㉡ 실험에서 다르게 한 조건과 실험 결과 사이의 규칙을 알아본다.
㉢ 실험 결과를 바탕으로 하여 가설이 옳은지 판단하고, 결론을 이끌어 낸다.

( )

서술형 문제 ··············

11 다음은 촛불에 대해 궁금한 점을 해결하기 위해 정한 탐구 문제입니다. 이 탐구 문제에 맞는 가설을 세워 봅시다.

> [탐구 문제]
> 양초 심지의 굵기가 촛불의 길이에 영향을 미칠까?

··

··

12 다음은 촛불의 길이에 영향을 주는 조건이 무엇인지 확인하기 위한 실험 계획의 일부입니다.

실험 조건	다르게 해야 할 조건	양초 심지의 ㉠
	같게 해야 할 조건	양초의 모양과 크기, 양초 심지의 재료, 양초 심지의 길이 등
측정해야 할 것		사진으로 촬영한 세 양초의 촛불의 길이를 측정해 기록한다.
실험 과정		① 모양과 크기가 같은 양초 세 개를 만든다. ② 재료와 길이는 같고 굵기만 다른 양초 심지 세 개를 준비한다. ③ ㉡

(1) 위 ㉠에 들어갈 알맞은 말을 써 봅시다.

( )

(2) 위 ㉡에 들어갈 알맞은 실험 과정을 설명해 봅시다.

··

[13~14] 다음은 양초 심지의 굵기에 따른 촛불의 길이를 나타낸 그래프입니다. 물음에 답해 봅시다.

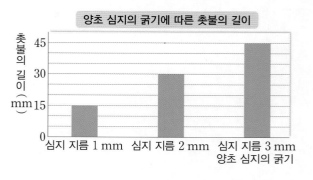

13 위 그래프의 형태를 쓰고, 이러한 형태로 나타내면 좋은 점을 설명해 봅시다.

··

··

14 위 그래프를 해석하여 알 수 있는 사실을 설명해 봅시다.

··

··

15 다음은 과학 탐구 방법입니다. (다)의 빈칸에 들어갈 알맞은 과정을 설명해 봅시다.

> (가) 자연 현상을 관찰한다.
> (나) 탐구 문제를 정하고, 가설을 세운다.
> (다)
> (라) 실험을 하여 결과를 얻고, 이를 해석한다.
> (마) 가설이 옳으면 결론을 이끌어 낸다.

··

2 지구와 달의 운동

이 단원에서 무엇을 공부할지 알아보아요.

놀이공원에서 찍은 사진의 순서 찾기

『과학』 22~23 쪽

놀이공원에서 찍은 여섯 장의 뒤섞인 사진들을 시간 순서대로 정리해 봅시다.

시간 순서대로 사진 정리하기

① 분수 공연을 보는 모습
② 롤러코스터를 타는 모습
③ 분수대 앞에 서 있는 모습
④ 회전목마를 타는 모습
⑤ 대관람차를 타는 모습
⑥ 풍선을 받는 모습

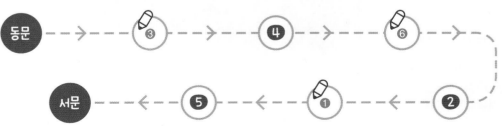

- 사진의 순서를 어떻게 알아냈는지 이야기해 봅시다.

예시 답안 사진 속 태양의 위치를 보고 알아냈다.

하루 동안 태양과 달의 위치는 어떻게 달라질까요

실험 관찰

나침반을 이용해 방향 찾기

· 나침반의 빨간 바늘이 가리키는 방향이 북쪽이고 북쪽을 보고 있을 때 오른쪽이 동쪽, 왼쪽이 서쪽입니다.

· 북쪽을 등지고 남쪽을 보고 있을 때는 오른쪽이 서쪽, 왼쪽이 동쪽입니다.

① 하루 동안 태양과 달의 위치 변화 관측하기 탐구

탐구 ① 하루 동안 태양의 위치 변화 관측하기

탐구 과정

❶ 태양을 관측할 장소를 정하고, 나침반을 이용해 동쪽, 남쪽, 서쪽을 찾습니다.

❷ 남쪽을 바라보고 선 뒤, 남쪽을 중심으로 주변 건물이나 나무 등을 찾아 그립니다.

❸ 태양 관측 안경을 쓰고 같은 장소에서 1 시간 간격으로 태양의 위치를 확인합니다.

탐구 결과

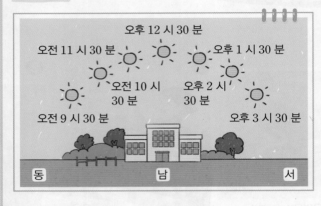

➡ 하루 동안 태양은 동쪽에서 서쪽으로 위치가 달라집니다.

태양은 정오 무렵 남쪽에 있을 때 가장 높게 떠요.

탐구 ② 하루 동안 달의 위치 변화 관측하기

탐구 과정

❶ 달을 관측할 장소를 정하고, 나침반을 이용해 동쪽, 남쪽, 서쪽을 찾습니다.

❷ 남쪽을 바라보고 선 뒤, 남쪽을 중심으로 주변 건물이나 나무 등을 찾아 그립니다.

❸ 같은 장소에서 1 시간 간격으로 달의 위치를 확인합니다.

└─ 음력 15 일 무렵에 뜨는 보름달을 관측하면 달의 위치 변화를 잘 볼 수 있어요.

탐구 결과

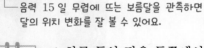

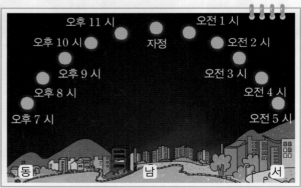

➡ 하루 동안 달은 동쪽에서 서쪽으로 위치가 달라집니다.

보름달은 자정 무렵 남쪽에 있을 때 가장 높게 떠요.

용어 사전

★ **나침반** 자석 바늘이 남쪽과 북쪽을 가리키는 특성을 이용하여 만든 방위를 확인할 수 있는 도구

바른답·알찬풀이 4 쪽

 확인해요

『과학』 25 쪽

1 하루 동안 태양과 달의 위치는 (   )에서 서쪽으로 달라집니다.

2 (의사소통 능력) 저녁 무렵에 동쪽에서 관측한 달의 위치는 시간이 지나면서 어느 방향으로 달라질지 이야기해 봅시다.

② 하루 동안 태양과 달의 위치 변화

하루 동안 태양과 달은 동쪽에서 서쪽으로 위치가 달라집니다.

[1~2] 다음은 오전 9 시 30 분부터 오후 3 시 30 분까지 같은 장소에서 1 시간 간격으로 태양을 관측하여 태양의 위치를 기록한 것입니다. 물음에 답해 봅시다.

1 위 그림에서 가장 동쪽에 있는 태양을 관측한 시각이 언제인지 써 봅시다.

(   )

2 위 그림에 대한 설명으로 옳은 것에 ○표, 옳지 <u>않은</u> 것에 ×표 해 봅시다.

(1) ㉠은 ㉡보다 나중에 기록한 것이다.   (   )

(2) ㉡은 오후 12 시 30 분 무렵에 관측한 태양의 위치를 기록한 것이다.

(   )

(3) ㉢은 가장 먼저 관측하여 기록한 것이다.   (   )

3 오른쪽은 하루 동안 관측한 달의 위치 변화를 관측하여 나타낸 것입니다. 가장 늦은 시각에 관측한 달의 위치를 골라 기호를 써 봅시다.

(   )

공부한 내용을

 자신 있게 설명할 수 있어요.

 설명하기 조금 힘들어요.

😞 어려워서 설명할 수 없어요.

4 다음 (   ) 안에 들어갈 알맞은 말에 각각 ○표 해 봅시다.

하루 동안 달은 ㉠ (동, 서)쪽에서 ㉡ (동, 서)쪽으로 위치가 달라진다.

2 하루 동안 태양과 달의 위치가 달라지는 까닭은 무엇일까요

❶ 하루 동안 지구의 움직임 알아보기 탐구

실험 동영상

탐구 과정

❶ '태양'이라고 쓴 붙임쪽지를 붙인 전등을 책상 위에 올린 뒤, 전등을 켭니다.

❷ 지구 역할을 하는 학생은 회전의자에 앉아 투명 방향 판을 듭니다.

❸ 제자리에서 서쪽에서 동쪽으로 천천히 한 바퀴를 회전하면서 태양의 위치 변화를 관찰합니다.

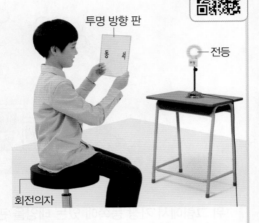

투명 방향 판
전등
회전의자

탐구 결과

❶ 태양이 보일 때 태양의 위치가 동쪽에서 서쪽으로 달라집니다.

❷ 태양이 보일 때는 낮, 태양이 보이지 않을 때는 밤과 비슷합니다.

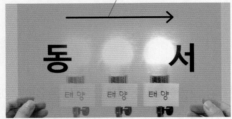

전등이 동쪽에서 서쪽으로 움직이는 것처럼 보여요.

동　서

태양　태양　태양

❷ 지구의 자전

지구의 자전축은 지구의 북극과 남극을 이은 가상의 직선이에요.

1 **지구의 자전**: 지구가 자전축을 중심으로 하루에 한 바퀴씩 서쪽에서 동쪽(시계 반대 방향)으로 회전하는 것

자전축

밤이 되는 곳
지구에서 태양 빛을 받지 못하는 곳은 밤이 됨.

서

동

낮이 되는 곳
지구에서 태양 빛을 받는 곳은 낮이 됨.

⬆ 지구의 자전

2 **지구의 자전으로 나타나는 현상**

① 하루 동안 태양과 달의 위치가 동쪽에서 서쪽으로 달라집니다.

② 지구에서 태양 빛을 받는 곳은 낮, 태양 빛을 받지 못하는 곳은 밤이 됩니다.

3 **하루 동안 태양과 달의 위치가 달라지는 까닭**: 지구가 서쪽에서 동쪽으로 자전하기 때문입니다.

시계 방향과 시계 반대 방향

시계 방향은 시곗바늘이 돌아가는 방향이고, 시계 반대 방향은 시곗바늘이 돌아가는 방향의 반대 방향입니다.

⬆ 시계 방향　⬆ 시계 반대 방향

낮과 밤이 나타나는 까닭

지구가 하루에 한 바퀴씩 자전하기 때문에 지구에 낮과 밤이 하루에 한 번씩 번갈아 나타납니다.

용어 사전

★북극　지구의 북쪽 끝 또는 지구 자전축의 북쪽 부분

바른답·알찬풀이 4 쪽

스스로 확인해요

『과학』 27 쪽

1 하루 동안 태양과 달의 위치가 달라지는 까닭은 (　　　)이/가 자전하기 때문입니다.

2 (사고력) 우리나라에 낮과 밤이 하루에 한 번씩 번갈아 나타나는 까닭을 설명해 봅시다.

문제로
개념 탄탄

2
단원

공부한 날

월

일

[1~2] 다음은 전등에서 조금 떨어진 곳에 학생이 앉은 뒤 투명 방향 판을 들고 제자리에서 서쪽에서 동쪽으로 회전하며 전등을 관찰하는 모습입니다. 물음에 답해 봅시다.

투명 방향 판
전등

1 다음은 위 실험에서 관찰한 사실입니다. ( ) 안에 들어갈 알맞은 말을 각각 써 봅시다.

> 학생이 제자리에서 서쪽에서 동쪽으로 회전하면 전등은 (㉠)쪽에서 (㉡)쪽으로 움직이는 것처럼 보인다.

㉠: (   ), ㉡: (   )

2 위 실험에서 학생은 지구, 전등은 태양에 해당할 때, 학생이 제자리에서 회전하는 것은 무엇에 해당하는지 써 봅시다.

지구의 (   )

3 다음은 지구의 자전에 대한 설명입니다. 옳은 것에 ○표, 옳지 않은 것에 ×표 해 봅시다.

(1) 지구는 하루에 한 바퀴씩 자전한다.   (   )
(2) 지구는 자전축을 중심으로 자전한다.   (   )
(3) 지구는 동쪽에서 서쪽으로 자전한다.   (   )

4 다음은 낮과 밤에 대한 설명입니다. ( ) 안에 들어갈 알맞은 말에 각각 ○표 해 봅시다.

> 지구에서 태양 빛을 받는 곳은 ㉠ (낮, 밤)이 되고, 태양 빛을 받지 못하는 곳은 ㉡ (낮, 밤)이 된다.

★창의적으로 생각해요 『과학』29 쪽

홍대용처럼 사람들에게 지구의 자전을 쉽게 설명하는 글을 써 봅시다.

예시 답안 홍대용은 『의산문답』에서 지구는 하루 동안 매우 빠른 속도로 땅 둘레 약 36000 km를 회전한다고 했다. 만약 내가 홍대용처럼 지구의 자전을 쉽게 설명하는 글을 쓴다면 지구는 팽이처럼 제자리에서 빠르게 회전한다고 소개할 것이다.

공부한 내용을

 자신 있게 설명할 수 있어요.

 설명하기 조금 힘들어요.

 어려워서 설명할 수 없어요.

[01~02] 다음은 어느 날 관측한 태양의 모습입니다. 물음에 답해 봅시다.

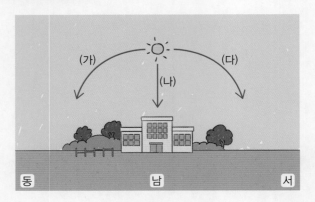

01 위 그림에서 태양을 관측한 시간으로 옳은 것을 보기에서 골라 기호를 써 봅시다.

보기
㉠ 오전 8 시 30 분 무렵
㉡ 오후 12 시 30 분 무렵
㉢ 오후 4 시 30 분 무렵

(   )

02 위 그림에서 시간이 지남에 따라 태양의 위치가 달라지는 방향을 골라 기호를 써 봅시다.

(   )

서술형
03 다음 단어를 모두 사용하여 하루 동안 태양의 위치 변화를 설명해 봅시다.

서쪽   동쪽   태양의 위치

중요
04 다음은 하루 동안 태양의 위치 변화를 관측한 것입니다. 가장 먼저 관측한 태양과 가장 나중에 관측한 태양을 골라 각각 기호를 써 봅시다.

(1) 가장 먼저 관측한 태양: (   )
(2) 가장 나중에 관측한 태양: (   )

05 다음 중 하루 동안 달의 위치 변화에 대한 설명으로 옳은 것은 어느 것입니까? (   )
① 달은 서쪽에서 뜬다.
② 달은 동쪽으로 진다.
③ 달의 위치는 변하지 않는다.
④ 하루 동안 달은 동쪽에서 서쪽으로 위치가 달라진다.
⑤ 하루 동안 달은 태양과 반대 방향으로 위치가 달라진다.

06 다음은 하루 동안 달의 위치 변화를 관측한 것입니다. 자정 무렵 달의 위치로 옳은 것은 어느 것입니까? (   )

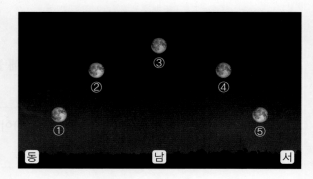

[07~08] 다음은 지구 역할을 하는 학생이 제자리에서 회전하며 태양 역할을 하는 전등을 관찰하여 하루 동안 지구의 움직임을 알아보는 실험입니다. 물음에 답해 봅시다.

07 위 실험에서 학생이 제자리에서 서쪽에서 동쪽으로 회전하면 학생에게 전등은 어떤 방향으로 움직이는 것처럼 보이는지 써 봅시다.

( )쪽 → ( )쪽

08 위 실험을 통해 알 수 있는 지구에서 태양이 움직이는 것처럼 보이는 까닭으로 옳은 것을 〔보기〕에서 골라 기호를 써 봅시다.

〔보기〕
㉠ 지구가 제자리에서 회전하기 때문이다.
㉡ 지구는 움직이지 않지만 태양이 움직이기 때문이다.
㉢ 태양과 지구가 서로 반대 방향으로 회전하기 때문이다.

( )

중요
09 다음 중 지구의 자전에 대한 설명으로 옳은 것은 어느 것입니까? ( )

① 시계 방향으로 회전한다.
② 태양을 중심으로 회전한다.
③ 하루에 두 바퀴씩 회전한다.
④ 자전축을 중심으로 회전한다.
⑤ 동쪽에서 서쪽으로 회전한다.

중요
10 다음은 지구와 태양의 모습입니다. ㉠과 ㉡ 중 밤이 되는 곳을 골라 기호를 써 봅시다.

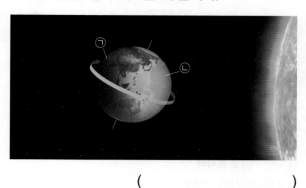

( )

11 다음은 지구의 자전으로 나타나는 현상에 대한 설명입니다. ( ) 안에 들어갈 알맞은 말을 각각 써 봅시다.

지구가 자전하기 때문에 하루 동안 태양의 위치가 (㉠)쪽에서 (㉡)쪽으로 달라진다.

㉠: ( ), ㉡: ( )

서술형
12 지구에 낮과 밤이 하루에 한 번씩 번갈아 나타나는 까닭을 지구의 움직임과 관련지어 설명해 봅시다.

....

....

3 계절별 대표적인 별자리에는 무엇이 있을까요

실험 관찰

① 계절별 대표적인 별자리 찾아보기 탐구

1 스마트 기기로 계절별 대표적인 별자리 조사하기

계절	대표적인 별자리
봄	사자자리, 목동자리, 처녀자리 등
여름	백조자리, 거문고자리, 독수리자리 등
가을	물고기자리, 페가수스자리, 안드로메다자리 등
겨울	오리온자리, 큰개자리, 쌍둥이자리 등

또 다른 계절별 별자리
- 봄철: 천칭자리, 바다뱀자리 등
- 여름철: 전갈자리, 뱀자리 등
- 가을철: 양자리, 물병자리 등
- 겨울철: 마차부자리, 황소자리 등

2 조사한 내용으로 알 수 있는 사실

- 계절마다 대표적인 별자리가 다릅니다.
- 계절별로 오래 보이는 별자리들이 다릅니다.

② 계절별 대표적인 별자리

1 계절별 대표적인 별자리: 어느 계절에 하루 동안 밤하늘을 관측했을 때 오래 보이는 별자리 —계절별 대표적인 별자리는 일반적으로 오후 9시 무렵에 남쪽 하늘에서 보이는 별자리를 말해요.

⬆ 봄철 대표적인 별자리

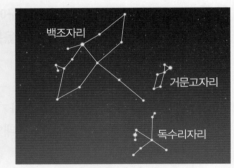

⬆ 여름철 대표적인 별자리

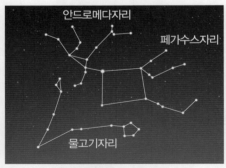

⬆ 가을철 대표적인 별자리

⬆ 겨울철 대표적인 별자리

용어 사전

★ **목동** 풀을 먹이며 가축을 돌보는 아이

바른답·알찬풀이 6 쪽

스스로 확인해요

『과학』 31 쪽

1 계절에 따라 볼 수 있는 대표적인 별자리는 (달라집니다, 달라지지 않습니다).

2 사고력 목동자리가 봄철 대표적인 별자리인 까닭을 설명해 봅시다.

2 계절별 대표적인 별자리의 특징

① 계절에 따라 볼 수 있는 별자리는 달라집니다. ➡ 계절마다 대표적인 별자리가 다릅니다.

② 각 계절마다 대표적인 별자리는 여러 개입니다.

문제로 개념 탄탄

1 다음은 계절별 대표적인 별자리에 대한 설명입니다. (　　) 안에 들어갈 알맞은 말에 ○표 해 봅시다.

> 계절별 대표적인 별자리는 어느 계절에 하루 동안 밤하늘을 관측했을 때 (오래, 짧게) 보이는 별자리이다.

2 다음 (　　) 안에 들어갈 알맞은 말을 써 봅시다.

> 봄철, 여름철, 가을철, 겨울철에 보이는 대표적인 별자리는 서로 (　　　　　).

(　　　　　　　　)

[3~4] 다음은 봄철과 가을철 대표적인 별자리입니다. 물음에 답해 봅시다.

봄철 대표적인 별자리

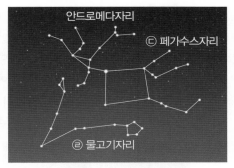

가을철 대표적인 별자리

3 다음은 위 봄철과 가을철 대표적인 별자리에 대한 설명입니다. 옳은 것에 ○표, 옳지 않은 것에 ×표 해 봅시다.

(1) 계절별로 대표적인 별자리는 하나뿐이다. (　　　)

(2) 봄철과 가을철 대표적인 별자리는 서로 같다. (　　　)

(3) 하루 동안 밤하늘을 관측했을 때 물고기자리는 가을철에 오래 볼 수 있다.

(　　　)

4 위 ㉠~㉣ 중 하루 동안 밤하늘을 관측했을 때 봄철에 오래 보이는 별자리 두 가지를 골라 기호를 써 봅시다.

(　　　,　　　)

공부한 내용을

 자신 있게 설명할 수 있어요.

설명하기 조금 힘들어요.

 어려워서 설명할 수 없어요.

4 계절에 따라 보이는 별자리가 달라지는 까닭은 무엇일까요

실험 관찰

① 1년 동안 지구의 움직임 알아보기 탐구

실험 동영상

탐구 과정

전등은 태양 역할을 해요.

지구 역할을 하는 학생이 전등을 등지고 서쪽에서 동쪽으로 전등 주위를 회전하면서 계절별 별자리를 관찰합니다.

봄
여름
겨울
가을
전등

탐구 결과

지구가 태양 주위를 서쪽에서 동쪽으로 회전하면 계절에 따라 보이는 별자리가 달라집니다.─계절별 별자리가 계절 순서대로 보여요.

봄철 별자리	→	여름철 별자리	→	가을철 별자리	→	겨울철 별자리
사자자리		백조자리		물고기자리		오리온자리

② 지구의 공전

1 **지구의 공전**: 지구가 태양을 중심으로 1년에 한 바퀴씩 서쪽에서 동쪽으로 회전하는 것

2 **계절별 별자리 변화**: 겨울철 동쪽에서 보이던 별자리는 같은 시각 봄철에는 남쪽, 여름철에는 서쪽으로 위치가 달라집니다. 예 사자자리 등 → 각 별자리들은 여러 계절에 걸쳐 볼 수 있습니다.

봄
여름
태양
겨울
가을

⬆ 지구의 공전

사자자리가 남쪽에서 보여요.
사자자리
봄철 대표적인 별자리
동 남 서

⬆ 봄(4월 20일 오후 9시 무렵)

여름철 대표적인 별자리
사자자리가 서쪽에서 보여요.
사자자리
동 남 서

⬆ 여름(7월 20일 오후 9시 무렵)

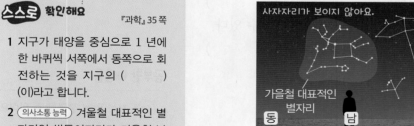

사자자리가 보이지 않아요.
가을철 대표적인 별자리
동 남 서

⬆ 가을(10월 20일 오후 9시 무렵)

겨울철 대표적인 별자리
사자자리가 동쪽에서 보여요.
사자자리
동 남 서

⬆ 겨울(1월 20일 오후 9시 무렵)

3 **계절에 따라 보이는 별자리가 달라지는 까닭**: 지구의 공전 때문에 지구의 위치가 달라져 계절에 따라 보이는 별자리가 달라지고, 별자리들이 보이는 위치도 달라집니다.

계절별 대표적 별자리의 위치 변화

어느 계절에 동쪽에서 보이던 별자리는 같은 시각 다음 계절에는 남쪽, 그 다음 계절에는 서쪽으로 위치가 달라집니다.

용어 사전

★ **공전** 한 천체가 다른 천체의 주위를 주기적으로 도는 일

바른답·알찬풀이 6쪽

스스로 확인해요
『과학』 35쪽

1 지구가 태양을 중심으로 1년에 한 바퀴씩 서쪽에서 동쪽으로 회전하는 것을 지구의 ( )(이)라고 합니다.

2 (의사소통능력) 겨울철 대표적인 별자리인 쌍둥이자리가 겨울철 남쪽에서 보였다면 같은 시각 봄철에는 어느 방향에서 보일지 이야기해 봅시다.

문제로 개념 탄탄

[1~2] 다음은 지구 역할을 하는 학생이 태양 역할을 하는 전등을 등지고 전등 주위를 서쪽에서 동쪽(시계 반대 방향)으로 회전하며 계절별 별자리를 관찰하고 있는 모습입니다. 물음에 답해 봅시다.

1 다음은 위 실험에서 알 수 있는 사실입니다. ( ) 안에 들어갈 알맞은 말에 각각 ○표 해 봅시다.

> 지구가 ㉠ (달, 태양) 주위를 서쪽에서 동쪽으로 회전하면 계절에 따라 보이는 별자리가 ㉡ (같다, 달라진다).

2 위 실험에서 지구 역할을 하는 학생이 나타내는 지구의 운동이 무엇인지 써 봅시다.

지구의 ( )

3 다음은 4 월 20 일 오후 9 시 무렵에 관측한 별자리에 대한 설명입니다. ( ) 안에 들어갈 알맞은 말에 ○표 해 봅시다.

> 4 월 20 일 오후 9 시 무렵에 봄철 대표적인 별자리인 사자자리는 (남, 북)쪽에서 볼 수 있다.

4 다음은 지구의 공전과 계절별 별자리에 대한 설명입니다. 옳은 것에 ○표, 옳지 않은 것에 ×표 해 봅시다.

(1) 각 별자리들은 한 계절에만 볼 수 있다. ( )

(2) 지구의 공전으로 계절에 따라 보이는 별자리가 달라진다. ( )

(3) 지구의 공전으로 계절에 따라 별자리들이 보이는 위치가 달라진다.

( )

공부한 내용을

 자신 있게 설명할 수 있어요.

 설명하기 조금 힘들어요.

😖 어려워서 설명할 수 없어요.

5 여러 날 동안 달의 모양과 위치는 어떻게 달라질까요

음력 2 일부터 달을 관측하는 까닭

음력 1 일에는 달이 태양과 비슷한 시각에 뜨고 집니다. 따라서 밝은 태양 빛 때문에 달을 관측할 수 없으므로 음력 2 일부터 달을 관측합니다.

1 달의 모양과 위치 변화 관측하기 탐구

탐구 과정

❶ 달을 관측할 장소를 정하고, 나침반을 이용해 동쪽, 남쪽, 서쪽을 찾습니다.

❷ 남쪽을 바라보고 선 뒤, 남쪽을 중심으로 주변 건물이나 나무 등을 찾아 그립니다.

❸ 같은 장소에서 음력 2 일부터 15 일까지 2 일~3 일 간격으로 오후 7 시 무렵에 보이는 달의 모양과 위치를 관측합니다.

❹ 처음 달을 관측한 날부터 한 달 뒤, 같은 장소에서 오후 7 시 무렵에 보이는 달의 모양을 관측합니다.

탐구 결과

❶ 여러 날 동안 태양이 진 직후 관측한 달은 서쪽에서 동쪽으로 위치가 달라지며, 모양이 변합니다.

❷ 한 달 뒤 관측한 달의 모양은 처음 관측한 달의 모양과 같습니다.

2 달의 모양과 위치 변화

1 여러 날 동안 달의 모양 변화: 달은 약 30 일 주기로 모양 변화를 반복합니다.

초승달 음력 2 일~3 일	상현달 음력 7 일~8 일	보름달 음력 15 일	하현달 음력 22 일~23 일	그믐달 음력 27 일~28 일

└ 달의 오른쪽 부분이 보여요. ┘　　　　　　　　└ 달의 왼쪽 부분이 보여요. ┘

2 여러 날 동안 달의 위치 변화: 여러 날 동안 태양이 진 직후 같은 장소에서 달을 관측하면 달은 서쪽에서 동쪽으로 날마다 위치가 달라집니다.

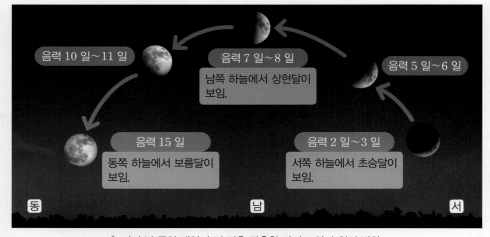

⬆ 여러 날 동안 태양이 진 직후 관측한 달의 모양과 위치 변화

용어 사전

★ **음력** 달의 모양 변화를 기준으로 만든 달력

스스로 확인해요

바른답·알찬풀이 7 쪽

『과학』 39 쪽

1 여러 날 동안 같은 시각에 달을 관측하면 달의 모양과 (　　　) 이/가 달라집니다.

2 (문제 해결력) 오늘 밤 보름달을 보았다면 며칠 뒤에 다시 보름달을 볼 수 있는지 설명해 봅시다.

문제로
개념 탄탄 ----------------------

1 다음은 달의 모양 변화에 대한 설명입니다. (   ) 안에 들어갈 알맞은 말에 각각 ○표 해 봅시다.

> 한 달 동안 달을 관측하면 음력 7 일~8 일에는 ㉠ (상현달, 하현달)이 보이고, 음력 22 일~23 일에는 ㉡ (상현달, 하현달)이 보인다.

2 다음은 달의 모양 변화에 대한 설명입니다. 옳은 것에 ○표, 옳지 <u>않은</u> 것에 ×표 해 봅시다.

⑴ 같은 모양의 달을 보려면 약 30 일이 지나야 한다. (   )

⑵ 초승달을 본 뒤 약 30 일이 지나면 하현달을 볼 수 있다. (   )

⑶ 보름달을 본 뒤 약 30 일이 지나면 보름달을 볼 수 있다. (   )

[3~4] 다음은 음력 2 일부터 여러 날 동안 태양이 진 직후 같은 장소에서 관측한 달의 모습입니다. 물음에 답해 봅시다.

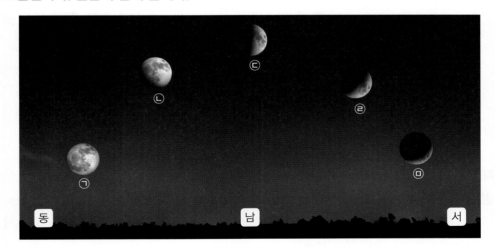

3 위 ㉠~㉤ 중 음력 7 일~8 일에 볼 수 있는 달의 기호를 써 봅시다.

(   )

4 위 ㉢을 관측한 날부터 약 7 일 뒤 같은 시각에 관측할 수 있는 달의 기호를 써 봅시다.

(   )

공부한 내용을

😊 자신 있게 설명할 수 있어요.

😐 설명하기 조금 힘들어요.

😞 어려워서 설명할 수 없어요.

01 다음 별자리들을 가을철 대표적인 별자리라고 부르는 까닭으로 옳은 것을 **보기** 에서 골라 기호를 써 봅시다.

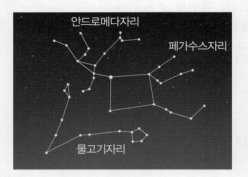

보기

㉠ 가을철 밤하늘에서 볼 수 없기 때문이다.
㉡ 가을철 밤하늘에서 오래 볼 수 있는 별자리이기 때문이다.
㉢ 가을철 밤하늘에서 가장 짧은 시간 동안 볼 수 있는 별자리이기 때문이다.

( )

중요
02 다음은 계절별 대표적인 별자리에 대한 학생 (가)~(다)의 대화입니다. 잘못 말한 학생은 누구인지 써 봅시다.

계절마다 대표적인 별자리가 달라.

각 계절마다 대표적인 별자리는 한 개야.

계절에 따라 볼 수 있는 별자리는 달라져.

(가)   (나)   (다)

( )

[03~04] 다음은 지구 역할을 하는 학생이 전등을 등지고 서쪽에서 동쪽(시계 반대 방향)으로 전등 주위를 회전하며 계절별 별자리를 관찰하는 모습입니다. 물음에 답해 봅시다.

전등

03 위 실험에서 지구 역할을 하는 학생이 ㉢ 다음으로 볼 수 있는 계절별 별자리의 순서대로 기호를 써 봅시다.

㉢ → ( ) → ( ) → ( )

04 위 실험에 대한 설명으로 옳은 것을 **보기** 에서 골라 기호를 써 봅시다.

보기

㉠ 전등은 달 역할을 한다.
㉡ 하루 동안 태양의 위치 변화에 대해 알아보는 실험이다.
㉢ 지구 역할을 하는 학생의 위치에 따라 보이는 별자리가 달라진다.

( )

중요
05 지구의 공전에 대한 설명으로 옳은 것을 **보기** 에서 골라 기호를 써 봅시다.

보기

㉠ 지구의 자전 방향과 공전 방향은 같다.
㉡ 지구가 달을 중심으로 회전하는 것이다.
㉢ 지구가 하루에 한 바퀴씩 회전하는 것이다.

( )

➔ 바른답·알찬풀이 7 쪽

06 다음 중 겨울철 오후 9 시 무렵 동쪽에서 보이던 사자자리의 위치 변화에 대한 설명으로 옳은 것을 두 가지 골라 봅시다. (,   )

① 같은 시각 봄철에는 남쪽에서 보인다.

② 같은 시각 봄철에는 서쪽에서 보인다.

③ 같은 시각 여름철에는 남쪽에서 보인다.

④ 같은 시각 여름철에는 서쪽에서 보인다.

⑤ 같은 시각 가을철에는 남쪽에서 보인다.

서술형

07 계절에 따라 보이는 별자리가 달라지는 까닭을 지구의 운동과 관련지어 설명해 봅시다.

....

....

중요

08 오른쪽과 같은 달을 관측하고 약 30 일 뒤에 관측할 수 있는 달의 모양으로 옳은 것은 어느 것입니까? (   )

①

②

③

④

서술형

09 오른쪽과 같은 달의 이름을 쓰고, 이와 같은 달을 관측할 수 있는 음력 날짜를 설명해 봅시다.

....

....

[10~11] 다음은 어느 날 태양이 진 직후 관측한 달의 모습입니다. 물음에 답해 봅시다.

동   남   서

10 위 달을 관측하고 약 7 일 뒤에 관측할 수 있는 달의 이름을 써 봅시다.

(   )

중요

11 위 그림에 대한 설명으로 옳지 <u>않은</u> 것을 **보기**에서 골라 기호를 써 봅시다.

보기

㉠ 상현달이 보인다.

㉡ 달이 남쪽 하늘에서 보인다.

㉢ 음력 15 일 무렵에 관측한 것이다.

(   )

창의·융합 활동

달의 모양 변화를 이용한 달력 만들기

달의 모양은 일정한 시간 간격으로 변하기 때문에 달의 모양 변화로 날짜를 알 수 있습니다. 우리나라는 옛날부터 달의 모양 변화를 기준으로 만든 음력을 사용하여 날짜를 세었습니다. 따라서 설날, 추석 같은 명절의 날짜는 음력을 기준으로 합니다. 매년 설날은 음력 1 월 1 일이고, 추석은 음력 8 월 15 일입니다. 음력 1 일인 설날에는 달을 볼 수 없고, 음력 15 일인 추석에는 보름달을 볼 수 있습니다.

규칙적인 달의 모양 변화를 이용해 나만의 달력을 만들어 음력 날짜를 확인해 봅시다.

음력과 양력

음력은 달의 모양 변화 주기를 한 달로 정하여 만든 달력이고, 양력은 지구가 태양 주위를 한 바퀴 공전하는 데 걸리는 시간을 1 년으로 정하여 만든 달력입니다. 달의 모양은 관측하기가 쉽고 달의 모양을 통해 음력 날짜를 바로 알 수 있으므로 여러 나라에서 음력을 사용하였습니다. 우리나라는 옛날부터 달을 기준으로 한 음력을 바탕으로 태양의 움직임도 고려하여 음력의 단점을 보완한 달력을 사용하였습니다. 현재 대부분의 나라에서는 양력을 사용하고 있으며, 우리나라는 1896 년부터 공식적으로 양력을 쓰기 시작하였습니다. 하지만 현재에도 설날(음력 1 월 1 일)과 추석(음력 8 월 15 일), 부처님오신날(음력 4 월 8 일) 등의 공휴일에 음력의 영향이 남아 있습니다.

용어 사전

★ 보완 모자라거나 부족한 것을 보충하여 완전하게 함.

❶ 나만의 달력을 만들어 봅시다.

① 1 번 컵에 달의 이름과 관측할 수 있는 음력 날짜를 순서대로 씁니다.

② 2 번 컵에 동그란 달을 그립니다.

③ 2 번 컵 안쪽에 검은색 도화지를 붙입니다.

④ 2 번 컵을 1 번 컵 안에 넣습니다.

⑤ 2 번 컵을 돌리면서 달의 이름과 맞는 모양이 되도록 1 번 컵에 검은색으로 칠합니다.

활동꿀팁

달의 모양 변화를 활용한 여러 작품을 참고해 달의 모양 변화와 날짜를 다른 방법으로 표현해도 좋아요.

❷ 달을 실제로 관측한 뒤, 나만의 달력을 이용해 음력 날짜를 확인하고 관측한 날의 음력 날짜와 비교해 봅시다.

활동꿀팁

달의 모양과 음력 날짜 사이에 어떤 관련이 있는지 살펴보면서 나만의 달력과 실제 음력 날짜를 비교해 보아요.

예시 답안

• 관측한 달의 모양:

• 나만의 달력으로 알아낸 음력 날짜: 음력 2 월 8 일

• 관측한 날의 음력 날짜: 음력 2 월 8 일

단원
마무리하기

이렇게 정리해요

빈칸에 알맞은 말을 넣고, 『과학』 123 쪽에서 알맞은 붙임딱지를 찾아 붙여 내용을 정리해 봅시다.

지구의 자전

풀이 지구의 자전은 지구가 자전축을 중심으로 하루에 한 바퀴씩 서쪽에서 동쪽으로 회전하는 것입니다. 지구의 자전 때문에 하루 동안 태양과 달이 동쪽에서 서쪽으로 위치가 달라지고, 낮과 밤이 나타납니다.

● 하루 동안 태양과 달의 위치 변화: 하루 동안 태양과 달은

❶ 동쪽 에서 ❷ 서쪽 (으)로 위치가 달라짐.

● 지구의 ❸ 자전 : 지구가 자전축을 중심으로

하루에 한 바퀴씩 서쪽에서 동쪽으로 회전하는 것

● 하루 동안 태양과 달의 위치가 달라지는 까닭:

❹ 지구 의 자전 때문에 하루 동안 태양과

달의 위치가 달라지고 낮과 밤이 나타남.

지구의 자전

지구의 공전

풀이 지구의 공전은 지구가 태양을 중심으로 1 년에 한 바퀴씩 서쪽에서 동쪽으로 회전하는 것입니다. 지구의 공전 때문에 지구의 위치가 달라져 계절에 따라 볼 수 있는 별자리가 달라집니다.

● 계절에 따라 볼 수 있는 별자리가 달라짐.

● 지구의 공전: 지구가 태양을 중심으로 1 년에 한 바퀴씩 서쪽에서

❺ 동쪽 (으)로 회전하는 것

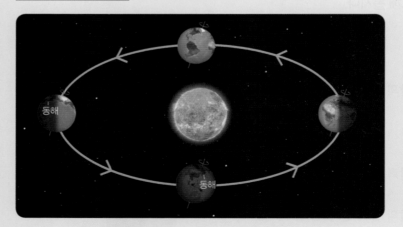

● 계절에 따라 보이는 별자리가 달라지는 까닭: 지구의 ❻ 공전 때문에

계절에 따라 보이는 별자리가 달라지고 보이는 위치도 달라짐.

여러 날 동안 달의 모양과 위치 변화

● 여러 날 동안 달의 모양 변화: 달은 약 **❼ [30]** 일 주기로 모양 변화를 반복함.

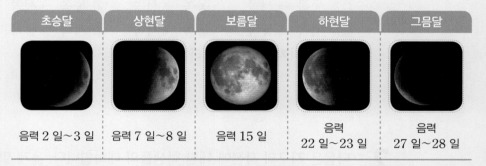

초승달	상현달	보름달	하현달	그믐달
음력 2 일~3 일	음력 7 일~8 일	음력 15 일	음력 22 일~23 일	음력 27 일~28 일

● 여러 날 동안 달의 위치 변화: 여러 날 동안 태양이 진 직후 관측한 달은 서쪽에서 **❽ [동쪽]** (으)로 날마다 위치가 달라짐.

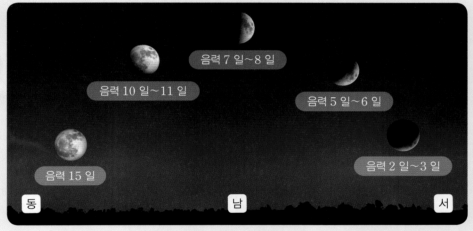

음력 7 일~8 일

음력 10 일~11 일

음력 5 일~6 일

음력 15 일

음력 2 일~3 일

동   남   서

풀이 달은 약 30 일을 주기로 모양 변화를 반복합니다. 여러 날 동안 태양이 진 직후 관측한 달은 서쪽에서 동쪽으로 위치가 달라지고, 모양도 달라집니다.

지구와
달의 운동

과학 이야기

『과학』 44 쪽

조선 시대 별자리 그림, 「천상열차분야지도」

「천상열차분야지도」는 관측한 천체들을 12 개의 범위로 나누어 차례로 늘어놓은 그림이라는 뜻으로, 이 그림에는 조선 시대에 보였던 1467 개의 별과 290 개의 별자리가 그려져 있습니다. 별자리뿐만 아니라 태양과 달, 행성도 기록되어 있습니다.

창의적으로 생각해요

조선 시대에 관측한 별자리는 지금과 어떻게 다를지 생각해 봅시다.

예시 답안 조선 시대에 관측한 별들의 위치와 지금 관측했을 때 보이는 별들의 위치는 서로 비슷해 보인다. 하지만 「천상열차분야지도」에 그려진 별자리의 모습은 지금의 별자리의 모습과 다르게 보인다.

교과서 쏙쏙

문제로
확인하기

1 다음 중 하루 동안 태양과 달의 위치가 달라지는 방향을 옳게 짝 지은 것은 어느 것입니까? (①)

	태양	달		태양	달
①	동쪽 → 서쪽	동쪽 → 서쪽	②	동쪽 → 서쪽	서쪽 → 동쪽
③	서쪽 → 동쪽	동쪽 → 서쪽	④	서쪽 → 동쪽	서쪽 → 동쪽
⑤	달라지지 않음.	달라지지 않음.			

풀이 지구가 서쪽에서 동쪽으로 자전하기 때문에 하루 동안 태양과 달의 위치는 동쪽에서 서쪽으로 달라집니다.

2 다음은 지구의 자전에 대한 학생들의 대화입니다. 옳게 말한 학생은 누구인지 써 봅시다.

(나라)

풀이 지구는 자전축을 중심으로 서쪽에서 동쪽으로 하루에 한 바퀴씩 회전하며, 지구의 자전으로 인해 태양 빛을 받는 곳은 낮이 되고, 태양 빛을 받지 못하는 곳은 밤이 됩니다.

3 다음 ( ) 안에 들어갈 알맞은 말을 **보기** 에서 골라 각각 써 봅시다.

보기

태양	달	하루	1 년

지구가 (㉠)을/를 중심으로 (㉡)에 한 바퀴씩 서쪽에서 동쪽으로 회전하는 것을 지구의 공전이라고 한다.

㉠: (태양), ㉡: (1 년)

풀이 지구가 태양을 중심으로 1 년에 한 바퀴씩 서쪽에서 동쪽으로 회전하는 것을 지구의 공전이라고 합니다.

4 다음 보기에서 계절별 별자리에 대한 설명으로 옳은 것을 두 가지 골라 기호를 써 봅시다.

> 보기
>
> ㉠ 계절에 따라 보이는 별자리가 달라지는 까닭은 지구가 공전하기 때문이다.
> ㉡ 봄철 남쪽 하늘에서 보이던 별자리는 같은 시각 가을철 남쪽에서 볼 수 있다.
> ㉢ 계절별 대표적인 별자리는 어느 계절에 하루 동안 밤하늘을 관측했을 때 오래 보이는 별자리이다.

(㉠ , ㉢)

풀이 지구의 공전 때문에 계절에 따라 보이는 별자리가 달라집니다. 봄철 남쪽 하늘에서 보이던 별자리는 같은 시각 가을철에는 볼 수 없습니다. 어느 계절에 하루 동안 밤하늘을 관측했을 때 오래 보이는 별자리가 그 계절의 대표적인 별자리입니다.

5 다음 중 여러 날 동안 태양이 진 직후 같은 장소에서 관측한 달의 모양과 위치 변화에 대한 설명으로 옳은 것은 어느 것입니까? (③)

① 달의 모양은 변하지 않는다.
② 달의 위치는 변하지 않는다.
③ 음력 7 일~8 일에는 상현달이 보인다.
④ 달은 약 20 일 주기로 모양 변화를 반복한다.
⑤ 태양이 진 직후 여러 날 동안 달을 관측하면 달은 동쪽에서 서쪽으로 날마다 위치가 달라진다.

풀이 여러 날 동안 같은 시각에 달을 관측하면 달의 모양과 위치는 변합니다. 음력 7 일~8 일에는 상현달이 보입니다. 달은 약 30 일 주기로 모양 변화를 반복합니다. 태양이 진 직후 여러 날 동안 달을 관측하면 달은 서쪽에서 동쪽으로 날마다 위치가 달라집니다.

사고력 문제 해결력

6 다음은 지구와 태양의 모습입니다. ㉠과 ㉡ 중 낮이 되는 곳을 찾아 기호를 쓰고, 낮과 밤이 하루에 한 번씩 번갈아 나타나는 까닭을 설명해 봅시다.

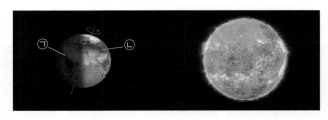

(1) 낮이 되는 곳: (㉡)

(2) 까닭: 예시 답안 지구가 하루에 한 바퀴씩 자전하기 때문에 낮과 밤이 하루에 한 번씩 번갈아 나타난다.

풀이 태양 빛을 받는 곳이 낮이 되고, 태양 빛을 받지 못하는 곳이 밤이 됩니다. 지구가 하루에 한 바퀴씩 자전하기 때문에 낮과 밤이 하루에 한 번씩 번갈아 나타납니다.

그림으로 단원 정리하기

● 그림을 보고, 빈칸에 알맞은 내용을 써 봅시다.

01 하루 동안 태양과 달의 위치 변화

G 18 쪽

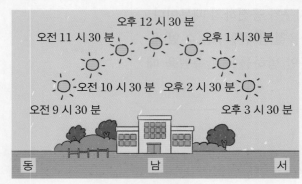

하루 동안 태양의 위치 변화

하루 동안 달의 위치 변화

하루 동안 태양과 달은 ❶ ( ) 쪽에서 ❷ ( ) 쪽으로 위치가 달라집니다.

02 지구의 자전

G 20 쪽

- 지구는 자전축을 중심으로 하루에 한 바퀴씩 서쪽에서 동쪽(시계 반대 방향)으로 자전합니다.
- 하루 동안 태양 빛을 받는 곳은 ❸ ( ) 이/가 되고, 태양 빛을 받지 못하는 곳은 ❹ ( ) 이/가 됩니다.

03 계절별 대표적인 별자리

G 24 쪽

계절에 따라 볼 수 있는 별자리는 달라집니다.

❺ ( ) 철 대표적인 별자리

여름철 대표적인 별자리

가을철 대표적인 별자리

❻ ( ) 철 대표적인 별자리

04 지구의 공전

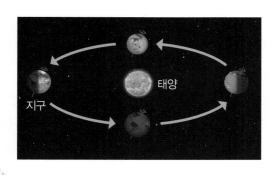

지구

태양

- 지구는 태양을 중심으로 1 년에 한 바퀴씩 ⑦◯◯◯ 쪽에서 ⑧◯◯◯ 쪽(시계 반대 방향)으로 공전합니다.
- 지구의 ⑨◯◯◯ (으)로 지구의 위치가 달라지면서 계절에 따라 보이는 별자리가 달라지고, 별자리들이 보이는 위치도 달라집니다.

G 26 쪽

2 단원
공부한 날
월
일

05 달의 모양 변화

G 28 쪽

달은 약 30 일을 주기로 모양 변화를 반복합니다.

초승달	⑩◯◯◯	보름달	하현달	⑫◯◯◯
음력 2 일～3 일	음력 7 일～8 일	음력 ⑪◯◯◯ 일	음력 22 일～23 일	음력 27 일～28 일

06 달의 위치 변화

G 28 쪽

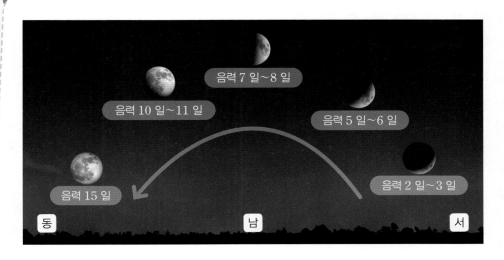

음력 7 일～8 일
음력 10 일～11 일
음력 5 일～6 일
음력 15 일
음력 2 일～3 일
동 남 서

여러 날 동안 같은 시각, 같은 장소에서 달을 관측하면 달이 ⑬◯◯◯ 쪽에서 ⑭◯◯◯ 쪽으로 날마다 위치가 달라집니다.

답 ❶동 ❷서 ❸자전 ❹하루 ❺동쪽 ❻서쪽 ❼동 ❽서 ❾공전 ❿상현달 ⓫15 ⓬그믐달 ⓭서 ⓮동

정답 확인

01 다음은 하루 동안 태양의 위치 변화에 대한 설명입니다. ( ) 안에 들어갈 알맞은 말을 각각 써 봅시다.

> 하루 동안 태양의 위치는 (㉠)쪽에서 (㉡)쪽으로 달라진다.

㉠: (   ), ㉡: (   )

02 다음은 하루 동안 같은 장소에서 달의 위치 변화를 관측한 모습입니다. ㉠과 ㉡ 중 자정 이후에 관측할 수 있는 것을 골라 기호를 써 봅시다.

(   )

03 다음은 지구의 자전에 대한 설명입니다. ( ) 안에 들어갈 알맞은 말을 각각 옳게 짝 지은 것은 어느 것입니까? ( )

> 지구의 자전은 지구가 (㉠)을/를 중심으로 (㉡)에 한 바퀴씩 서쪽에서 동쪽으로 회전하는 것이다.

	㉠	㉡
①	달	하루
②	달	1 년
③	태양	하루
④	자전축	하루
⑤	자전축	1 년

04 다음 중 낮과 밤에 대한 설명으로 옳은 것은 어느 것입니까? ( )

① 우리나라에는 낮만 나타난다.
② 태양 빛을 받는 곳은 밤이 된다.
③ 태양 빛을 받지 못하는 곳은 낮이 된다.
④ 낮과 밤은 하루에 두 번씩 번갈아 나타난다.
⑤ 지구가 자전하기 때문에 낮과 밤이 나타난다.

05 계절별 대표적인 별자리에 대한 설명으로 옳은 것을 보기 에서 골라 기호를 써 봅시다.

> **보기**
> ㉠ 모든 계절의 대표적인 별자리는 같다.
> ㉡ 각 계절마다 대표적인 별자리는 여러 개이다.
> ㉢ 계절별 대표적인 별자리는 모든 계절에 보이는 별자리를 말한다.

(   )

06 다음은 지구의 공전에 대한 설명입니다. ㉠~㉢ 중 밑줄 친 부분이 옳지 <u>않은</u> 것을 골라 기호를 써 봅시다.

> 지구의 공전은 지구가 ㉠ <u>태양을 중심으로</u> 1 년에 ㉡ <u>두 바퀴씩</u> ㉢ <u>서쪽에서 동쪽으로</u> 회전하는 것이다.

(   )

→ 바른답·알찬풀이 9 쪽

[07~08] 다음은 우리나라에서 봄철 오후 9 시 무렵에 관측한 밤하늘의 모습입니다. 물음에 답해 봅시다.

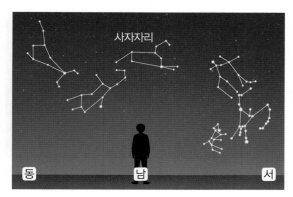

07 위에서 관측한 사자자리는 3 개월 뒤 같은 시각에 어느 방향에서 보이는지 써 봅시다.

( )쪽

08 다음은 위에서 관측한 밤하늘의 모습에 대한 학생 (가)~(다)의 대화입니다. 옳게 말한 학생은 누구인지 써 봅시다.

- (가): 사자자리가 남쪽에서 보여.
- (나): 사자자리는 봄철에만 관측할 수 있어.
- (다): 6 개월 뒤 같은 시각에 밤하늘을 관측하면 같은 모습으로 보여.

( )

09 지구가 공전하기 때문에 나타나는 현상에 대한 설명으로 옳은 것을 **보기**에서 골라 기호를 써 봅시다.

보기
⊙ 낮과 밤이 나타난다.
ⓒ 하루 동안 태양의 위치가 달라진다.
ⓒ 계절에 따라 보이는 별자리가 달라진다.

( )

10 다음 중 음력 날짜에 따라 볼 수 있는 달의 모양을 옳게 짝 지은 것은 어느 것입니까? ( )

	음력 날짜	달의 모양
①	음력 2 일~3 일	하현달
②	음력 7 일~8 일	보름달
③	음력 15 일	초승달
④	음력 22 일~23 일	상현달
⑤	음력 27 일~28 일	그믐달

11 다음은 태양이 진 직후 음력 2 일~3 일부터 음력 15 일까지 같은 장소에서 관측한 달의 모양을 순서 없이 나타낸 것입니다. 관측한 순서대로 기호를 써 봅시다.

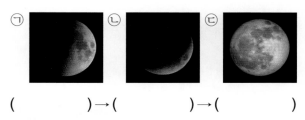

( ) → ( ) → ( )

12 여러 날 동안 같은 시각, 같은 장소에서 관측한 달의 위치와 모양에 대한 설명으로 옳은 것을 **보기**에서 골라 기호를 써 봅시다.

보기
⊙ 달은 약 30 일을 주기로 모양 변화를 반복한다.
ⓒ 음력 15 일에 태양이 진 직후 남쪽 하늘에서 보름달을 볼 수 있다.
ⓒ 여러 날 동안 같은 시각, 같은 장소에서 달을 관측하면 달은 동쪽에서 서쪽으로 날마다 위치가 달라진다.

( )

서술형 문제

13 다음 단어를 모두 사용하여 하루 동안 달의 위치 변화를 설명해 봅시다.

> 달의 위치 서쪽 동쪽

....

....

14 다음은 투명 방향 판을 든 학생이 제자리에서 회전하며 전등을 관찰하여 하루 동안 지구의 움직임을 알아보는 실험입니다. 전등이 동쪽에서 서쪽으로 움직이는 것처럼 보이려면 지구 역할을 하는 학생이 제자리에서 회전해야 하는 방향을 설명해 봅시다.

....

....

15 우리나라가 낮과 밤이 될 때는 각각 언제인지 태양 빛과 관련지어 설명해 봅시다.

....

....

16 다음 중 지구가 공전하는 방향으로 옳은 것을 골라 기호를 쓰고, 그렇게 생각한 까닭을 설명해 봅시다.

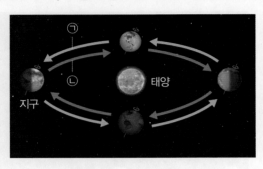

....

....

17 다음과 같이 봄과 가을의 오후 9 시 무렵 같은 장소에서 볼 수 있는 별자리가 다른 까닭을 설명해 봅시다.

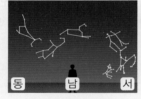 

봄철 밤하늘(4 월 20 일)   가을철 밤하늘(9 월 20 일)

....

....

18 오른쪽과 같은 달을 관측한 날로부터 15 일 뒤에 볼 수 있는 달의 이름을 쓰고, 그렇게 생각한 까닭을 설명해 봅시다.

....

....

01 다음은 하루 동안 같은 장소에서 태양의 위치 변화를 관측한 것입니다.

(1) 위의 태양을 관측한 순서대로 기호를 써 봅시다.

(   ) → (   ) → (   )

(2) 위와 같이 하루 동안 태양의 위치가 달라지는 방향과 그 까닭을 설명해 봅시다.

_____

성취 기준

하루 동안 태양과 달의 위치가 달라지는 것을 지구의 자전으로 설명할 수 있다.

출제 의도

지구의 자전과 하루 동안 태양의 위치 변화의 관계를 알고 있는지 묻는 문제예요.

관련 개념

지구의 자전   G 20 쪽

2
단원

공부한 날

월

일

02 다음은 지구 역할을 하는 학생이 태양 역할을 하는 전등을 등지고 서쪽에서 동쪽(시계 반대 방향)으로 전등 주위를 회전하며 계절별 별자리를 관찰하고 있는 모습입니다.

(1) 위 실험에서 지구 역할을 하는 학생이 서쪽에서 동쪽(시계 반대 방향)으로 전등 주위를 회전할 때 백조자리 이후에 볼 수 있는 별자리를 순서대로 설명해 봅시다.

_____

(2) 위 실험을 통해 알 수 있는 계절에 따라 보이는 별자리가 달라지는 까닭을 설명해 봅시다.

_____

성취 기준

계절에 따라 별자리가 달라진다는 것을 지구의 공전으로 설명할 수 있다.

출제 의도

지구의 공전과 지구의 공전으로 나타나는 현상을 묻는 문제예요.

관련 개념

지구의 공전   G 26 쪽

[01~02] 다음은 하루 동안 같은 장소에서 태양의 위치 변화를 관측한 것입니다. 물음에 답해 봅시다.

01 위에서 정오 무렵에 관측한 태양의 기호를 써 봅시다.

( )

02 위에 대한 설명으로 옳지 <u>않은</u> 것을 보기에서 골라 기호를 써 봅시다.

보기
㉠ 남쪽을 바라보고 관측한 것이다.
㉡ 가장 먼저 관측한 태양은 (가)이다.
㉢ 하루 동안 태양은 서쪽에서 동쪽으로 위치가 달라진다.

( )

03 다음은 하루 동안 같은 장소에서 달의 위치 변화를 관측한 것입니다. 이에 대한 설명으로 옳지 <u>않은</u> 것은 어느 것입니까? ( )

① ㉠은 가장 먼저 관측한 것이다.
② ㉡은 자정 이후 관측한 것이다.
③ ㉡ → ㉠ 순으로 관측할 수 있다.
④ 달의 위치가 동쪽에서 서쪽으로 달라진다.
⑤ 하루 동안 달은 태양과 같은 방향으로 위치가 달라진다.

04 다음은 지구의 자전에 대한 학생 (가)~(다)의 대화입니다. 잘못 말한 학생은 누구인지 써 봅시다.

• (가): 지구는 하루에 한 바퀴씩 자전해.
• (나): 지구는 자전축을 중심으로 자전해.
• (다): 지구는 동쪽에서 서쪽으로 자전해.

( )

05 다음은 지구와 태양의 모습입니다. 이에 대한 설명으로 옳은 것을 보기에서 골라 기호를 써 봅시다.

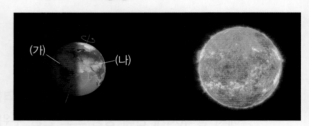

보기
㉠ (가)는 현재 낮이다.
㉡ (나)는 현재 태양 빛을 받는 곳이다.
㉢ 1일 뒤 (가)는 낮, (나)는 밤이 된다.

( )

06 다음 중 계절별 대표적인 별자리에 대한 설명으로 옳은 것은 어느 것입니까? ( )

① 봄철과 여름철 대표적인 별자리는 같다.
② 가을철과 겨울철 대표적인 별자리는 같다.
③ 계절에 따라 볼 수 있는 별자리는 달라진다.
④ 각 계절마다 대표적인 별자리는 한 개뿐이다.
⑤ 하루 동안 그 계절의 밤하늘에서 가장 짧게 보이는 별자리이다.

2 단원

공부한 날

월

일

07 다음 중 지구의 공전에 대한 설명으로 옳지 <u>않은</u> 것은 어느 것입니까? ( )

① 지구는 태양을 중심으로 공전한다.

② 지구는 하루에 한 바퀴씩 공전한다.

③ 지구는 서쪽에서 동쪽으로 공전한다.

④ 지구는 자전 방향과 공전 방향이 같다.

⑤ 지구가 공전하면서 지구의 위치가 달라진다.

08 다음은 계절에 따라 사자자리를 볼 수 있는 위치에 대한 설명입니다. ( ) 안에 들어갈 알맞은 말을 각각 써 봅시다.

> 겨울철 오후 9 시 무렵 동쪽에서 보이던 사자자리는 같은 시각 봄철에는 (㉠)쪽에서 보이고, 여름철에는 (㉡)쪽에서 보인다.

㉠: ( ), ㉡: ( )

09 다음 중 계절에 따라 보이는 별자리가 달라지는 까닭으로 옳은 것은 어느 것입니까? ( )

① 지구가 자전하기 때문이다.

② 지구가 공전하기 때문이다.

③ 별자리가 지구 주위를 회전하기 때문이다.

④ 지구의 자전 방향과 공전 방향이 같기 때문이다.

⑤ 하루 동안 낮과 밤이 번갈아 나타나기 때문이다.

10 다음 중 초승달을 본 날부터 다시 초승달을 볼 때까지 걸리는 시간으로 옳은 것은 어느 것입니까? ( )

① 약 7 일 ② 약 10 일

③ 약 14 일 ④ 약 30 일

⑤ 약 45 일

11 태양이 진 직후 관측한 달의 모습이 오른쪽과 같았습니다. 이 달을 볼 수 있는 방향으로 옳은 것을 보기에서 골라 기호를 써 봅시다.

> **보기**
> ㉠ 동쪽   ㉡ 서쪽   ㉢ 남쪽

( )

12 다음은 음력 2 일부터 여러 날 동안 태양이 진 직후 같은 장소에서 관측한 달의 모양과 위치 변화를 나타낸 것입니다. 이에 대한 설명으로 옳지 <u>않은</u> 것은 어느 것입니까? ( )

① ㉠은 보름달이다.

② ㉢은 상현달이다.

③ 가장 먼저 관측한 달은 ㉤이다.

④ ㉣은 ㉡보다 먼저 관측한 것이다.

⑤ ㉠을 관측한 날짜와 ㉢을 관측한 날짜는 약 15 일 차이가 난다.

서술형 문제

13 다음은 정오 무렵 태양의 위치를 나타낸 것입니다. 5시간 뒤 같은 장소에서 관측한 태양의 위치가 어떻게 달라질지 하루 동안 태양의 위치 변화와 관련지어 설명해 봅시다.

14 다음은 지구와 태양의 모습입니다. ㉠과 ㉡ 중 낮이 되는 곳을 골라 기호를 쓰고, 그렇게 생각한 까닭을 설명해 봅시다.

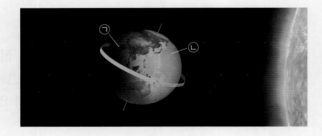

15 오른쪽 별자리들이 봄철 대표적인 별자리인 까닭을 설명해 봅시다.

봄철 대표적인 별자리

16 다음은 지구의 자전과 공전으로 나타나는 현상에 대한 학생 (가)~(다)의 대화입니다. 잘못 말한 학생은 누구인지 쓰고, 옳게 고쳐 설명해 봅시다.

> 지구의 자전으로 낮과 밤이 하루에 한 번씩 번갈아 나타나.

> 지구의 공전으로 계절에 따라 보이는 별자리가 달라져.

> 지구의 공전으로 하루 동안 달의 위치가 동쪽에서 서쪽으로 달라져.

(가)　　　　(나)　　　　(다)

17 다음은 여러 날 동안 같은 시각, 같은 장소에서 관측한 달의 모양 중 일부입니다. ㉠과 ㉡을 관측할 수 있는 음력 날짜와 달의 이름을 각각 설명해 봅시다.

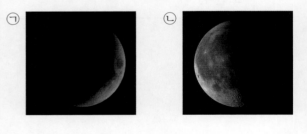

18 여러 날 동안 태양이 진 직후 같은 장소에서 달을 관측한다면 달의 위치가 어떻게 달라지는지 설명해 봅시다.

01 다음은 투명 방향 판을 든 학생이 제자리에서 서쪽에서 동쪽으로 회전하며 전등을 관찰하여 지구의 자전에 대해 알아보는 실험입니다.

투명 방향 판

전등

학생

(1) 위 실험에서 전등과 학생은 지구와 태양 중 어느 것에 해당하는지 각각 써 봅시다.

전등: (　　　　　　　　　　), 학생: (　　　　　　　　　)

(2) 위 실험에서 학생에게 전등은 어떻게 움직이는 것처럼 보이는지 설명해 봅시다.

_____

성취 기준

하루 동안 태양과 달의 위치가 달라지는 것을 지구의 자전으로 설명할 수 있다.

출제 의도

지구의 자전과 하루 동안 태양의 위치가 달라지는 까닭을 알고 있는지 모형실험을 통해 확인하는 문제예요.

관련 개념

하루 동안 지구의 움직임 알아보기　　　G 20 쪽

2 단원

공부한 날

월

일

---

02 다음은 어느 날 태양이 진 직후 관측한 달의 모습입니다.

동　　　　　남　　　　　서

(1) 위와 같이 남쪽 하늘에서 관측한 달의 이름을 써 봅시다.

(　　　　　　　　　　　　　)

(2) 위 달을 관측하고 약 7일 뒤 같은 장소, 같은 시각에 달을 관측할 수 있는 방향과 달의 모양을 설명해 봅시다.

_____

성취 기준

달의 모양과 위치가 주기적으로 바뀌는 것을 관찰할 수 있다.

출제 의도

여러 날 동안 달의 모양과 위치 변화에 대해 알고 있는지 확인하는 문제예요.

관련 개념

여러 날 동안 달의 모양과 위치 변화　　　G 28 쪽

3
여러 가지 기체

이 단원에서 무엇을 공부할지 알아보아요.

『과학』46~47 쪽

실험 동영상

거품 속 기체의 성질

입욕제를 물에 넣었을 때 생기는 거품 속의 기체에는 어떤 성질이 있는지 알아봅시다.

거품 입욕제 만들기

❶ 유리그릇에 탄산수소 나트륨과 구연산을 각각 비커의 $\frac{2}{3}$ 정도 넣고, 녹말을 비커의 $\frac{1}{2}$ 정도 넣어 잘 섞습니다.

❷ ❶의 유리그릇에 색소와 물을 넣고 잘 섞습니다.

❸ 만들고 싶은 모양으로 입욕제를 만듭니다.

❹ 물을 비커의 $\frac{1}{3}$ 정도 넣고, 입욕제를 넣어 거품을 발생시킨 뒤, 향에 불을 붙여 거품에 가까이 합니다.

— 향
— 입욕제를 넣은 물

• 입욕제 거품 속의 기체에는 어떤 성질이 있는지 이야기해 봅시다.

✏ **예시 답안** 입욕제 거품 속의 기체는 향불을 꺼지게 한다.

산소는 어떤 성질이 있을까요

ㄱ 자 유리관을 집기병 속에 깊이 넣지 않는 까닭

발생한 기체가 물을 통과하지 않으면 냄새가 날 수 있기 때문입니다.

산소를 발생시키는 과정

① 이산화 망가니즈 / 물

② 묽은 과산화 수소수

③

용어 사전

★ 발생 어떤 일이나 사물이 생겨남.
★ 집기병 기체를 모으는 유리병

바른답·알찬풀이 16 쪽

 확인해요

『과학』 51 쪽

1 산소는 색깔과 냄새가 (있고, 없고), 다른 물질이 타는 것을 (도우며, 막으며), 구리, 철과 같은 금속을 녹슬게 합니다.

2 (의사소통 능력) 꺼져가는 불꽃에 산소를 공급했을 때 불꽃의 변화를 쓰고, 그 까닭을 이야기해 봅시다.

① 기체 발생 장치 꾸미기 탐구

실험 동영상

❶ 깔때기 / 고무관	❷ 링 / 핀치 집게 / 스탠드	❸ 유리관 / 실리콘 마개 / 가지 달린 삼각 플라스크
깔때기에 10 cm 고무관을 끼웁니다.	깔때기를 스탠드의 링에 설치한 뒤, 고무관의 중간 부분에 핀치 집게를 끼웁니다.	유리관을 끼운 실리콘 마개로 가지 달린 삼각 플라스크의 입구를 막습니다.

	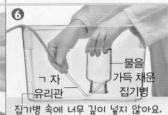	
❹	❺ 고무관	❻ ㄱ 자 유리관 / 물을 가득 채운 집기병
깔때기에 끼운 고무관을 ❸의 유리관과 연결합니다.	가지 달린 삼각 플라스크의 가지 부분에 40 cm 고무관을 끼우고, 고무관의 반대쪽 끝에 ㄱ 자 유리관을 연결합니다.	집기병 속에 너무 깊이 넣지 않아요. 물을 $\frac{2}{3}$ 정도 담은 수조에 물을 가득 채운 집기병을 거꾸로 세우고, ㄱ 자 유리관을 집기병 속에 넣습니다.

② 산소를 발생시켜 그 성질을 확인하기 탐구

1 산소 발생시키기

 실험 동영상

탐구 과정
❶ 가지 달린 삼각 플라스크에 물을 조금 넣은 뒤, 이산화 망가니즈를 한 숟가락 넣습니다.

❷ 깔때기에 묽은 과산화 수소수를 $\frac{1}{2}$ 정도 넣습니다.

❸ 핀치 집게를 조절해 묽은 과산화 수소수를 가지 달린 삼각 플라스크로 조금씩 천천히 흘려보내면서 집기병에 산소를 모읍니다.

탐구 결과 가지 달린 삼각 플라스크 내부에서 거품이 발생하고, ㄱ 자 유리관 끝부분에서 거품이 나옵니다. 집기병 내부의 물의 높이가 낮아집니다.

2 산소의 성질

집기병의 유리판을 열고 손으로 바람을 일으켜 냄새를 맡아요.

집기병에 향불을 넣으면 향불이 잘 타요.

흰색 종이	유리판 / 향	
색깔이 없음.	냄새가 없음.	다른 물질이 타는 것을 도움. / 구리, 철과 같은 금속을 녹슬게 함.

[1~2] 다음은 기체 발생 장치입니다. 물음에 답해 봅시다.

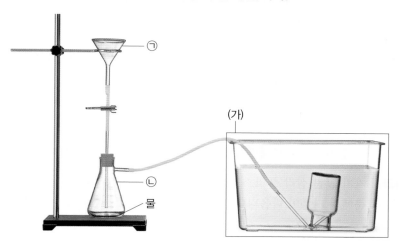

1 다음은 위 기체 발생 장치의 (가) 부분을 꾸미는 과정입니다. ( ) 안에 들어갈 알맞은 실험 기구의 이름을 써 봅시다.

> 물을 $\frac{2}{3}$ 정도 담은 수조에 물을 가득 채운 집기병을 거꾸로 세운다. 그다음 ( )을/를 집기병 속에 넣는다.

( )

2 위 기체 발생 장치에서 산소를 발생시키려면 ㉠과 ㉡에 무엇을 넣어야 하는지 각각 써 봅시다.

㉠: ( ), ㉡: ( )

3 다음과 관련 있는 산소의 성질로 옳은 것끼리 선으로 이어 봅시다.

(1) 유리판

•

• ㉠ 다른 물질이 타는 것을 돕는다.

(2) 향

•

• ㉡ 냄새가 없다.

공부한 내용을

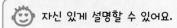

😊 자신 있게 설명할 수 있어요.

😐 설명하기 조금 힘들어요.

😟 어려워서 설명할 수 없어요.

이산화 탄소는 어떤 성질이 있을까요

실험 관찰

기체가 발생할 때 핀치 집게를 열지 않는 까닭

가지 달린 삼각 플라스크에서 기체가 발생할 때 핀치 집게를 열면 발생한 기체가 거꾸로 흐를 수 있기 때문입니다.

집기병에 처음 모은 기체를 버리는 까닭

집기병에 처음 모은 기체에는 가지 달린 삼각 플라스크 안에 들어 있던 공기가 섞여 있기 때문에 버리고, 다시 물을 가득 채운 집기병에 기체를 모읍니다.

용어 사전

★ **석회수** 수산화 칼슘을 물에 녹인 무색투명한 액체로, 이산화 탄소와 만나면 뿌옇게 흐려짐.

바른답·알찬풀이 16 쪽

 확인해요

『과학』 54 쪽

1 이산화 탄소는 색깔과 냄새가 없고, 다른 물질이 (   ) 것을 막으며, (   )을/를 뿌옇게 흐리게 합니다.

2 (문제 해결력) 두 개의 집기병 중에서 한 개의 집기병에는 산소가, 남은 집기병에는 이산화 탄소가 들어 있습니다. 두 개의 집기병에 들어 있는 기체를 구별할 수 있는 방법을 설명해 봅시다.

❶ 이산화 탄소를 발생시켜 그 성질을 확인하기 탐구

1 이산화 탄소 발생시키기

실험 동영상

탐구 과정
❶ 가지 달린 삼각 플라스크에 물을 조금 넣은 뒤, 탄산수소 나트륨을 네다섯 숟가락 넣습니다.

❷ 깔때기에 진한 식초를 $\frac{1}{2}$ 정도 넣습니다.

❸ 핀치 집게를 조절해 진한 식초를 가지 달린 삼각 플라스크로 조금씩 천천히 흘려보내면서 집기병에 이산화 탄소를 모읍니다.

탐구 결과
가지 달린 삼각 플라스크 내부에서 거품이 발생하고, ㄱ 자 유리관 끝부분에서 거품이 나옵니다. 집기병 내부의 물의 높이가 낮아집니다.

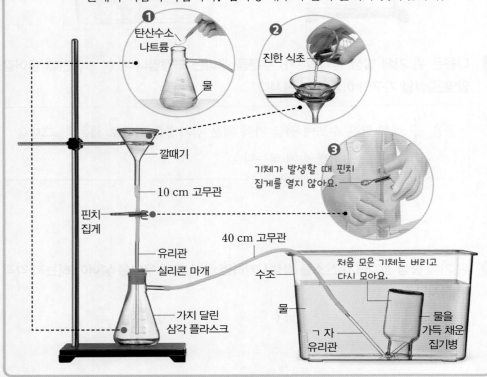

2 이산화 탄소의 성질

흰색 종이	유리판	집기병에 향불을 넣으면 향불이 꺼져요.	집기병에 석회수를 넣고 흔들면 뿌옇게 흐려져요.
색깔이 없음.	냄새가 없음.	다른 물질이 타는 것을 막음.	석회수를 뿌옇게 흐리게 함.

❷ 우리 주변에서 산소와 이산화 탄소의 성질을 알 수 있는 예

산소	녹청색으로 녹슨 국회 의사당의 지붕, 붉게 녹슨 자전거 체인 ─ 구리, 철과 같은 금속을 녹슬게 해요.
이산화 탄소	박물관이나 미술관에 있는 이산화 탄소 소화기 ─ 다른 물질이 타는 것을 막고, 잔여물이 남지 않아요.

문제로 개념 탄탄

1 기체 발생 장치에서 이산화 탄소를 발생시킬 때 ㉠ 물을 넣은 가지 달린 삼각 플라스크에 넣는 물질과 ㉡ 깔때기에 넣는 물질이 무엇인지 각각 써 봅시다.

㉠: (   ), ㉡: (   )

2 다음은 기체 발생 장치에서 이산화 탄소를 발생시키는 과정의 일부입니다. (   ) 안에 들어갈 알맞은 실험 기구의 이름을 써 봅시다.

> (   )을/를 조절해 진한 식초를 가지 달린 삼각 플라스크로 조금씩 천천히 흘려보내면서 집기병에 이산화 탄소를 모은다.

(   )

3 다음은 이산화 탄소의 성질에 대한 설명입니다. 옳은 것에 ○표, 옳지 않은 것에 ×표 해 봅시다.

(1) 색깔이 없다.   (   )
(2) 냄새가 없다.   (   )
(3) 다른 물질이 타는 것을 돕는다.   (   )
(4) 묽은 과산화 수소수와 만나면 뿌옇게 흐려진다.   (   )

4 다음 산소와 이산화 탄소의 성질과 우리 주변에서 그 성질을 알 수 있는 예로 옳은 것끼리 선으로 이어 봅시다.

(1) 산소는 구리, 철과 같은 금속을 녹슬게 한다. •

• ㉠

박물관의 소화기

(2) 이산화 탄소는 다른 물질이 타는 것을 막는다. •

• ㉡

붉게 녹슨 자전거 체인

3
단원

공부한 날

월

일

창의적으로 생각해요 『과학』 55 쪽

우리 주변에서 산소와 이산화 탄소의 성질을 알 수 있는 예를 찾아 이야기해 봅시다.

예시 답안
• 산소의 성질을 알 수 있는 예: 구리로 만든 오래된 유물이 녹청색으로 녹슬었다. 철로 만든 자물쇠가 붉게 녹슬었다. 등
• 이산화 탄소의 성질을 알 수 있는 예: 물을 뿌리면 안 되는 유류 화재에 이산화 탄소 소화기를 사용한다. 대형 슈퍼마켓에서 화재 진압 후 손상을 줄이기 위해 이산화 탄소 소화기를 사용한다. 등

공부한 내용을

 자신 있게 설명할 수 있어요.

설명하기 조금 힘들어요.

 어려워서 설명할 수 없어요.

[01~02] 다음은 기체 발생 장치를 꾸미는 과정을 순서 없이 나타낸 것입니다. 물음에 답해 봅시다.

> (가) 깔때기에 10 cm 고무관을 끼운다.
> (나) 깔때기에 끼운 고무관을 실리콘 마개에 끼운 유리관과 연결한다.
> (다) 유리관을 끼운 실리콘 마개로 가지 달린 삼각 플라스크의 입구를 막는다.
> (라) 깔때기를 스탠드의 링에 설치한 뒤, 고무관의 중간 부분에 핀치 집게를 끼운다.
> (마) 물을 $\frac{2}{3}$ 정도 담은 수조에 물을 가득 채운 집기병을 거꾸로 세우고, ㄱ 자 유리관을 집기병 속에 넣는다.
> (바) 가지 달린 삼각 플라스크의 가지 부분에 40 cm 고무관을 끼우고, 고무관의 반대쪽 끝에 ㄱ 자 유리관을 연결한다.

중요
01 위 과정 (가)~(바)를 기체 발생 장치를 꾸미는 순서 대로 옳게 나열한 것은 어느 것입니까?
( )

① (가) → (다) → (나) → (라) → (바) → (마)
② (가) → (라) → (다) → (나) → (바) → (마)
③ (다) → (나) → (가) → (라) → (바) → (마)
④ (라) → (바) → (마) → (가) → (다) → (나)
⑤ (바) → (마) → (가) → (다) → (나) → (라)

02 위 과정 (마)에 대한 설명으로 옳은 것을 **보기**에서 골라 기호를 써 봅시다.

> **보기**
> ㉠ 수조에 담는 물의 양을 정확하게 맞춘다.
> ㉡ ㄱ 자 유리관을 집기병 속에 너무 깊이 넣지 않는다.
> ㉢ 기체가 발생할 때 집기병에 처음 모은 기체를 버리지 않는다.

( )

[03~05] 다음은 기체 발생 장치입니다. 물음에 답해 봅시다.

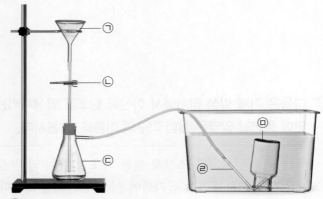

중요
03 위 기체 발생 장치에서 실험 기구 ㉠~㉤의 이름을 옳게 짝 지은 것은 어느 것입니까? ( )

① ㉠ - 유리관
② ㉡ - 링
③ ㉢ - 깔때기
④ ㉣ - ㄱ 자 유리관
⑤ ㉤ - 수조

04 다음은 위 기체 발생 장치에서 산소를 발생시키는 과정입니다. 과정 (가)~(다) 중 옳지 **않은** 것을 골라 기호를 써 봅시다.

> (가) ㉢에 물을 조금 넣은 뒤, 이산화 망가니즈를 한 숟가락 넣는다.
> (나) ㉠에 진한 식초를 $\frac{1}{2}$ 정도 넣는다.
> (다) ㉡을 조절해 ㉠에 넣은 물질을 ㉢으로 조금씩 천천히 흘려보낸다.

( )

서술형
05 위 기체 발생 장치에서 산소가 발생할 때 ㉢의 내부, ㉣의 끝부분, ㉤의 내부를 관찰한 결과를 각각 설명해 봅시다.

....

....

→ 바른답·알찬풀이 17 쪽

중요 06 다음 중 산소의 성질로 옳은 것을 두 가지 골라 봅시다.　　　　　（　　，　　）

① 색깔이 없다.

② 특유의 냄새가 있다.

③ 석회수를 뿌옇게 흐리게 한다.

④ 다른 물질이 타는 것을 막는다.

⑤ 구리, 철과 같은 금속을 녹슬게 한다.

중요 07 다음은 기체 발생 장치에 이산화 탄소를 발생시키는 물질을 넣는 모습입니다. ㉠과 ㉡에 해당하는 물질을 옳게 짝 지은 것은 어느 것입니까?　　（　　　）

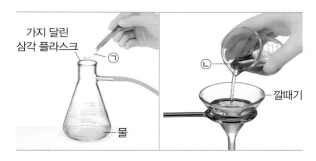

가지 달린 삼각 플라스크　㉠

㉡

깔때기

물

	㉠	㉡
①	이산화 망가니즈	진한 식초
②	이산화 망가니즈	묽은 과산화 수소수
③	탄산수소 나트륨	석회수
④	탄산수소 나트륨	진한 식초
⑤	탄산수소 나트륨	묽은 과산화 수소수

08 산소와 이산화 탄소의 공통된 성질이 아닌 것을 보기 에서 골라 기호를 써 봅시다.

보기
㉠ 색깔이 없다.
㉡ 냄새가 없다.
㉢ 다른 물질이 타는 것을 돕는다.

（　　　　）

[09~10] 다음은 기체의 성질을 확인하는 방법입니다. 물음에 답해 봅시다.

(가)	(나)	(다)
흰색 종이	유리판	석회수
기체가 들어 있는 집기병 뒤에 흰색 종이를 대고 색깔을 관찰한다.	기체가 들어 있는 집기병을 들어 코 가까이에 대고 냄새를 맡는다.	기체가 들어 있는 집기병에 석회수를 넣고 흔든다.

09 위 (가)~(다) 중 옳지 않은 것을 골라 기호를 써 봅시다.

（　　　　）

서술형 10 위 (가)~(다) 중 집기병에 들어 있는 기체가 산소인지 이산화 탄소인지 확인할 수 있는 방법을 골라 기호를 쓰고, 그렇게 생각한 까닭을 설명해 봅시다.

....

....

11 다음은 우리 주변에서 산소와 이산화 탄소의 성질을 알 수 있는 예에 대한 학생 (가)~(다)의 대화입니다. 잘못 말한 학생은 누구인지 써 봅시다.

• (가): 박물관이나 미술관에서 이산화 탄소 소화기를 볼 수 있어.
• (나): 자전거 체인이 붉게 녹슨 것은 산소가 다른 물질이 타는 것을 돕기 때문이야.
• (다): 국회 의사당 지붕이 녹청색으로 녹슨 것은 산소가 구리, 철과 같은 금속을 녹슬게 하기 때문이야.

（　　　　）

온도에 따라 기체의 부피는 어떻게 변할까요

온도에 따른 기체의 부피 변화를 관찰할 수 있는 또 다른 탐구

• 마개를 닫은 빈 페트병을 얼음물이 들어 있는 비커에 넣으면 페트병이 찌그러집니다.
→ 페트병 안에 들어 있는 기체의 온도가 낮아져 기체의 부피가 작아지기 때문입니다.

• 색소 방울이 들어 있는 플라스틱 스포이트를 뒤집어 머리 부분을 뜨거운 물이 들어 있는 비커에 넣으면 색소 방울이 위로 올라갑니다.
→ 스포이트 안에 들어 있는 기체의 온도가 높아져 기체의 부피가 커지기 때문입니다.

용어 사전

★ **부피** 물건이 공간에서 차지하는 크기

★ **압력** 맞닿은 물체를 누르는 힘

 확인해요

바른답·알찬풀이 18쪽

『과학』 57쪽

1 일정한 압력에서 기체의 온도가 높아지면 기체의 부피는 (작아지고, 변하지 않고, 커지고), 기체의 온도가 낮아지면 기체의 부피는 (작아집니다, 변하지 않습니다, 커집니다).

2 (의사소통 능력) 물이 반쯤 담긴 페트병의 마개를 닫은 뒤, 냉장고에 넣고 오랜 시간이 지나면 페트병이 어떻게 변하는지 이야기해 봅시다.

① 온도에 따른 기체의 부피 변화

1 온도에 따른 기체의 부피 변화 관찰하기 탐구

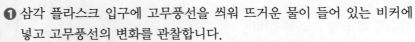
탐구 과정

❶ 삼각 플라스크 입구에 고무풍선을 씌워 뜨거운 물이 들어 있는 비커에 넣고 고무풍선의 변화를 관찰합니다.

❷ ❶의 삼각 플라스크를 얼음물이 들어 있는 비커에 넣고 고무풍선의 변화를 관찰합니다.

탐구 결과

뜨거운 물에 넣었을 때	얼음물에 넣었을 때
고무풍선이 부풀어 올라요.	고무풍선이 오그라들어요.

2 온도에 따른 기체의 부피 변화: 일정한 압력에서 기체의 부피는 온도에 따라 변합니다.

> 기체를 가열해 온도가 높아지면 기체의 부피는 커지고,
> 기체를 식혀 온도가 낮아지면 기체의 부피는 작아집니다.

② 온도에 따라 기체의 부피가 변하는 예

찌그러진 탁구공	찌그러진 탁구공을 뜨거운 물에 넣으면 탁구공이 펴짐. → 탁구공 안에 들어 있는 기체의 온도가 높아져 기체의 부피가 커지기 때문
추운 겨울날 풍선의 부피 변화	• 풍선을 추운 실외에 두면 풍선이 쭈글쭈글해짐. → 풍선 안에 들어 있는 기체의 온도가 낮아져 기체의 부피가 작아지기 때문 • 쭈글쭈글해진 풍선을 따뜻한 실내에 두면 풍선이 팽팽해짐. → 풍선 안에 들어 있는 기체의 온도가 높아져 기체의 부피가 커지기 때문   ⬆ 추운 실외에 둔 풍선　　⬆ 따뜻한 실내에 둔 풍선

→ 바른답·알찬풀이 18 쪽

문제로 개념 탄탄

[1~2] 오른쪽과 같이 고무풍선을 씌운 삼각 플라스크를 뜨거운 물이 들어 있는 비커에 넣고, 잠시 뒤 얼음물이 들어 있는 비커에 넣었습니다. 물음에 답해 봅시다.

고무풍선

삼각 플라스크

얼음물   뜨거운 물

3 단원

공부한 날

월

일

1 위 실험의 결과로 옳은 것끼리 선으로 이어 봅시다.

(1) 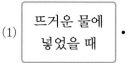 뜨거운 물에 넣었을 때 •

(2) 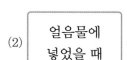 얼음물에 넣었을 때 •

• ㉠

• ㉡

2 다음은 위 실험에서 알 수 있는 사실입니다. (　　) 안에 들어갈 알맞은 말을 써 봅시다.

일정한 압력에서 기체의 부피는 (　　　　)에 따라 변한다.

(　　　　　　　　　)

3 다음 ㉠은 뜨거운 물이 들어 있는 비커, ㉡은 얼음물이 들어 있는 비커입니다. 찌그러진 탁구공을 넣었을 때 탁구공이 펴지는 것을 골라 기호를 써 봅시다.

㉠　　　　　　㉡

뜨거운 물　　　얼음물

(　　　　　　　)

공부한 내용을

😊 자신 있게 설명할 수 있어요.

😐 설명하기 조금 힘들어요.

😣 어려워서 설명할 수 없어요.

4 압력에 따라 기체의 부피는 어떻게 변할까요

실험 관찰

하늘 위로 올라갈수록 기체에 가하는 압력이 약해지는 까닭

공기는 대부분 지표면 근처에 있어 하늘 위로 올라갈수록 공기가 희박해지기 때문에 기체에 가하는 압력이 약해집니다.

용어 사전

★ **희박** 기체나 액체의 진하기가 낮거나 옅음.

★ **밑창** 신발의 바닥 밑에 붙이는 고무나 가죽으로 된 부분

바른답·알찬풀이 18 쪽

스스로 확인해요
『과학』 59 쪽

1 일정한 온도에서 기체는 압력에 따라 부피가 (변하고, 변하지 않고), 기체에 압력을 가할수록 기체의 부피가 (작아집니다, 변하지 않습니다, 커집니다).

2 (사고력) 물과 공기가 들어 있는 페트병에 양손으로 압력을 가했을 때 페트병 안의 공기 방울의 부피 변화를 쓰고, 그렇게 생각한 까닭을 설명해 봅시다.

물 ─── 공기

---

1 압력에 따른 기체의 부피 변화

1 압력에 따른 기체의 부피 변화 관찰하기 탐구

실험 동영상

탐구 과정

❶ 공기 40 mL가 들어 있는 주사기 입구를 손가락으로 막고, 피스톤을 약하게 누를 때와 세게 누를 때 주사기 안에 들어 있는 공기의 부피 변화를 관찰합니다.

❷ 물 40 mL가 들어 있는 주사기 입구를 손가락으로 막고, 피스톤을 약하게 누를 때와 세게 누를 때 주사기 안에 들어 있는 물의 부피 변화를 관찰합니다.

탐구 결과

구분	피스톤을 약하게 누를 때	피스톤을 세게 누를 때
공기가 들어 있는 주사기	0 20 40 60 • 피스톤이 조금 들어감. • 주사기 안에 들어 있는 공기의 부피는 조금 작아짐.	0 20 40 60 • 피스톤이 많이 들어감. • 주사기 안에 들어 있는 공기의 부피는 많이 작아짐.
물이 들어 있는 주사기	0 20 40 60	0 20 40 60
	• 피스톤이 거의 들어가지 않음. • 주사기 안에 들어 있는 물의 부피는 거의 변하지 않음.	

2 압력에 따른 기체의 부피 변화: 일정한 온도에서 기체의 부피는 압력에 따라 변합니다.

• 기체에 압력을 가할 때 기체의 부피는 변하고, 액체에 압력을 가할 때 액체의 부피는 거의 변하지 않습니다.

• 기체에 가하는 압력이 약할 때에는 기체의 부피가 조금 작아지고, 기체에 가하는 압력이 셀 때에는 기체의 부피가 많이 작아집니다.

2 압력에 따라 기체의 부피가 변하는 예

─ 발을 떼면 공기 주머니의 부피가 다시 커져요.

밑창에 공기 주머니가 들어 있는 운동화	운동화를 신고 걷거나 달리면서 땅에 발을 디딜 때 공기 주머니의 부피가 작아짐. → 땅에 발을 디딜 때 공기 주머니 안에 들어 있는 기체에 압력을 가하기 때문
비행기 안에서 과자 봉지의 부피 변화	과자 봉지를 가지고 비행기를 타면 과자 봉지는 땅에서보다 하늘 위로 올라갈수록 더 많이 부풀어 오름. → 하늘 위로 올라갈수록 과자 봉지 안에 들어 있는 기체에 가하는 압력이 약해지기 때문

문제로 개념 탄탄

[1~2] 오른쪽과 같이 공기 40 mL가 들어 있는 주사기 입구를 손가락으로 막고, 피스톤을 누르면서 주사기 안에 들어 있는 공기의 부피 변화를 관찰했습니다. 물음에 답해 봅시다.

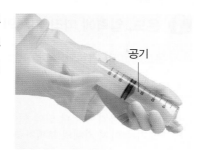

공기

공부한 날

월

일

1 다음은 위 실험에 대한 설명입니다. 옳은 것에 ○표, 옳지 않은 것에 ×표 해 봅시다.

(1) 피스톤을 약하게 누르면 주사기 안에 들어 있는 공기의 부피는 조금 작아진다. ( )

(2) 피스톤을 세게 눌러도 주사기 안에 들어 있는 공기의 부피는 거의 변하지 않는다. ( )

(3) 일정한 온도에서 기체는 압력에 따라 부피가 변한다. ( )

(4) 기체에 가하는 압력이 약할 때에는 기체의 부피가 많이 작아진다. ( )

2 다음 중 물 40 mL가 들어 있는 주사기로 위와 같은 실험을 하면서 피스톤을 세게 눌렀을 때 주사기의 모습으로 옳은 것을 골라 기호를 써 봅시다.

( )

3 다음은 과자 봉지를 가지고 비행기를 탔을 때 비행기의 위치에 따른 과자 봉지의 모습입니다. 과자 봉지 안에 들어 있는 기체에 가하는 압력의 크기를 비교하여 >, =, < 중 빈칸에 들어갈 알맞은 기호를 써넣어 봅시다.

비행기가 하늘에 있을 때   비행기가 땅에 있을 때

공부한 내용을

 자신 있게 설명할 수 있어요.

 설명하기 조금 힘들어요.

 어려워서 설명할 수 없어요.

온도, 압력에 따라 기체의 부피가 변하는 예를 찾아볼까요
공기를 이루는 여러 가지 기체를 알아볼까요

실험 관찰

수압

물의 무게에 의한 압력을 수압이라고 합니다. 수압은 물의 깊이에 따라 달라지는데, 물의 깊이가 깊을수록 수압이 셉니다.

공기를 이루는 또 다른 기체

• 네온은 네온 광고판이나 조명 전구로 이용합니다.
• 수소는 수소 발전소에서 전기를 만드는 데 이용합니다.

용어 사전

★ **열기구** 큰 주머니에 공기를 채운 뒤 가열하여 떠오르게 만든 기구

바른답·알찬풀이 18~19 쪽

스스로 확인해요

『과학』61 쪽

1 기체의 부피는 온도, 압력에 따라 변합니다. (○, ×)
2 (사고력) 차가운 유리병에 물을 묻힌 동전을 올려놓고 유리병을 손으로 감싸면 동전이 딸각거리며 움직입니다. 그 까닭을 설명해 봅시다.

『과학』63 쪽

1 공기는 산소, 이산화 탄소, 질소 등 여러 가지 기체가 섞여 있는 (   )입니다.
2 (의사소통 능력) 공기가 산소로만 이루어졌다면 어떤 일이 생길지 이야기해 봅시다.

❶ 온도, 압력에 따라 기체의 부피가 변하는 예 찾아보기 [탐구]

온도에 따라 기체의 부피가 변하는 예	압력에 따라 기체의 부피가 변하는 예
★열기구의 공기 주머니에 열을 가하면 공기 주머니가 부풀어 오름. → 열기구의 공기 주머니 안에 들어 있는 기체의 온도가 높아져 기체의 부피가 커지기 때문	잠수부가 내뿜은 공기 방울의 크기는 수면으로 올라갈수록 커짐. → 수면으로 올라갈수록 공기 방울 안에 들어 있는 기체에 가하는 압력이 약해지기 때문
여름철에 자전거를 타고 도로를 달리면 타이어가 팽팽해짐. → 타이어 안에 들어 있는 기체의 온도가 높아져 기체의 부피가 커지기 때문	풍선의 크기는 땅에서보다 하늘 위로 올라갈수록 커짐. → 하늘 위로 올라갈수록 풍선 안에 들어 있는 기체에 가하는 압력이 약해지기 때문
여름철에 햇빛이 비치는 곳에 과자 봉지를 두면 과자 봉지가 부풀어 오름. → 과자 봉지 안에 들어 있는 기체의 온도가 높아져 기체의 부피가 커지기 때문	높은 산 정상에서 빈 페트병을 마개로 닫은 뒤, 산에서 내려오면 페트병이 찌그러짐. → 산 정상보다 산 아래에서 페트병 안에 들어 있는 기체에 가하는 압력이 세기 때문

❷ 공기를 이루는 여러 가지 기체

1 공기: 공기에는 산소, 이산화 탄소, 질소, 헬륨 등의 여러 가지 기체가 섞여 있습니다. → 공기는 혼합물입니다.

2 공기를 이루는 여러 가지 기체 조사하기 [탐구]

산소의 이용

• 잠수부가 사용하는 압축 공기통에 들어 있습니다.
• 숨쉬기 어려운 환자들이 이용하는 산소 호흡 장치에 들어 있습니다.

산소 호흡 장치

이산화 탄소의 이용

• 탄산음료를 만드는 데 이용합니다.
• 이산화 탄소 소화기 안에 들어 있습니다.

이산화 탄소 소화기

질소의 이용 ┌ 과자 포장에 이용해요.

• 식품의 내용물을 보존하거나 신선하게 보관하는 데 이용합니다.
• 비행기 타이어에 기체를 채우는 데 이용합니다.

비행기 타이어

헬륨의 이용

• 비행선, 풍선을 공중에 띄우는 데 이용합니다.
• 냉각제로 이용합니다.

풍선

→ 바른답·알찬풀이 19 쪽

문제로

개념 탄탄

3
단원

공부한 날

월

일

1 다음은 기체의 부피가 변하는 예에 대한 설명입니다. 기체의 부피 변화에 영향을 주는 것이 온도인 것에 '온', 압력인 것에 '압'을 써 봅시다.

(1) 여름철에 자전거를 타고 도로를 달리면 타이어가 팽팽해진다. (   )

(2) 잠수부가 내뿜은 공기 방울의 크기는 수면으로 올라갈수록 커진다.
(   )

(3) 여름철에 햇빛이 비치는 곳에 과자 봉지를 두면 과자 봉지가 부풀어 오른다.
(   )

(4) 높은 산 정상에서 빈 페트병을 마개로 닫은 뒤, 산에서 내려오면 페트병이 찌그러진다. (   )

2 다음 (   ) 안에 공통으로 들어갈 알맞은 말을 써 봅시다.

(   )은/는 여러 가지 기체가 섞여 있는 혼합물이다. (   )을/를 이루는 기체에는 산소, 이산화 탄소, 질소, 헬륨 등이 있다.

(   )

3 다음 기체와 기체를 이용하는 예로 옳은 것끼리 선으로 이어 봅시다.

(1) 질소 •

• ㉠

잠수부의 압축 공기통

(2) 이산화 탄소 •

• ㉡

과자 봉지

(3) 산소 •

• ㉢

탄산음료

공부한 내용을

 자신 있게 설명할 수 있어요.

😐 설명하기 조금 힘들어요.

😞 어려워서 설명할 수 없어요.

[01~02] 오른쪽과 같이 고무풍선을 씌운 삼각 플라스크를 뜨거운 물이 들어 있는 비커에 넣었다가 얼음물이 들어 있는 비커에 넣었습니다. 물음에 답해 봅시다.

— 고무풍선

01 위 실험에서 뜨거운 물과 얼음물에 넣었을 때 고무풍선의 변화를 옳게 짝 지은 것은 어느 것입니까?
( )

	뜨거운 물에 넣었을 때	얼음물에 넣었을 때
①	오그라든다.	오그라든다.
②	오그라든다.	부풀어 오른다.
③	부풀어 오른다.	오그라든다.
④	부풀어 오른다.	부풀어 오른다.
⑤	변하지 않는다.	변하지 않는다.

중요
02 다음은 위 실험에서 알 수 있는 사실에 대한 학생 (가)~(다)의 대화입니다. 잘못 말한 학생은 누구인지 써 봅시다.

온도가 높아지면 기체의 부피는 작아져.
(가)

온도가 낮아지면 기체의 부피는 작아져.
(나)

일정한 압력에서 기체의 부피는 온도에 따라 변해.
(다)

( )

서술형
03 찌그러진 탁구공을 뜨거운 물에 넣으면 펴지는 까닭을 온도와 관련지어 설명해 봅시다.

_____

_____

[04~05] 오른쪽과 같이 공기 40 mL가 들어 있는 주사기 입구를 손가락으로 막고, 피스톤을 누르면서 주사기 안에 들어 있는 공기의 부피 변화를 관찰했습니다. 물음에 답해 봅시다.

공기

04 위 실험에 대한 설명으로 옳지 않은 것을 보기에서 골라 기호를 써 봅시다.

보기
㉠ 피스톤을 세게 누르면 피스톤이 많이 들어간다.
㉡ 피스톤을 약하게 누르면 피스톤이 조금 들어간다.
㉢ 주사기 안에 들어 있는 공기의 부피는 변하지 않는다.

( )

05 주사기 안에 물 40 mL를 넣고 위 실험과 같이 피스톤을 눌렀을 때 주사기 안에 들어 있는 물의 부피 변화에 대한 설명으로 옳은 것은 어느 것입니까?
( )

① 물의 부피가 조금 커진다.
② 물의 부피가 많이 커진다.
③ 물의 부피가 많이 작아진다.
④ 물의 부피가 커졌다가 작아진다.
⑤ 물의 부피가 거의 변하지 않는다.

중요
06 다음은 기체의 부피 변화에 대한 설명입니다. ( ) 안에 들어갈 알맞은 말을 각각 써 봅시다.

일정한 압력에서 기체의 부피는 (㉠)에 따라 변하고, 일정한 온도에서 기체의 부피는 (㉡)에 따라 변한다.

㉠: ( ), ㉡: ( )

→ 바른답·알찬풀이 19 쪽

[07~09] 다음 (가)~(라)는 우리 주변에서 볼 수 있는 기체의 부피가 변하는 예입니다. 물음에 답해 봅시다.

(가)

추운 실외에 둔 풍선

(나)

발을 디딜 때 부피가 작아진다.
운동화 밑창의 공기 주머니

(다)

부풀어 오른다.
비행기가 하늘에 있을 때 과자 봉지

(라)

수면으로 올라갈수록 커진다.
잠수부가 내뿜은 공기 방울

07 위 (가)~(라) 중 기체의 부피 변화에 영향을 주는 것이 나머지와 다른 하나를 골라 기호를 써 봅시다.

( )

중요
08 위 (가)에서 추운 실외에 둔 풍선이 쭈글쭈글해지는 까닭으로 옳은 것을 **보기**에서 골라 기호를 써 봅시다.

보기
ㄱ 풍선 안에 들어 있는 기체의 온도가 높아지기 때문이다.
ㄴ 풍선 안에 들어 있는 기체의 온도가 낮아지기 때문이다.
ㄷ 풍선 안에 들어 있는 기체에 가하는 압력이 세지기 때문이다.

( )

서술형
09 위 (라)에서 공기 방울의 크기가 수면으로 올라갈수록 커지는 까닭을 압력과 관련지어 설명해 봅시다.

....

....

10 다음 중 공기에 대한 설명으로 옳지 <u>않은</u> 것은 어느 것입니까? ( )

① 공기는 혼합물이다.
② 산소는 공기를 이루는 기체이다.
③ 질소는 공기를 이루는 기체이다.
④ 이산화 탄소는 공기를 이루는 기체이다.
⑤ 공기는 한 가지 기체로만 이루어져 있다.

중요
11 다음은 공기를 이루는 기체를 이용하는 예입니다. ㉠과 ㉡에 해당하는 기체를 옳게 짝 지은 것은 어느 것입니까? ( )

㉠

㉡

	㉠	㉡		㉠	㉡
①	산소	질소	②	질소	산소
③	산소	헬륨	④	질소	헬륨
⑤	헬륨	질소			

12 다음은 공기를 이루는 기체 중 어떤 기체에 대한 설명입니다. ( ) 안에 공통으로 들어갈 알맞은 기체는 어느 것입니까? ( )

• ( )은/는 압축 공기통과 호흡 장치에 들어 있다.
• 공기가 ( )(으)로만 이루어져 있다면 지금보다 불이 더 잘 나고, 구리, 철과 같은 금속이 빨리 녹슬 것이다.

① 수소　　　　② 산소
③ 헬륨　　　　④ 질소
⑤ 이산화 탄소

교과서 쏙쏙

빨대 로켓 만들기

로켓은 연료를 태워서 발생하는 기체를 이용해 우주로 날아가는 비행체입니다.

로켓이 날아가기 위해서는 연료와 산소를 공급할 수 있는 물질, 로켓이 날아갈 수 있게 지지대 역할을 하는 발사대 등이 필요합니다. 로켓의 연료를 태우면 큰 폭발음과 많은 양의 기체가 발생하는데, 기체가 발생할 때 나오는 힘에 의해 육중한 로켓이 하늘 높이 솟구쳐 날아갑니다. 따라서 연료를 태워서 발생하는 기체의 양이 많을수록 로켓은 더 멀리 날아갈 수 있습니다.

연료가 없이 로켓이 날아갈 수 있을까요? 압력에 따른 기체의 부피 변화를 이용해 연료 없이도 날아갈 수 있는 빨대 로켓을 만들어 봅시다.

용어 사전

★ **연료** 연소하여 에너지를 얻을 수 있는 물질

★ **발사대** 로켓을 쏘기 위해 고정시켜 놓는 받침대

★ **육중하다** 투박하고 무거움.

압력에 따른 기체의 부피 변화

일정한 온도에서 액체는 압력에 따라 부피가 거의 변하지 않지만, 기체는 압력에 따라 부피가 변합니다. 이때 기체에 가하는 압력이 약할 때에는 기체의 부피가 조금 작아지고, 기체에 가하는 압력이 셀 때에는 기체의 부피가 많이 작아집니다.

❶ 다음을 보고 빨대 로켓을 만들어 봅시다.

실험 동영상

로켓 만들기

① 굵은 빨대 / 고무찰흙

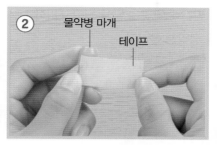
② 물약병 마개 / 테이프

① 굵은 빨대의 한쪽 입구를 고무찰흙으로 막습니다.
② 고무찰흙으로 막은 부분에 물약병 마개를 씌운 뒤, 테이프로 고정합니다.

공부한 날

월

일

• 날카로운 도구를 사용할 때에는 다치지 않게 주의해요.
• 자른 빨대의 단면에 손이 다치지 않게 주의해요.
• 사람을 향해 로켓을 날리지 않아요.

발사대 만들기

① 물약병 뚜껑

② 가는 빨대

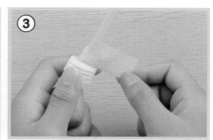
③

① 칼을 사용해 물약병 뚜껑의 윗부분을 가는 빨대가 들어갈 정도의 크기로 자릅니다.
② 가는 빨대의 끝부분을 비스듬히 자른 뒤, ①에서 만든 물약병 뚜껑에 넣습니다.
③ ②에서 만든 물약병 뚜껑과 빨대를 테이프로 고정합니다.

조립하기

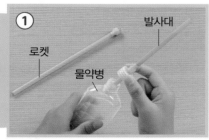
① 발사대 / 로켓 / 물약병

① 물약병과 발사대를 연결하고, 로켓을 발사대에 끼웁니다.
② 물약병을 꾸민 뒤, 물약병을 눌러 로켓을 날려 봅시다.

완성한 빨대 로켓

❷ 로켓이 멀리 날아갈 수 있는 방법을 압력에 따른 기체의 부피 변화로 설명해 봅시다.

 활동 꿀팁 물약병 안에 들어 있는 기체의 부피가 많이 작아질 때 로켓이 멀리 날아갈 수 있어요. 물약병을 세게 누르면 물약병 안에 들어 있는 기체의 부피가 많이 작아져요.

✎ **예시 답안** 물약병을 눌러 압력을 가하면 물약병 안에 들어 있는 기체의 부피가 작아지고, 작아진 부피만큼 기체가 발사대로 이동하며 로켓이 날아간다. 따라서 물약병을 세게 눌러 많은 양의 기체가 발사대로 이동하게 하면 로켓이 멀리 날아갈 수 있다.

교과서 쏙쏙

단원 마무리하기 생각 그물

이렇게 정리해요

빈칸에 알맞은 말을 넣고, 『과학』 123 쪽에서 알맞은 붙임딱지를 찾아 붙여 내용을 정리해 봅시다.

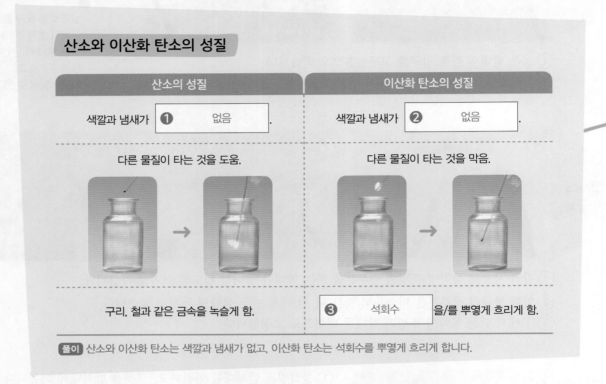

산소와 이산화 탄소의 성질

산소의 성질	이산화 탄소의 성질
색깔과 냄새가 ❶ [없음].	색깔과 냄새가 ❷ [없음].
다른 물질이 타는 것을 도움.	다른 물질이 타는 것을 막음.
구리, 철과 같은 금속을 녹슬게 함.	❸ [석회수]을/를 뿌옇게 흐리게 함.

풀이 산소와 이산화 탄소는 색깔과 냄새가 없고, 이산화 탄소는 석회수를 뿌옇게 흐리게 합니다.

온도에 따른 기체의 부피 변화

- 온도에 따른 기체의 부피 변화: 일정한 압력에서 기체의 온도가 높아지면 기체의 부피는 ❹(작아지고, ⟨커지고⟩), 기체의 온도가 낮아지면 기체의 부피는 ❺(⟨작아짐⟩, 커짐).

온도가 높을 때   온도가 낮을 때

- 온도에 따른 기체의 부피 변화의 예
- 여름철에 자전거를 타고 도로를 달리면 타이어가 팽팽해짐.
- 추운 겨울날 풍선을 온도가 더 낮은 밖에 두면 풍선이 쭈글쭈글해짐.

풀이 일정한 압력에서 기체의 온도가 높아지면 기체의 부피는 커지고, 기체의 온도가 낮아지면 기체의 부피는 작아집니다.

압력에 따른 기체의 부피 변화

- 압력에 따른 기체의 부피 변화: 일정한 온도에서 기체에 가하는 압력이 약하면 기체의 부피는 ❻(조금, 많이) 작아지고, 기체에 가하는 압력이 세면 기체의 부피는 ❼(조금, 많이) 작아짐.

 가하는 압력이 약할 때

 가하는 압력이 셀 때

- 압력에 따른 기체의 부피 변화의 예
  - 풍선의 크기는 땅에서보다 하늘 위로 올라갈수록 커짐.
  - 높은 산 정상에서 빈 페트병을 마개로 닫은 뒤, 산에서 내려오면 페트병이 찌그러짐.

풀이 일정한 온도에서 기체에 가하는 압력이 셀수록 기체의 부피는 많이 작아집니다.

여러 가지 기체

공기를 이루는 여러 가지 기체

- 공기는 산소, 이산화 탄소 등 여러 가지 기체가 섞여 있는 ❽ [혼합물].

- 공기를 이루는 여러 가지 기체의 이용

산소	❾ 이산화 탄소	질소
잠수부가 사용하는 압축 공기통에 들어 있음.	탄산음료를 만드는 데 이용함.	식품의 내용물을 보존하는 데 이용함.

풀이 공기는 여러 가지 기체가 섞여 있는 혼합물입니다. 이산화 탄소는 탄산음료를 만드는 데 이용합니다.

과학 이야기

우리의 안전을 지키는 기체

우리의 안전을 지켜 주는 장치에는 기체를 이용하는 것이 있습니다. 위급 상황에서 산소마스크로 산소를 공급해 숨을 쉴 수 있고, 이산화 탄소와 질소는 각각 구명조끼와 에어백을 부풀려 우리의 안전을 지킵니다.

『과학』 68 쪽

이산화 탄소가 들어 있는 통

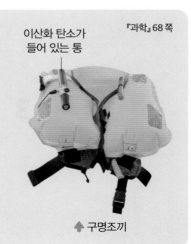

⬆ 구명조끼

창의적으로 생각해요

기체의 성질을 이용해 만들 수 있는 안전장치를 이야기해 봅시다.

예시 답안 자전거를 탈 때 무릎에 착용하는 보호대는 충격을 받으면 기체가 발생하여 보호대가 부풀어 오르면서 무릎을 보호한다.

교과서 쏙쏙

문제로
확인하기

1 다음 중 기체 발생 장치에서 가지 달린 삼각 플라스크로 흘려보내는 용액의 양을 조절하고, 가지 달린 삼각 플라스크에서 발생하는 기체가 거꾸로 흐르는 현상을 막는 실험 기구는 어느 것입니까? (③)

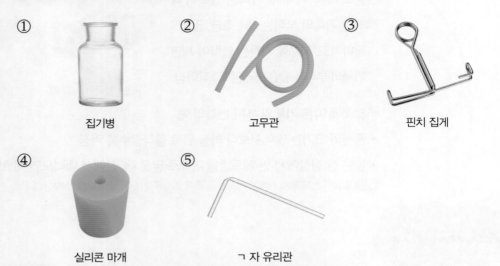

① 집기병   ② 고무관   ③ 핀치 집게

④ 실리콘 마개   ⑤ ㄱ 자 유리관

풀이 핀치 집게는 가지 달린 삼각 플라스크로 흘려보내는 용액의 양을 조절하고, 가지 달린 삼각 플라스크에서 발생하는 기체가 거꾸로 흐르는 것을 막습니다.

2 다음 중 산소의 성질로 옳은 것을 두 가지 골라 봅시다. (② , ④)

① 냄새가 있다.
② 색깔이 없다.
③ 향불을 끈다.
④ 물질을 타게 한다.
⑤ 석회수를 뿌옇게 흐리게 한다.

풀이 산소는 냄새와 색깔이 없습니다. 또, 다른 물질이 타게 도우므로 향불이 잘 타게 합니다. 석회수를 뿌옇게 흐리게 하는 것은 이산화 탄소입니다.

3 오른쪽과 같이 기체가 들어 있는 집기병에 석회수를 넣었더니 석회수가 뿌옇게 흐려졌습니다. 집기병에 들어 있던 기체가 무엇인지 써 봅시다.

(이산화 탄소)

풀이 이산화 탄소는 석회수를 뿌옇게 흐리게 합니다.

4 압력에 따른 기체의 부피 변화로 옳은 것을 보기 에서 두 가지 골라 기호를 써 봅시다.

> 보기
>
> ㉠ 일정한 온도에서 기체의 부피는 압력에 따라 변한다.
> ㉡ 공기가 들어 있는 주사기의 입구를 막고 피스톤을 누르면 주사기 안에 있는 공기의 부피는 커진다.
> ㉢ 높은 산 정상에서 빈 페트병을 마개로 닫은 뒤, 산에서 내려오면 페트병이 찌그러진다.

(㉠ , ㉢)

풀이 일정한 온도에서 기체에 압력을 가하면 기체의 부피는 작아집니다. 산 아래는 높은 산의 정상보다 기체에 가하는 압력이 세기 때문에 높은 산 정상에서 빈 페트병을 마개로 닫은 뒤, 산에서 내려오면 페트병이 찌그러집니다.

5 다음은 공기와 공기를 이루는 기체에 대한 설명입니다. 옳은 것에 ○표, 옳지 <u>않은</u> 것에 ✕표 해 봅시다.

(1) 공기는 혼합물이다. (○)
(2) 헬륨은 탄산음료를 만드는 데 이용한다. (✕)
(3) 이산화 탄소는 비행선을 띄우는 데 이용한다. (✕)
(4) 질소는 식품의 내용물을 보존하는 데 이용한다. (○)

풀이 공기는 여러 기체가 섞여 있는 혼합물입니다. 탄산음료를 만드는 데 이용하는 기체는 이산화 탄소이고, 비행선을 띄우는 데 이용하는 기체는 헬륨입니다. 질소는 식품의 내용물을 보존하거나 신선하게 보관하는 데 이용합니다.

💡 사고력 💬 의사소통 능력

6 물이 반쯤 담긴 페트병의 마개를 닫은 뒤, 냉장고에 넣어 두면 페트병이 찌그러지는 것을 볼 수 있습니다. 마개를 열지 않고 페트병을 다시 원래 모양으로 되돌릴 수 있는 방법을 설명해 봅시다.

풀이 물이 반쯤 담긴 페트병의 마개를 닫은 뒤, 냉장고에 넣어 두면 페트병에 들어 있는 기체의 온도가 낮아지므로 기체의 부피가 작아져 페트병이 찌그러집니다. 마개를 열지 않고 찌그러진 페트병을 다시 원래 모양으로 되돌리기 위해서는 페트병 안에 들어 있는 기체의 온도를 높여 기체의 부피가 커지면서 페트병이 부풀어 오르게 해야 합니다.

예시 답안 페트병을 따뜻한 곳에 둔다. 손으로 페트병을 감싼다.

그림으로 단원 정리하기

● 그림을 보고, 빈칸에 알맞은 내용을 써 봅시다.

01 기체 발생 장치와 산소, 이산화 탄소의 발생

G 50쪽, 52쪽

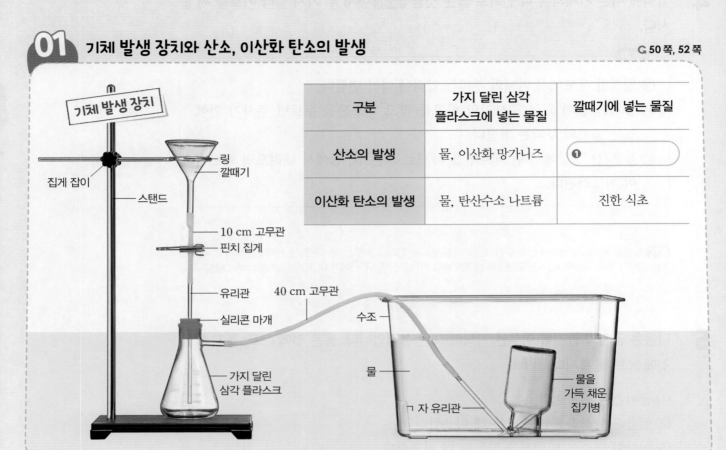

구분	가지 달린 삼각 플라스크에 넣는 물질	깔때기에 넣는 물질
산소의 발생	물, 이산화 망가니즈	❶
이산화 탄소의 발생	물, 탄산수소 나트륨	진한 식초

02 산소의 성질

G 50쪽

03 이산화 탄소의 성질

G 52쪽

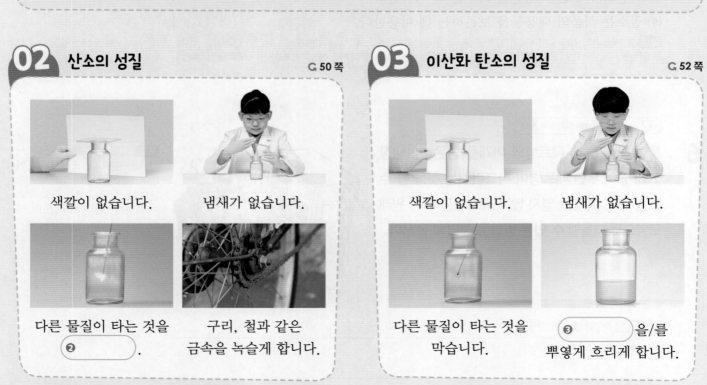

색깔이 없습니다.

냄새가 없습니다.

다른 물질이 타는 것을 ❷ .

구리, 철과 같은 금속을 녹슬게 합니다.

색깔이 없습니다.

냄새가 없습니다.

다른 물질이 타는 것을 막습니다.

❸ 을/를 뿌옇게 흐리게 합니다.

04 온도와 압력에 따른 기체의 부피 변화

G 56 쪽, 58 쪽

고무풍선을 씌운 삼각 플라스크를 뜨거운 물에 넣었을 때	고무풍선을 씌운 삼각 플라스크를 얼음물에 넣었을 때

고무풍선이 부풀어 오름.	고무풍선이 오그라듦.

온도에 따른 기체의 부피 변화: 일정한 압력에서 기체의 온도가 ❹ [   ]지면 기체의 부피는 커지고, 온도가 낮아지면 기체의 부피는 ❺ [   ]집니다.

공기가 들어 있는 주사기의 피스톤을 ❻ [ ] 누를 때	공기가 들어 있는 주사기의 피스톤을 ❼ [ ] 누를 때
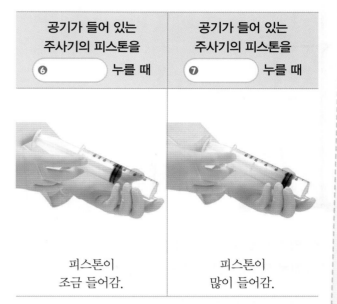	
피스톤이 조금 들어감.	피스톤이 많이 들어감.

압력에 따른 기체의 부피 변화: 일정한 온도에서 기체에 가하는 압력이 약하면 기체의 부피는 조금 작아지고, 기체에 가하는 압력이 세면 기체의 부피는 많이 작아집니다.

05 공기를 이루는 여러 가지 기체

G 60 쪽

공기는 산소, 이산화 탄소, 질소, 헬륨 등의 기체가 섞여 있는 ❽ [   ] 입니다.

산소의 이용

이산화 탄소의 이용

❾ [   ]의 이용

헬륨의 이용

[01~03] 다음은 기체 발생 장치입니다. 물음에 답해 봅시다.

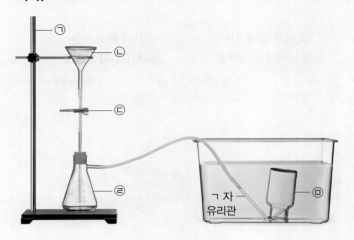

ㄱ 자
유리관

01 위 기체 발생 장치에서 실험 기구 ㉠~㉤의 이름을 <u>잘못</u> 짝 지은 것은 어느 것입니까? ( )

① ㉠ – 스탠드

② ㉡ – 깔때기

③ ㉢ – 링

④ ㉣ – 가지 달린 삼각 플라스크

⑤ ㉤ – 집기병

02 위 기체 발생 장치의 ㉠~㉤ 중 산소를 발생시킬 때 묽은 과산화 수소수를 넣는 실험 기구를 골라 기호를 써 봅시다.

( )

03 다음은 위 기체 발생 장치에 대한 학생 (가)~(다)의 대화입니다. 옳게 말한 학생은 누구인지 써 봅시다.

㉢은 항상 열어 두어야 해.

ㄱ 자 유리관을 ㉤ 속에 매우 깊이 넣어야 해.

산소가 발생할 때 ㉣ 내부에서 거품이 발생해.

(가)　　　(나)　　　(다)

( )

[04~06] 다음은 집기병에 들어 있는 어떤 기체의 성질을 확인한 결과입니다. 물음에 답해 봅시다.

구분	결과
색깔을 관찰했을 때	색깔이 없다.
냄새를 맡았을 때	냄새가 없다.
향불을 넣었을 때	(가)
석회수를 넣고 흔들었을 때	뿌옇게 흐려진다.

04 위 결과로 보아 집기병에 들어 있는 기체는 산소와 이산화 탄소 중 무엇인지 써 봅시다.

( )

05 위 04번에서 답한 기체를 기체 발생 장치에서 발생시키려고 합니다. 필요한 물질로 옳은 것을 두 가지 골라 봅시다. (,)

① 석회수

② 진한 식초

③ 이산화 망가니즈

④ 탄산수소 나트륨

⑤ 묽은 과산화 수소수

06 위 (가)에 들어갈 알맞은 내용을 보기 에서 골라 기호를 써 봅시다.

보기
㉠ 향불이 꺼진다.
㉡ 향불이 잘 탄다.
㉢ 향불이 잘 타다가 꺼진다.

( )

→ 바른답·알찬풀이 20 쪽

07 다음은 온도에 따른 기체의 부피 변화를 관찰하는 탐구 과정입니다. 과정 (가)와 (나)에서 고무풍선의 크기를 비교하여 >, <, = 중 ( ) 안에 들어갈 알맞은 기호를 써넣어 봅시다.

(가)	삼각 플라스크 입구에 고무풍선을 씌워 뜨거운 물이 들어 있는 비커에 넣고 고무풍선의 변화를 관찰한다.
(나)	(가)의 삼각 플라스크를 얼음물이 들어 있는 비커에 넣고 고무풍선의 변화를 관찰한다.

(가) ( ) (나)

08 다음 중 공기 40 mL가 들어 있는 주사기 입구를 손가락으로 막고, 피스톤을 세게 눌렀을 때의 변화에 대한 설명으로 옳은 것은 어느 것입니까?
( )

① 피스톤이 많이 들어간다.
② 피스톤이 조금 들어간다.
③ 피스톤이 거의 들어가지 않는다.
④ 주사기 안에 들어 있는 공기의 부피가 커진다.
⑤ 주사기 안에 들어 있는 공기의 부피가 변하지 않는다.

09 기체의 부피 변화에 대한 설명으로 옳지 <u>않은</u> 것을 보기에서 골라 기호를 써 봅시다.

【 보기 】
㉠ 기체의 부피는 온도, 압력에 따라 변한다.
㉡ 일정한 압력에서 기체의 온도가 높아지면 기체의 부피가 커진다.
㉢ 일정한 온도에서 기체에 가하는 압력이 약할 때 기체의 부피는 변하지 않는다.

( )

10 다음 중 기체의 부피 변화에 영향을 주는 것이 나머지와 <u>다른</u> 하나는 어느 것입니까? ( )

① 햇빛에 놓아둔 과자 봉지가 부풀어 오른다.
② 찌그러진 탁구공을 뜨거운 물에 넣으면 펴진다.
③ 풍선의 크기는 땅에서보다 하늘 위로 올라갈수록 커진다.
④ 여름철에 자전거를 타고 도로를 달리면 타이어가 팽팽해진다.
⑤ 빈 페트병의 마개를 닫아 냉장고에 넣고 오랜 시간이 지나면 페트병이 찌그러진다.

11 다음은 공기에 대한 설명입니다. ( ) 안에 들어갈 알맞은 말을 써 봅시다.

공기는 산소, 이산화 탄소, 질소, 헬륨 등의 여러 가지 기체가 섞여 있는 ( )이다.

( )

12 다음 중 공기를 이루는 기체와 그 기체를 이용하는 예를 <u>잘못</u> 짝 지은 것은 어느 것입니까?
( )

①
산소 – 압축 공기통

②
이산화 탄소 – 탄산음료

③
헬륨 – 풍선 띄우기

④
수소 – 식품 보존

서술형 문제 ···

13 다음 중 산소가 들어 있는 집기병에 향불을 넣은 모습을 골라 기호를 쓰고, 그 까닭을 기체의 성질과 관련지어 설명해 봅시다.

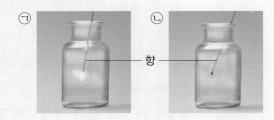

[14~15] 다음 기체 발생 장치를 보고, 물음에 답해 봅시다.

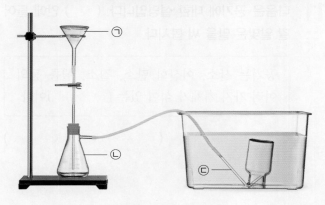

14 위 기체 발생 장치의 ㉠에 진한 식초, ㉡에 물과 탄산수소 나트륨을 넣고 기체를 발생시켰을 때 발생하는 기체를 쓰고, 그 성질을 두 가지 설명해 봅시다.

15 위 기체 발생 장치에서 실험 기구 ㉢의 이름을 쓰고, **14**번에서 답한 기체가 발생할 때 ㉢의 끝부분을 관찰한 결과를 설명해 봅시다.

16 다음과 같이 여름철에 자전거를 타고 도로를 달리면 타이어가 팽팽해집니다. 그 까닭을 설명해 봅시다.

타이어

17 밑창에 공기 주머니가 들어 있는 운동화를 신고 걷거나 달리면서 땅에 발을 디딜 때 공기 주머니의 부피 변화와 그 까닭을 설명해 봅시다.

18 오른쪽은 박물관이나 미술관에서 볼 수 있는 소화기입니다.

(1) 오른쪽 소화기 안에 들어 있는 기체는 무엇인지 써 봅시다.

( )

(2) (1)에서 답한 기체가 소화기에 들어 있는 것에서 알 수 있는 그 기체의 성질을 설명해 봅시다.

01 다음은 기체 발생 장치를 꾸미는 과정의 일부입니다.

> (가) 깔때기에 10 cm 고무관을 끼운다.
> (나) 깔때기를 스탠드의 링에 설치한 뒤, 고무관의 중간 부분에 (   )을/를 끼운다.
> (다) _____
> (라) 깔때기에 연결한 고무관을 실리콘 마개에 끼운 유리관과 연결한다.

(1) 위 과정 (나)의 (   ) 안에 들어갈 알맞은 실험 기구의 이름을 써 봅시다.

(   )

(2) 오른쪽은 위 과정 (다)에 해당하는 모습입니다. 필요한 실험 기구의 이름을 포함하여 과정 (다)를 설명해 봅시다.

_____

성취 기준

산소, 이산화 탄소를 실험을 통해 발생시키고 성질을 확인한 후, 각 기체의 성질을 설명할 수 있다.

출제 의도

기체 발생 장치를 꾸밀 때 필요한 실험 기구와 기체 발생 장치를 꾸미는 과정을 알고 있는지 확인하는 문제예요.

관련 개념

기체 발생 장치 꾸미기 ↳ 50 쪽

3 단원

공부한 날

월

일

---

02 오른쪽과 같이 고무풍선을 씌운 삼각 플라스크를 뜨거운 물이 들어 있는 비커에 넣었더니 고무풍선이 부풀어 올랐습니다.

(1) 다음은 위 실험에서 알 수 있는 사실을 정리한 내용입니다. ㉠~㉣ 중 옳지 <u>않은</u> 것을 골라 기호를 쓰고, 옳게 고쳐 써 봅시다.

> 일정한 압력에서 기체의 부피는 ㉠ 온도에 따라 ㉡ 변한다. 기체를 가열해 온도가 ㉢ 높아지면 기체의 부피는 ㉣ 작아진다.

(   )

(2) 위의 고무풍선을 씌운 삼각 플라스크를 얼음물이 들어 있는 비커에 넣으면 고무풍선이 어떻게 될지 쓰고, 그 까닭을 설명해 봅시다.

_____

— 고무풍선

— 삼각 플라스크

— 뜨거운 물

성취 기준

온도와 압력에 따라 기체의 부피가 달라지는 현상을 관찰하고, 일상생활에서 이와 관련된 사례를 찾을 수 있다.

출제 의도

온도에 따른 기체의 부피 변화를 이해하여 실험 결과를 예상하고, 그 까닭을 설명할 수 있는지 확인하는 문제예요.

관련 개념

온도에 따른 기체의 부피 변화 ↳ 56 쪽

정답 확인

01 다음 중 기체 발생 장치를 꾸밀 때 필요한 실험 기구가 <u>아닌</u> 것은 어느 것입니까? ( )

① 핀치 집게
② 유리 막대
③ 실리콘 마개
④ ㄱ 자 유리관
⑤ 가지 달린 삼각 플라스크

02 다음은 기체 발생 장치를 꾸미는 과정을 순서 없이 나타낸 것입니다. 기체 발생 장치를 꾸미는 순서대로 ( ) 안에 2~6 중 알맞은 숫자를 각각 써넣어 봅시다.

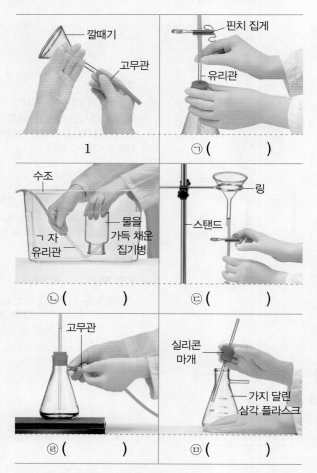

[03~05] 다음과 같이 기체 발생 장치에 각 물질을 넣은 뒤 기체를 발생시켰습니다. 물음에 답해 봅시다.

가지 달린 삼각 플라스크	깔때기
물, 이산화 망가니즈	묽은 과산화 수소수

03 위 실험에서 발생한 기체의 성질이 <u>아닌</u> 것은 어느 것입니까? ( )

① 색깔이 없다.
② 냄새가 없다.
③ 석회수를 뿌옇게 흐리게 한다.
④ 다른 물질이 타는 것을 돕는다.
⑤ 구리, 철과 같은 금속을 녹슬게 한다.

04 다음은 위 실험에서 발생한 기체를 이용하는 예에 대한 학생 (가)~(다)의 대화입니다. 옳게 말한 학생은 누구인지 써 봅시다.

압축 공기통이나 호흡 장치에 들어 있어.

탄산음료를 만드는 데 이용해.

비행선을 공중에 띄울 때 이용해.

(가)   (나)   (다)

( )

05 위 실험에서 기체가 발생할 때 기체 발생 장치의 물을 가득 채운 집기병 내부를 관찰한 결과를 **보기**에서 골라 기호를 써 봅시다.

보기
㉠ 거품이 발생한다.
㉡ 물의 높이가 낮아진다.
㉢ 아무런 변화도 일어나지 않는다.

( )

06 다음과 같이 고무풍선을 씌운 삼각 플라스크를 뜨거운 물과 얼음물이 들어 있는 비커에 넣었습니다. 이 실험을 통해 알 수 있는 사실로 옳은 것을 두 가지 골라 봅시다. (　　,　　)

─ 뜨거운 물　　─ 얼음물

① 온도에 따라 기체의 부피가 변한다.

② 온도가 낮아지면 기체의 부피가 커진다.

③ 온도가 높아지면 기체의 부피가 커진다.

④ 온도가 높아지면 기체의 부피가 작아진다.

⑤ 온도에 따라 기체의 부피가 변하지 않는다.

07 오른쪽과 같이 색소 방울이 들어 있는 플라스틱 스포이트의 머리 부분을 뜨거운 물이 들어 있는 비커에 넣었을 때 색소 방울이 ⊙과 ⓒ 중 어디로 이동하는지 골라 기호를 써 봅시다.

⊙
ⓒ ─ 색소 방울
─ 뜨거운 물

(　　　　　　)

08 오른쪽과 같이 물이 들어 있는 주사기 입구를 손가락으로 막고, 피스톤을 세게 눌렀을 때 주사기 안에 들어 있는 물의 부피 변화로 옳은 것을 보기에서 골라 기호를 써 봅시다.

물

보기
⊙ 조금 커진다.
ⓒ 많이 작아진다.
ⓒ 거의 변하지 않는다.

(　　　　　　)

[09~10] 다음은 기체의 부피가 변하는 예에 대한 학생 (가)~(다)의 대화입니다. 물음에 답해 봅시다.

> • (가): 찌그러진 탁구공을 뜨거운 물에 넣으면 펴지는 것은 탁구공 안에 들어 있는 <u>기체의 온도가 높아지기 때문</u>이야.
> • (나): 햇빛이 비치는 곳에 둔 과자 봉지가 부풀어 오르는 것은 과자 봉지 안에 들어 있는 <u>기체에 가하는 압력이 약해지기 때문</u>이야.
> • (다): 잠수부가 내뿜은 공기 방울이 수면으로 올라갈수록 커지는 것은 공기 방울 안에 들어 있는 <u>기체에 가하는 압력이 약해지기 때문</u>이야.

09 위에서 밑줄 친 부분을 잘못 말한 학생과 고쳐 쓴 내용을 옳게 짝 지은 것은 어느 것입니까?
(　　　　　)

① (가), 기체의 온도가 낮아지기 때문

② (나), 기체의 온도가 높아지기 때문

③ (다), 기체의 온도가 변하지 않기 때문

④ (나), 기체에 가하는 압력이 세지기 때문

⑤ (다), 기체에 가하는 압력이 같기 때문

10 위에서 기체의 부피 변화에 영향을 주는 것이 압력인 예를 말한 학생은 누구인지 써 봅시다.

(　　　　　　)

11 다음은 공기를 이루는 기체의 일부와 그 이용입니다. (　　) 안에 들어갈 알맞은 기체를 써 봅시다.

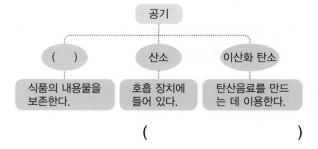

공기
(　　)　산소　이산화 탄소
식품의 내용물을 보존한다.　호흡 장치에 들어 있다.　탄산음료를 만드는 데 이용한다.

(　　　　　　)

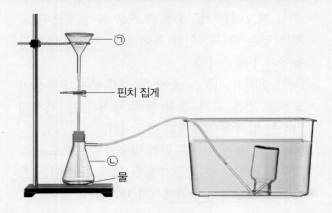

12 위 기체 발생 장치에서 이산화 탄소를 발생시키려면 ㉠과 ㉡에 각각 어떤 물질을 넣어야 하는지 설명해 봅시다.

13 위 기체 발생 장치에서 다음과 같은 성질이 있는 기체를 발생시키려면 ㉠과 ㉡에 각각 어떤 물질을 넣어야 하는지 그 까닭을 포함하여 설명해 봅시다.

> 다른 물질이 타는 것을 돕는다.

14 위 기체 발생 장치의 ㉡에서 기체가 발생할 때 핀치 집게를 열지 <u>않는</u> 까닭을 설명해 봅시다.

15 오른쪽과 같이 차가운 유리병에 물을 묻힌 동전을 올려놓았습니다. 유리병을 손으로 감싸면 동전이 어떻게 되는지 쓰고, 그 까닭을 설명해 봅시다.

16 다음 중 비행기가 하늘에 있을 때 비행기 안에서 과자 봉지의 모습을 골라 기호를 쓰고, 그 까닭을 설명해 봅시다.

17 오른쪽과 같이 말할 수 있는 까닭을 설명해 봅시다.

공기는 혼합물이에요.

18 오른쪽의 비행기 타이어를 채우는 데 이용하는 기체가 무엇인지 쓰고, 이 기체를 이용하는 또 다른 예를 설명해 봅시다.

비행기 타이어

01 다음은 집기병에 들어 있는 어떤 기체의 성질을 확인하는 탐구 과정과 탐구 결과입니다.

탐구 과정	탐구 결과
집기병 뒤에 흰색 종이를 대고 색깔을 관찰한다.	색깔이 없다.
손으로 바람을 일으켜 냄새를 맡는다.	냄새가 없다.
집기병에 향불을 넣어 불꽃의 모습을 관찰한다.	향불이 꺼진다.

(1) 위 실험에서 집기병에 들어 있는 기체는 산소와 이산화 탄소 중 무엇인지 써 봅시다.

(   )

(2) 위 실험 이외에 (1)에서 답한 기체의 성질을 확인하는 탐구 과정과 탐구 결과를 한 가지 더 설명해 봅시다.

• 탐구 과정: _____

• 탐구 결과: _____

성취 기준

산소, 이산화 탄소를 실험을 통해 발생시키고 성질을 확인한 후, 각 기체의 성질을 설명할 수 있다.

출제 의도

이산화 탄소의 성질을 확인하는 탐구 과정과 탐구 결과를 알고 있는지 확인하는 문제예요.

관련 개념

이산화 탄소를 발생시켜 그 성질을 확인하기   **G 52 쪽**

3
단원

공부한날

월

일

---

02 다음은 주사기에 공기 **40 mL**를 넣고 손가락으로 주사기 입구를 막은 뒤, 피스톤을 약하게 누를 때와 세게 누를 때 주사기의 모습을 나타낸 것입니다.

구분	피스톤을 약하게 누를 때	피스톤을 세게 누를 때
주사기의 모습	(가)	(나)

(1) 위 (가), (나)에 알맞은 것을 골라 각각 기호를 써 봅시다.

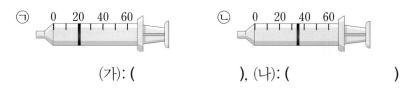

(가): (   ), (나): (   )

(2) 위 실험에서 알 수 있는 압력에 따른 기체의 부피 변화를 설명해 봅시다.

_____

성취 기준

온도와 압력에 따라 기체의 부피가 달라지는 현상을 관찰하고, 일상생활에서 이와 관련된 사례를 찾을 수 있다.

출제 의도

주사기 안에 들어 있는 공기의 부피 변화를 관찰하여 압력에 따른 기체의 부피 변화를 설명할 수 있는지 확인하는 문제예요.

관련 개념

압력에 따른 기체의 부피 변화
  G 58 쪽

4

식물의
구조와 기능

이 단원에서 무엇을 공부할지 알아보아요.

식물 퍼즐 완성

우리 주변에는 민들레, 강아지풀, 소나무, 단풍나무 등 다양한 종류의 식물이 있고, 식물의 종류에 따라 생김새도 다릅니다. 식물 퍼즐을 완성하면서 식물의 생김새를 알아봅시다.

🖊 식물 퍼즐 맞추기

❶ 식물 퍼즐의 그림을 잘 살펴본 다음 퍼즐 조각을 떼어서 섞어 놓습니다.

❷ 퍼즐 조각을 하나씩 맞춥니다.

❸ 퍼즐 조각을 모두 맞추면 완성된 퍼즐에 있는 두 식물의 전체적인 생김새를 관찰해 봅시다.

⬆ 퍼즐 조각을 섞은 모습

⬆ 퍼즐 조각을 맞추는 모습

• **식물의 전체적인 생김새를 관찰하고, 식물은 어떤 부분으로 이루어져 있는지 이야기해 봅시다.**

> **예시 답안** 식물은 대부분 뿌리, 줄기, 잎, 꽃, 열매의 부분으로 이루어져 있다. 땅속에 있는 부분은 뿌리이고, 식물의 기둥과 같은 부분은 줄기이다. 초록색의 넓고 납작한 부분은 잎이고, 가지 끝에 꽃이 핀다. 등

생물을 이루고 있는 세포는 어떻게 생겼을까요
뿌리는 어떻게 생겼고 어떤 일을 할까요

식물 세포와 동물 세포의 비교

공통점	• 핵과 세포막이 있음. • 대부분 크기가 매우 작아 맨눈으로 관찰하기 어려움.
차이점	식물 세포에는 세포벽이 있고, 동물 세포에는 세포벽이 없음.

뿌리털

뿌리털은 물과 닿는 면적을 넓혀 주어 뿌리가 물을 더 잘 흡수하게 합니다.

용어 사전

★ 지지 무거운 것을 받치거나 버팀.

바른답·알찬풀이 26쪽

스스로 확인해요

『과학』 73쪽

1 모든 생물은 (　　　　　)(으)로 이루어져 있습니다.

2 (의사소통 능력) 식물 세포와 동물 세포의 공통점과 차이점을 이야기해 봅시다.

『과학』 75쪽

1 뿌리는 땅속으로 뻗어 식물 전체를 받쳐 주어 식물을 (흡수, 지지, 저장)하고 물을 (흡수, 지지, 저장)하며, 뿌리에 양분을 (흡수, 지지, 저장)하기도 합니다.

2 (사고력) 소나무의 뿌리는 토마토의 뿌리보다 땅속으로 더 깊고 넓게 뻗어 있습니다. 그 까닭을 뿌리가 식물을 지지하는 것과 관련지어 설명해 봅시다.

❶ 세포

1 세포: 생물을 이루는 기본 단위로, 모든 생물은 세포로 이루어져 있습니다.
└ 세포는 종류에 따라 크기와 모양, 하는 일이 달라요.

2 세포 관찰하기 탐구

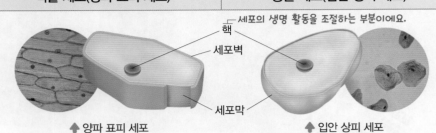

식물 세포(양파 표피 세포)	동물 세포(입안 상피 세포)
└ 세포의 생명 활동을 조절하는 부분이에요. 핵　세포벽　세포막 ⬆ 양파 표피 세포	핵 ⬆ 입안 상피 세포
• 광학 현미경으로 관찰하면 세포 안에 동그란 점이 있고, 각진 모양의 세포들이 붙어 있어 블록이 차곡차곡 쌓여 있는 것처럼 보임. • 식물 세포는 세포벽과 세포막으로 둘러싸여 있고, 그 안에 핵이 있음.	• 광학 현미경으로 관찰하면 세포 안에 동그란 점이 있고, 모양이 일정하지 않은 세포 여러 개가 흩어져 있음. • 동물 세포는 세포막으로 둘러싸여 있고, 그 안에 핵이 있음.

❷ 뿌리의 생김새와 하는 일

1 뿌리의 생김새

① 굵고 곧은 뿌리에 가는 뿌리들이 난 것도 있고, 굵기가 비슷한 뿌리들이 수염처럼 난 것도 있습니다. └ 예 토마토, 고추, 민들레 등　└ 예 양파, 파, 강아지풀 등

② 뿌리에는 솜털처럼 작고 가는 뿌리털이 나 있습니다.

2 뿌리가 하는 일 알아보기 탐구

탐구 과정 이 탐구에서 다르게 한 조건은 뿌리의 유무이고, 뿌리의 유무를 제외한 모든 조건(양파의 크기, 비커의 크기, 물의 양 등)은 같게 해야 해요.

❶ 뿌리와 잎이 자란 양파 두 개 중 한 개는 뿌리를 자르고, 다른 한 개는 뿌리를 그대로 둡니다.

❷ 같은 크기의 비커에 같은 양의 물을 담고 양파의 밑부분이 물에 닿도록 각각 올려놓은 다음 빛이 잘 드는 곳에 3 일~4 일 동안 놓아둡니다.

뿌리를 자른 양파　　뿌리를 자르지 않은 양파

탐구 결과

❶ 뿌리를 자른 양파를 올려놓은 비커보다 뿌리를 자르지 않은 양파를 올려놓은 비커의 물이 더 많이 줄어들었습니다. └ 뿌리를 자르지 않은 양파는 뿌리에서 물을 흡수했지만, 뿌리를 자른 양파는 물을 거의 흡수하지 못했기 때문이에요.

❷ 알게 된 점: 뿌리는 물을 흡수하는 일을 합니다.

3 뿌리가 하는 일 └ 뿌리는 땅속으로 깊고 넓게 뻗어 있어요.

① 지지 기능: 뿌리는 땅속으로 뻗어 식물 전체를 받쳐 주어 식물을 지지합니다.

② 흡수 기능: 뿌리는 땅속으로 뻗어 물을 흡수합니다.

③ 저장 기능: 뿌리에 양분을 저장하기도 합니다. 예 고구마, 당근, 무 등

문제로
개념 탄탄

1 다음은 세포에 대한 설명입니다. 옳은 것에 ○표, 옳지 <u>않은</u> 것에 ×표 해 봅시다.

(1) 모든 세포는 크기와 모양이 같다. ( )

(2) 모든 생물은 세포로 이루어져 있다. ( )

(3) 대부분 크기가 매우 작아 맨눈으로 볼 수 없다. ( )

2 다음은 광학 현미경으로 양파 표피 세포와 입안 상피 세포를 관찰한 결과를 순서 없이 나타낸 것입니다.

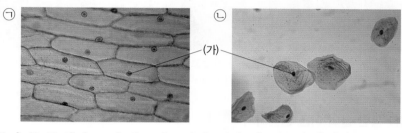

(1) ㉠과 ㉡ 중 양파 표피 세포의 모습을 골라 기호를 써 봅시다.

( )

(2) ㉠과 ㉡의 세포에 공통으로 들어 있는 (가)의 이름을 써 봅시다.

( )

3 다음은 토마토 뿌리와 양파 뿌리를 관찰한 결과입니다. ( ) 안에 들어갈 알맞은 말에 각각 ○표 해 봅시다.

> ㉠ (양파, 토마토) 뿌리는 굵고 곧은 뿌리에 가는 뿌리들이 나 있고, ㉡ (양파, 토마토) 뿌리는 굵기가 비슷한 뿌리들이 수염처럼 나 있다.

4 오른쪽과 같이 비커 두 개에 같은 양의 물을 담고 뿌리를 자른 양파와 뿌리를 자르지 않은 양파를 각각 올려놓은 뒤 빛이 잘 드는 곳에 3 일∼4 일 동안 놓아두었습니다. ㉠과 ㉡ 중 비커에 담긴 물의 양이 더 많이 줄어든 것을 골라 기호를 써 봅시다.

( )

㉠  ㉡

뿌리를 자른 양파

뿌리를 자르지 않은 양파

4
단원

공부한 날

월

일

공부한 내용을

😊 자신 있게 설명할 수 있어요.

😐 설명하기 조금 힘들어요.

☹️ 어려워서 설명할 수 없어요.

줄기는 어떻게 생겼고 어떤 일을 할까요

실험 관찰

줄기의 껍질이 하는 일
• 해충이나 세균 등의 침입을 막습니다.
• 추위와 더위로부터 식물을 보호합니다.

봉선화 줄기를 붉은 색소 물에 담갔을 때의 줄기 단면

가로 단면	세로 단면
붉은 점들이 가장자리에 둥글게 원을 이루고 있음.	붉은 선들이 양쪽 가장자리에 있음.

용어 사전

★ **단면** 물체의 잘라낸 면

바른답·알찬풀이 26 쪽

스스로 확인해요

『과학』77 쪽

1 줄기는 잎과 꽃을 받쳐 주어 식물을 (   )하고, 물이 이동하는 통로 역할을 하며, 양분을 (   )하기도 합니다.

2 (사고력) 줄기에 물이 이동하는 통로가 없다면 어떻게 될지 설명해 봅시다.

① 줄기의 생김새와 줄기를 통한 물의 이동

1 줄기의 생김새

① 줄기는 아래로는 뿌리와 이어져 있고, 위로는 잎, 꽃, 열매 등이 달려 있습니다. → 줄기는 뿌리와 잎, 꽃, 열매 등 식물의 각 부분을 이어 줍니다.
② 줄기는 꺼칠꺼칠하거나 매끈한 껍질로 싸여 있습니다. ─ 소나무는 꺼칠꺼칠한 껍질로 싸여 있고, 고구마는 매끈한 껍질로 싸여 있어요.
③ 식물의 종류에 따라 줄기의 생김새가 다양합니다.

소나무(곧은줄기)	나팔꽃(감는줄기)	고구마(기는줄기)
줄기가 굵고 곧음.	줄기가 가늘고 길며, 다른 물체를 감고 올라감.	줄기가 가늘고 길며, 땅 위를 기는 듯이 뻗음.

2 줄기를 통한 물의 이동 실험하기 탐구

실험 동영상

탐구 과정

❶ 삼각 플라스크에 물을 넣고 붉은색 식용 색소를 녹인 다음 백합 줄기를 네다섯 시간 정도 넣어 둡니다. 줄기가 곧게 뻗어 있고, 줄기에 잎과 꽃이 달려 있어요.

❷ 붉은 색소 물에 넣어 둔 백합 줄기를 유리판 위에 놓고 가로와 세로로 잘라 단면을 관찰합니다.

탐구 결과

구분	가로로 자른 단면	세로로 자른 단면
관찰 결과	붉은 점이 여러 개 퍼져 있음.	붉은 선이 여러 개 있음.
알게 된 점	• 백합 줄기 단면에서 붉게 물든 부분은 물이 이동한 통로임. • 줄기는 뿌리에서 흡수한 물이 이동하는 통로 역할을 함.	

② 줄기가 하는 일

1 운반 기능: 줄기는 뿌리에서 흡수한 물이 이동하는 통로 역할을 합니다. → 뿌리에서 흡수한 물은 줄기를 거쳐 식물의 각 부분으로 이동합니다.

2 지지 기능: 줄기는 잎과 꽃을 받쳐 주어 식물을 지지합니다.

3 저장 기능: 줄기에 양분을 저장하기도 합니다. 예 감자, 토란, 연꽃 등

문제로 개념 탄탄

1 다음은 줄기의 생김새에 대한 설명입니다. (   ) 안에 들어갈 알맞은 말에 ○표 해 봅시다.

(1) (나팔꽃, 소나무) 줄기는 굵고 곧다.

(2) 식물의 줄기 아래는 땅속으로 뻗은 (잎, 뿌리)과/와 이어져 있다.

(3) (백합, 고구마)은/는 가늘고 긴 줄기가 땅 위를 기는 듯이 뻗는다.

[2~3] 오른쪽과 같이 붉은 색소 물에 네다섯 시간 정도 넣어 둔 백합 줄기를 가로와 세로로 잘라 단면을 관찰했습니다. 물음에 답해 봅시다.

백합

붉은 색소 물

2 위 실험에서 붉은 색소 물에 넣어 둔 백합 줄기를 가로로 자른 단면의 모습으로 옳은 것을 골라 기호를 써 봅시다.

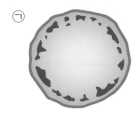　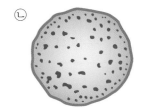　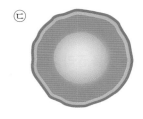

ㄱ　　　　　　　　ㄴ　　　　　　　　ㄷ

(　　　　　　　　　)

3 위 백합 줄기를 자른 단면에서 붉게 물든 부분은 무엇이 이동하는 통로인지 써 봅시다.

(　　　　　　　　　)

4 다음은 줄기가 하는 일에 대한 설명입니다. 옳은 것에 ○표, 옳지 <u>않은</u> 것에 ×표 해 봅시다.

(1) 줄기에 양분을 저장하는 식물도 있다. 　　　　　　　　(　　)

(2) 줄기는 땅속으로 길게 뻗어 물을 흡수한다. 　　　　　　(　　)

(3) 줄기는 잎과 꽃을 받쳐 주어 식물을 지지한다. 　　　　　(　　)

공부한 내용을

 자신 있게 설명할 수 있어요.

 설명하기 조금 힘들어요.

 어려워서 설명할 수 없어요.

[01~03] 다음은 양파 표피 세포와 입안 상피 세포를 관찰한 결과를 나타낸 것입니다. 물음에 답해 봅시다.

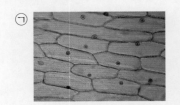
양파 표피 세포

입안 상피 세포

01 오른쪽은 위 세포들을 관찰할 때 사용한 실험 기구입니다. 이 실험 기구의 이름을 써 봅시다.

(   )

02 위 ㉠과 ㉡ 중 다음 설명에 해당하는 것을 골라 기호를 써 봅시다.

> • 둥근 모양의 핵이 있다.
> • 모양이 일정하지 않으며, 불규칙적으로 흩어져 있다.

(   )

중요
03 위 ㉠과 ㉡ 세포의 공통점으로 옳은 것을 두 가지 골라 봅시다. (,   )

① 핵이 있다.

② 타원 모양이다.

③ 세포막이 있다.

④ 크기가 달걀과 비슷하다.

⑤ 세포벽으로 둘러싸여 있다.

04 오른쪽은 식물 세포의 모습을 나타낸 것입니다. ㉠~㉢ 중 동물 세포에는 없고 식물 세포에만 있는 부분을 골라 기호와 이름을 써 봅시다.

(   )

05 다음은 뿌리에 대한 설명입니다. (   ) 안에 공통으로 들어갈 알맞은 말을 써 봅시다.

> 식물의 종류에 따라 뿌리의 생김새는 다양하며, 식물의 뿌리에는 솜털처럼 작고 가는 (   )이/가 나 있다. (   )은/는 물을 더 잘 흡수하게 한다.

(   )

06 다음 중 굵기가 비슷한 뿌리들이 수염처럼 난 모습의 뿌리를 가진 식물로 옳은 것은 어느 것입니까?

(   )

①
고추

②
민들레

③
토마토

④
파

→ 바른답·알찬풀이 27 쪽

[07~08] 다음과 같이 뿌리와 잎이 자란 양파 두 개를 준비하여 한 개만 뿌리를 잘라 물이 든 비커에 각각 올려 놓고 빛이 잘 드는 곳에 놓아두었습니다. 물음에 답해 봅시다.

뿌리를 자른 양파

뿌리를 자르지 않은 양파

중요
07 3일 뒤 두 비커에 든 물의 양의 변화를 관찰한 결과로 옳은 것을 **보기** 에서 골라 기호를 써 봅시다.

보기
ㄱ 두 비커 모두 물이 거의 줄어들지 않았다.
ㄴ 뿌리를 자른 양파 쪽 물이 더 많이 줄어들었다.
ㄷ 뿌리를 자르지 않은 양파 쪽 물이 더 많이 줄어들었다.

( )

서술형
08 위 **07**번과 같이 답한 까닭을 쓰고, 이를 통해 알 수 있는 뿌리가 하는 일을 설명해 봅시다.

....

....

09 다음 중 뿌리에 양분을 저장하는 식물로 옳은 것은 어느 것입니까? ( )
① 토란 ② 연꽃 ③ 사과
④ 고구마 ⑤ 토마토

10 다음 중 줄기에 대한 설명으로 옳지 <u>않은</u> 것은 어느 것입니까? ( )
① 소나무 줄기는 길고 매끈하다.
② 감자는 줄기에 양분을 저장한다.
③ 고구마 줄기는 땅 위를 기는 듯이 뻗는다.
④ 나팔꽃 줄기는 다른 물체를 감고 올라간다.
⑤ 줄기는 뿌리와 잎, 꽃 등 식물의 각 부분을 이어 준다.

4 단원

공부한 날

월

일

[11~12] 다음은 붉은 색소 물에 네다섯 시간 정도 넣어 둔 백합 줄기를 가로와 세로로 자른 단면을 나타낸 것입니다. 물음에 답해 봅시다.

가로 단면   세로 단면

서술형
11 위 단면을 관찰한 결과를 각각 설명해 봅시다.

....

....

중요
12 위 실험 결과를 통해 알 수 있는 줄기가 하는 일로 옳은 것은 어느 것입니까? ( )
① 양분을 만든다.
② 물을 흡수한다.
③ 줄기에 양분을 저장한다.
④ 물이 이동하는 통로 역할을 한다.
⑤ 잎과 꽃을 받쳐 주어 식물을 지지한다.

4 잎은 어떻게 생겼고 잎으로 이동한 물은 어떻게 될까요

실험 관찰

잎이 대부분 납작한 모양인 까닭

잎이 납작하면 양분을 만들 때 필요한 빛을 더 많이 받을 수 있기 때문입니다.

1 잎의 생김새

1 식물의 잎은 잎몸, 잎맥, 잎자루로 이루어져 있습니다.

2 잎몸에 잎맥이 뻗어 있고, 대부분 잎몸과 연결된 잎자루가 줄기에 달려 있습니다.

잎에서 선처럼 보이는 것을 잎맥이라고 해요.

▲ 잎의 생김새

2 증산 작용

1 증산 작용을 통한 물의 이동 실험하기 탐구

실험 동영상

탐구 과정 이 탐구에서 다르게 한 조건은 줄기에 달린 잎의 유무이고, 이를 제외한 모든 조건(식물의 종류, 식물의 크기, 삼각 플라스크에 든 물의 양 등)은 같게 해야 해요.

❶ 고추 모종 한 개는 잎을 모두 떼어 내고, 다른 모종 한 개는 잎을 그대로 둡니다.

❷ 같은 크기의 삼각 플라스크에 같은 양의 물을 담고 ❶의 고추 모종을 각각 넣습니다.

❸ 두 삼각 플라스크의 입구를 탈지면으로 막고 고추 모종에 각각 투명한 비닐봉지를 씌워 묶은 다음 빛이 잘 드는 곳에 놓아둡니다. ─물의 증발을 막아요.

❹ 1일~2일이 지난 뒤에 나타나는 변화를 관찰합니다.

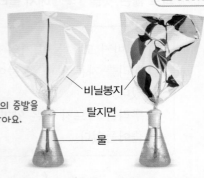

비닐봉지

탈지면

물

▲ 잎을 모두 떼어 낸 고추 모종   ▲ 잎을 그대로 둔 고추 모종

탐구 결과

❶ 1일~2일이 지난 뒤 나타나는 변화

• 비닐봉지 안의 변화: 잎을 모두 떼어 낸 고추 모종의 비닐봉지 안에는 변화가 없고, 잎을 그대로 둔 고추 모종의 비닐봉지 안에는 물이 생겼습니다.

• 잎을 모두 떼어 낸 고추 모종 쪽 삼각 플라스크의 물보다 잎을 그대로 둔 고추 모종 쪽 삼각 플라스크의 물이 더 많이 줄어들었습니다.

❷ 알게 된 점: 잎을 통해 물이 식물 밖으로 빠져나갑니다.

증산 작용이 잘 일어나는 조건

증산 작용은 햇빛이 강할 때, 온도가 높을 때, 습도가 낮을 때, 바람이 잘 불 때, 식물 안에 물의 양이 많을 때 잘 일어납니다.

2 증산 작용

① 기공: 잎의 표면에 있는 우리 눈에 보이지 않는 작은 구멍 ─잎의 뒷면에 많이 있어요.

② 증산 작용: 잎으로 이동한 물이 수증기 형태로 기공을 통해 식물 밖으로 빠져나가는 현상

③ 증산 작용의 역할

• 뿌리에서 흡수한 물을 식물의 꼭대기까지 끌어 올릴 수 있도록 돕습니다.

• 식물의 온도를 조절합니다.

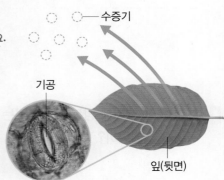

수증기

기공

잎(뒷면)

▲ 기공과 증산 작용

용어 사전

★ 잎몸 잎사귀를 이루는 넓은 부분

★ 표면 사물의 가장 바깥쪽

─ 바른답·알찬풀이 28 쪽

스스로 확인해요
『과학』 79 쪽

1 잎에 있는 기공을 통해 물이 수증기 형태로 식물 밖으로 빠져나가는 것을 ( )(이)라고 합니다.

2 의사소통 능력 증산 작용은 습할 때보다 건조할 때 더 잘 일어납니다. 그 까닭이 무엇인지 이야기해 봅시다.

문제로
개념 탄탄

1 오른쪽은 잎의 생김새를 나타낸 것입니다. ㉠~㉢의 이름을 각각 써 봅시다.

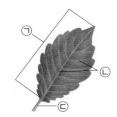

㉠: (　　　　　　　), ㉡: (　　　　　　　), ㉢: (　　　　　　　)

[2~3] 잎으로 이동한 물이 어떻게 되는지 알아보기 위해 고추 모종 두 개를 다음과 같이 각각 물이 담긴 삼각 플라스크에 넣고 비닐봉지를 씌워 묶은 다음, 빛이 잘 드는 곳에 1 일~2 일 동안 놓아두었습니다. 물음에 답해 봅시다.

잎을 모두 떼어 낸 고추 모종

비닐봉지

탈지면

물

잎을 그대로 둔 고추 모종

㉠　　　　㉡

2 위 실험에서 다르게 한 조건으로 옳은 것에 ○표 해 봅시다.

| 잎의 유무 | 식물의 종류 | 뿌리의 유무 | 식물의 크기 |

3 위 ㉠과 ㉡ 중 1 일~2 일이 지난 뒤 관찰했을 때 비닐봉지 안에 물이 생긴 것을 골라 기호를 써 봅시다.

(　　　　　　　　　)

4 다음은 증산 작용에 대한 설명입니다. 옳은 것에 ○표, 옳지 <u>않은</u> 것에 ×표 해 봅시다.

(1) 주로 식물의 줄기에서 일어난다. (　　　　)

(2) 물이 수증기 형태로 기공을 통해 식물 밖으로 빠져나가는 현상이다. (　　　　)

(3) 뿌리에서 흡수한 물을 식물의 꼭대기까지 끌어 올릴 수 있도록 돕는다. (　　　　)

공부한 내용을

😊 자신 있게 설명할 수 있어요.

😐 설명하기 조금 힘들어요.

😣 어려워서 설명할 수 없어요.

잎은 어떤 일을 할까요

알코올에 잎을 넣는 까닭

알코올에 잎을 넣어 두면 잎에 있는 엽록소가 빠져나와 잎의 색깔이 연해져 아이오딘 – 아이오딘화 칼륨 용액을 떨어뜨렸을 때 색깔 변화를 쉽게 확인할 수 있습니다.

아이오딘 – 아이오딘화 칼륨 용액

아이오딘 – 아이오딘화 칼륨 용액은 녹말과 반응하면 청람색으로 변합니다.

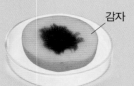

감자

⬆ 아이오딘 – 아이오딘화 칼륨 용액을
떨어뜨린 감자

감자에 녹말이 들어 있어 아이오딘 – 아이오딘화 칼륨 용액을 떨어뜨리면 청람색으로 변해요.

용어 사전

★ **엽록소** 식물을 초록색으로 보이게
하는 색소

바른답·알찬풀이 28 쪽

스스로 확인해요

『과학』 81 쪽

1 식물이 주로 잎에서 빛과 이산화 탄소, 물을 이용하여 스스로 양분을 만드는 것을 (   )(이)라고 합니다.

2 (문제 해결력) 어두운 곳에 있어 연약해진 식물을 다시 싱싱하게 하려면 어떻게 해야 할지 이야기해 봅시다.

---

❶ 광합성으로 생기는 물질을 확인하는 실험하기 탐구

탐구 과정

❶ 크기가 비슷한 고추 모종이 자라고 있는 화분 두 개를 빛이 잘 드는 곳에 두고, 한 개에만 어둠상자를 씌웁니다.

> 잎을 딸 때 잎자루의 길이를 다르게 하여 어둠상자를 씌운 것과 씌우지 않은 것을 구분할 수 있어요.

❷ 다음 날 오후에 두 고추 모종에서 각각 잎을 하나씩 땁니다.

❸ 큰 비커에 뜨거운 물을 담고 작은 비커에 알코올을 담은 다음 잎을 작은 비커에 넣습니다.

❹ 알코올이 든 작은 비커를 뜨거운 물이 담긴 큰 비커에 넣고 유리판으로 덮습니다.

❺ 알코올에서 잎을 꺼내 따뜻한 물에 헹군 다음 페트리 접시에 각각 놓고, 아이오딘 – 아이오딘화 칼륨 용액을 떨어뜨려 색깔 변화를 관찰합니다.

❸ 뜨거운 물 / 알코올

❹ 유리판

❺ 아이오딘 – 아이오딘화 칼륨 용액

어둠상자를 씌운 잎 / 어둠상자를 씌우지 않은 잎

탐구 결과

❶ 아이오딘 – 아이오딘화 칼륨 용액을 떨어뜨렸을 때의 색깔 변화

어둠상자를 씌운 잎(빛을 받지 못한 잎)	어둠상자를 씌우지 않은 잎(빛을 받은 잎)
색깔이 변하지 않음. ➡ 녹말이 생기지 않음. 	청람색으로 변했음. ➡ 녹말이 생김. 

❷ 알게 된 점: 빛을 받은 잎에서 녹말과 같은 양분이 만들어집니다.

---

❷ 광합성

1 **광합성**: 식물이 빛과 이산화 탄소, 뿌리에서 흡수한 물을 이용하여 스스로 양분을 만드는 것을 광합성이라고 하며, 주로 잎에서 일어납니다.

2 **광합성으로 생긴 양분의 이용**: 잎에서 만들어진 양분은 줄기를 통해 뿌리, 줄기, 꽃과 열매 등의 식물 각 부분으로 운반되어 사용되거나 저장됩니다.

> 뿌리에서 잎으로 이동한 물의 일부는 광합성에 이용되고, 일부는 잎의 기공을 통해 식물 밖으로 빠져나가요.

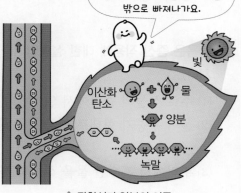

빛
이산화 탄소 ➕ 물
양분
녹말

⬆ 광합성과 양분의 이동

[1~2] 크기가 비슷한 고추 모종 두 개를 빛이 잘 드는 곳에 두고 고추 모종 한 개에만 어둠상자를 씌운 뒤, 다음 날 오후 두 고추 모종에서 각각 잎을 하나씩 따서 다음과 같이 실험했습니다. 물음에 답해 봅시다.

(가)

뜨거운 물   알코올

큰 비커에 뜨거운 물을 담고 작은 비커에 알코올을 담은 다음 잎을 작은 비커에 넣는다.

(나)
유리판

알코올이 든 작은 비커를 뜨거운 물이 담긴 큰 비커에 넣고 유리판으로 덮는다.

(다)
아이오딘 – 아이오딘화 칼륨 용액

어둠상자를   어둠상자를
씌운 잎   씌우지 않은 잎

잎을 꺼내 따뜻한 물에 헹군 뒤 페트리 접시에 각각 놓고 아이오딘 – 아이오딘화 칼륨 용액을 떨어뜨린다.

4
단원

공부한 날

월

일

1 위 과정 (다)의 결과 ㉠ 어둠상자를 씌운 잎과 ㉡ 어둠상자를 씌우지 않은 잎 중 청람색으로 변한 것을 골라 기호를 써 봅시다.

(   )

2 위 실험 결과를 통해 알 수 있는 잎에서 만들어진 양분으로 옳은 것에 ○표 해 봅시다.

| 물 | 지방 | 녹말 | 설탕 | 단백질 |

3 식물이 빛과 이산화 탄소, 뿌리에서 흡수한 물을 이용하여 스스로 양분을 만드는 것을 무엇이라고 하는지 써 봅시다.

(   )

4 다음은 광합성에 대한 설명입니다. 옳은 것에 ○표, 옳지 <u>않은</u> 것에 ×표 해 봅시다.

(1) 광합성은 주로 식물의 잎에서 일어난다.   (   )

(2) 뿌리에서 흡수한 물은 모두 광합성에 이용된다.   (   )

(3) 광합성으로 만들어진 양분은 줄기를 거쳐 필요한 부분으로 운반되어 사용되거나 저장된다.   (   )

공부한 내용을

 자신 있게 설명할 수 있어요.

설명하기 조금 힘들어요.

어려워서 설명할 수 없어요.

6 꽃은 어떻게 생겼고 어떤 일을 할까요

다양한 꽃가루받이 방법

곤충에 의한 꽃가루받이	새에 의한 꽃가루받이
↑ 코스모스	↑ 동백나무
예 코스모스, 사과나무, 매실나무, 연꽃, 봉선화 등	예 동백나무, 바나나 등
바람에 의한 꽃가루받이	물에 의한 꽃가루받이
↑ 소나무	↑ 검정말
예 소나무, 부들, 벼, 옥수수 등	예 검정말, 나사말, 물수세미 등

<hr>

용어 사전

★ 유인 주의나 흥미를 일으켜 꾀어냄.

바른답·알찬풀이 28 쪽

스스로 확인해요

『과학』83 쪽

1 꽃은 ( ), ( ), 꽃잎, 꽃받침으로 이루어져 있는 꽃도 있고 이 중에서 일부가 없는 꽃도 있습니다.

2 (사고력) 식물이 꽃가루받이를 하는 까닭을 설명해 봅시다.

---

1 꽃의 생김새와 하는 일 알아보기 탐구

탐구 과정

❶ 스마트 기기나 꽃의 구조를 다룬 책에서 사과꽃과 호박꽃의 생김새를 조사하여 비교합니다.

❷ 꽃의 암술, 수술, 꽃잎, 꽃받침이 어떤 일을 하는지 조사합니다.

탐구 결과

❶ 꽃의 생김새: 식물의 꽃은 대부분 사과꽃처럼 암술, 수술, 꽃잎, 꽃받침으로 이루어져 있지만, 호박꽃처럼 암술, 수술, 꽃잎, 꽃받침 중 일부가 없는 꽃도 있습니다.

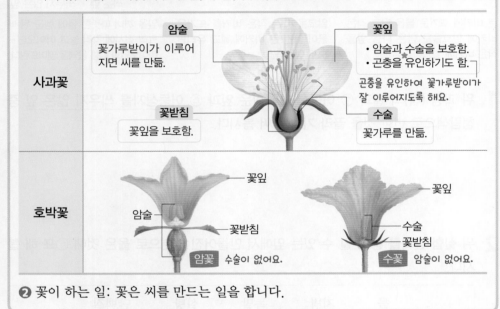

사과꽃

암술: 꽃가루받이가 이루어지면 씨를 만듦.

꽃잎: • 암술과 수술을 보호함. • 곤충을 유인하기도 함. 곤충을 유인하여 꽃가루받이가 잘 이루어지도록 해요.

꽃받침: 꽃잎을 보호함.

수술: 꽃가루를 만듦.

호박꽃

꽃잎 / 암술 / 꽃받침 / 암꽃 수술이 없어요.

꽃잎 / 수술 / 꽃받침 / 수꽃 암술이 없어요.

❷ 꽃이 하는 일: 꽃은 씨를 만드는 일을 합니다.

---

2 꽃가루받이

1 **꽃가루받이(수분):** 수술에서 만들어진 꽃가루가 암술로 옮겨지는 것으로, 곤충, 새, 바람, 물 등의 도움으로 이루어집니다.

2 **꽃가루받이가 이루어져 씨가 만들어지고 자라는 과정**

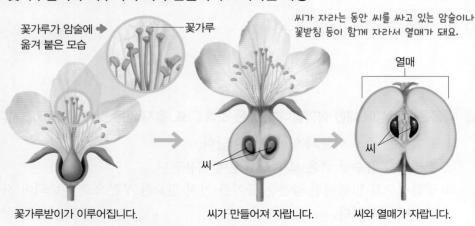

꽃가루가 암술에 ➡ 옮겨 붙은 모습 / 꽃가루

씨가 자라는 동안 씨를 싸고 있는 암술이나 꽃받침 등이 함께 자라서 열매가 돼요.

열매 / 씨

꽃가루받이가 이루어집니다. → 씨가 만들어져 자랍니다. → 씨와 열매가 자랍니다.

문제로 개념 탄탄

[1~2] 오른쪽은 사과꽃의 생김새를 나타낸 것입니다. 물음에 답해 봅시다.

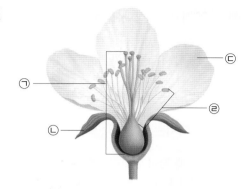

1 ㉠~㉣의 이름을 각각 써 봅시다.

㉠: (   )

㉡: (   )

㉢: (   )

㉣: (   )

2 다음은 위 사과꽃에 대한 설명입니다. 옳은 것에 ○표, 옳지 <u>않은</u> 것에 ×표 해 봅시다.

(1) ㉠에서 씨가 만들어진다.   (   )

(2) 모든 꽃에서 ㉠과 ㉣을 볼 수 있다.   (   )

(3) ㉡은 꽃가루를 만든다.   (   )

(4) ㉢은 암술과 수술을 보호한다.   (   )

3 다음 (   ) 안에 공통으로 들어갈 알맞은 말을 써 봅시다.

수술에서 만들어진 꽃가루가 암술로 옮겨지는 것을 (   ) 또는 수분이라고 한다. (   )이/가 이루어지고 나면 암술에서 씨가 만들어져 자란다.

(   )

4 다음 식물과 그에 맞는 꽃가루받이 방법끼리 선으로 이어 봅시다.

(1) 소나무 •		• ㉠ 새에 의한 꽃가루받이
(2) 동백나무 •		• ㉡ 물에 의한 꽃가루받이
(3) 검정말 •		• ㉢ 바람에 의한 꽃가루받이
(4) 코스모스 •		• ㉣ 곤충에 의한 꽃가루받이

공부한 내용을

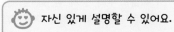

자신 있게 설명할 수 있어요.

설명하기 조금 힘들어요.

어려워서 설명할 수 없어요.

열매에 있는 씨는 어떻게 퍼질까요
뿌리, 줄기, 잎, 꽃, 열매는 서로 어떤 관련이 있을까요

실험 관찰

사과 열매의 생김새

껍질

씨

우리가 먹는 사과 열매는 씨와 껍질 사이에 양분이 저장되어 있는 부분입니다.

1 열매의 생김새와 하는 일

1 열매의 생김새: 열매의 생김새는 식물의 종류에 따라 다양합니다.
　예 사과 열매는 씨와 씨를 둘러싼 껍질 부분으로 되어 있습니다.

2 열매가 하는 일: 열매는 어린 씨를 보호하고, 씨를 멀리 퍼뜨리는 일을 합니다.

3 씨가 퍼지는 방법 탐구 ┌ 도깨비바늘과 가막사리는 열매에 거꾸로 된 가시가 있어
　　　　　　　　　　　　　　동물의 털이나 사람의 옷에 붙어 씨가 퍼져요.

열매 끝이 갈고리 모양이어서 동물의 털이나 사람의 옷에 붙어 씨가 퍼지는 식물	열매에 날개가 있어 돌면서 멀리 날아가 씨가 퍼지는 식물
도꼬마리　우엉	 단풍나무　가죽나무
도꼬마리, 우엉 등	단풍나무, 가죽나무 등
열매껍질이 터지면서 씨가 튕겨 나가 퍼지는 식물	열매가 동물에게 먹힌 뒤 소화되지 않은 씨가 동물의 똥과 함께 나와 퍼지는 식물
 봉선화　제비꽃	 산수유　겨우살이
봉선화, 제비꽃, 괭이밥, 콩 등	산수유, 벚나무, 겨우살이, 머루, 다래 등
가벼운 솜털이 있어 바람에 날려 씨가 퍼지는 식물	물에 떠서 이동하여 씨가 퍼지는 식물
 서양민들레　 박주가리	 연꽃　 코코야자
서양민들레, 박주가리, 버드나무 등	연꽃, 수련, 코코야자 등

용어 사전

★ **소화** 음식물을 몸에 흡수될 수 있는 형태로 잘게 쪼개는 과정

바른답·알찬풀이 29 쪽

스스로 확인해요

『과학』 85 쪽

1 식물은 (　　　　)을/를 퍼뜨려서 자손을 남겨 생명을 이어 나갑니다.

2 의사소통 능력 열매나 씨의 생김새와 씨가 퍼지는 방법은 어떤 관련이 있을지 이야기해 봅시다.

──────── 『과학』 87 쪽

1 식물의 뿌리, 줄기, 잎, 꽃, 열매는 서로 관련되어 영향을 주고받습니다.　(○ , ×)

2 사고력 식물의 각 부분 중 한 부분에 문제가 생긴다면 그 식물은 어떻게 될지 설명해 봅시다.

2 식물의 각 부분이 서로 관련되어 하는 일 탐구

뿌리	땅속의 물을 흡수함.
줄기	뿌리에서 흡수한 물과 잎에서 만든 양분이 이동하는 통로 역할을 함.
잎	증산 작용을 통해 식물 밖으로 물을 내보내고, 광합성을 통해 스스로 양분을 만듦.
꽃	꽃가루받이가 이루어지면 씨를 만듦.
열매	씨를 보호하고 씨를 멀리 퍼뜨림.

→ 식물의 뿌리, 줄기, 잎, 꽃, 열매는 서로 관련을 맺으며 영향을 주고받습니다.

1 다음은 열매에 대한 설명입니다. ( ) 안에 공통으로 들어갈 알맞은 말을 써 봅시다.

> 열매의 생김새는 식물의 종류에 따라 다양하며, 열매는 ( )을/를 보호하고, ( )을/를 퍼뜨리는 일을 한다.

( )

[2~3] 다음은 여러 가지 식물의 열매를 나타낸 것입니다. 물음에 답해 봅시다.

ㄱ
산수유

ㄴ
도꼬마리

ㄷ
단풍나무

ㄹ
서양민들레

2 다음과 같은 방법으로 씨를 퍼뜨리는 식물의 기호를 각각 써 봅시다.

(1) 가벼운 솜털이 있어 바람에 날려 씨가 퍼진다. ( )
(2) 동물의 털이나 사람의 옷에 붙어 씨가 퍼진다. ( )
(3) 열매에 날개가 있어 돌면서 멀리 날아가 씨가 퍼진다. ( )
(4) 열매가 동물에게 먹힌 뒤 씨가 똥과 함께 나와 퍼진다. ( )

3 위 ㄴ과 비슷한 방법으로 씨가 퍼지는 식물에 ○표 해 봅시다.

> 봉선화   제비꽃   벚나무   박주가리   우엉

4 다음은 식물의 각 부분이 하는 일에 대한 설명입니다. 옳은 것에 ○표, 옳지 <u>않은</u> 것에 ×표 해 봅시다.

(1) 줄기는 물과 양분이 이동하는 통로 역할을 한다. ( )
(2) 꽃은 증산 작용을 통해 식물 밖으로 물을 내보낸다. ( )
(3) 뿌리는 광합성을 통해 식물에 필요한 양분을 만든다. ( )
(4) 식물의 각 부분은 하는 일이 다르지만 서로 밀접하게 관련되어 있다. ( )

창의적으로 생각해요
『과학』 89 쪽

코르크나 천연물감 외에 식물의 뿌리, 줄기, 잎, 꽃, 열매가 우리 생활에 활용되는 예를 이야기해 봅시다.

예시 답안
• 식물의 열매인 쌀이나 밀은 음식의 재료로 활용된다.
• 인삼과 도라지의 뿌리는 약재로 활용된다.
• 모시풀의 줄기를 이용해 여름용 옷감인 모시를 만든다.

공부한 내용을

😊 자신 있게 설명할 수 있어요.

😐 설명하기 조금 힘들어요.

😣 어려워서 설명할 수 없어요.

[01~02] 크기가 비슷한 고추 모종 두 개를 다음과 같이 장치하여 빛이 잘 드는 곳에 1 일~2 일 동안 놓아두었습니다. 물음에 답해 봅시다.

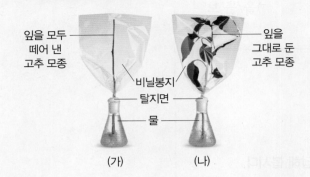

잎을 모두 떼어 낸 고추 모종 · 비닐봉지 · 탈지면 · 물

잎을 그대로 둔 고추 모종

(가)　(나)

01 위 실험을 통해 알아보려고 하는 것으로 옳은 것은 어느 것입니까? (　　)

① 잎의 증산 작용
② 뿌리의 흡수 작용
③ 줄기에서 물의 이동
④ 잎에 있는 기공의 위치
⑤ 잎에서 만들어진 양분 확인

중요

02 위 실험에 대한 설명으로 옳은 것을 보기 에서 골라 기호를 써 봅시다.

보기
㉠ (나)의 비닐봉지 안에는 물이 생겼다.
㉡ (나)보다 (가)의 삼각 플라스크 속 물의 양이 더 많이 줄어들었다.
㉢ 다르게 한 조건은 식물 모종의 종류이다.

(　　)

03 다음은 증산 작용에 대한 설명입니다. (　　) 안에 들어갈 알맞은 말을 써 봅시다.

증산 작용은 잎으로 이동한 물이 수증기 형태로 (　　)을/를 통해 식물 밖으로 빠져나가는 것이다.

(　　)

[04~05] 다음 실험 과정을 보고 물음에 답해 봅시다.

(가) 크기가 비슷한 고추 모종 두 개를 빛이 잘 드는 곳에 두고 고추 모종 한 개에만 어둠상자를 씌운다.
(나) 다음 날 오후 각 고추 모종에서 잎을 따서 알코올이 든 작은 비커에 넣은 뒤, 작은 비커를 뜨거운 물이 든 큰 비커에 넣고 유리판으로 덮는다.
(다) 잎을 꺼내 따뜻한 물로 헹군 뒤 페트리 접시에 각각 놓고 아이오딘 – 아이오딘화 칼륨 용액을 떨어뜨린다.

서술형

04 위 (가)에서 고추 모종 한 개에만 어둠상자를 씌운 까닭을 설명해 봅시다.

....

중요

05 위 실험에 대한 설명으로 옳은 것을 보기 에서 골라 기호를 써 봅시다.

보기
㉠ 다르게 한 조건은 두 고추 모종에 준 물의 양이다.
㉡ 실험 결과 어둠상자를 씌운 잎만 청람색으로 변한다.
㉢ 실험을 통해 빛을 받은 잎에서만 녹말이 만들어진다는 것을 알 수 있다.

(　　)

06 다음 중 광합성에 대한 설명으로 옳지 <u>않은</u> 것은 어느 것입니까? (　　)

① 물이 필요하다.
② 이산화 탄소가 필요하다.
③ 광합성 결과 녹말이 만들어진다.
④ 광합성으로 생긴 양분은 뿌리에만 저장된다.
⑤ 광합성으로 생긴 양분은 줄기를 통해 운반된다.

→ 바른답·알찬풀이 30 쪽

중요
07 꽃에 대한 설명으로 옳은 것을 **보기**에서 두 가지 골라 기호를 써 봅시다.

보기
> ㉠ 꽃가루받이가 일어난다.
> ㉡ 꽃잎은 암술과 수술을 보호한다.
> ㉢ 호박의 암꽃은 암술, 수술, 꽃잎, 꽃받침을 모두 가지고 있다.

(,)

서술형
08 오른쪽은 사과꽃의 생김새를 나타낸 것입니다. ㉠의 이름을 쓰고, ㉠이 하는 일을 설명해 봅시다.

....
....

09 다음 중 꽃가루가 곤충에 의해 암술로 옮겨지는 식물로 옳은 것은 어느 것입니까? ( )

①
소나무

②
검정말

③
코스모스

④
동백나무

중요
10 다음 사과 열매가 자라는 과정에 대한 설명으로 옳지 <u>않은</u> 것은 어느 것입니까? ( )

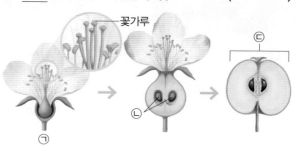

① ㉠은 꽃가루받이가 이루어지는 모습이다.
② ㉡은 씨이다.
③ ㉢은 열매이다.
④ 꽃잎 속에서 씨가 생겨 자란다.
⑤ 열매는 씨와 씨를 둘러싼 껍질로 되어 있다.

11 다음 중 씨를 퍼뜨리는 방법이 나머지와 <u>다른</u> 하나는 어느 것입니까? ( )

①
벚나무

②
봉선화

③
산수유

④
겨우살이

12 다음 중 식물의 각 부분이 주로 하는 일로 옳은 것을 두 가지 골라 봅시다. (,)

① 꽃은 씨를 만든다.
② 줄기는 양분을 만든다.
③ 열매는 씨를 멀리 퍼뜨린다.
④ 뿌리는 식물 밖으로 물을 내보낸다.
⑤ 잎은 식물의 각 부분으로 물을 이동한다.

교과서 쏙쏙

창의·융합 활동

열매나 씨의 특징을 활용한 발명품 설계하기

발명품 중에는 열매나 씨의 특징을 활용한 발명품이 있습니다. 그중에서 찍찍이 테이프는 도꼬마리 열매 끝이 갈고리 모양이어서 열매가 동물의 털이나 사람의 옷에 붙어 씨를 퍼뜨리는 특징을 활용해 만들었습니다.

찍찍이 테이프는 다양한 곳에서 사용되고 있습니다. 우주 공간에 있는 우주선 안에서는 우주 비행사와 물건들이 둥둥 떠다닙니다. 우주 비행사가 우주선 안에서 입는 옷에는 찍찍이 테이프가 붙어 있어 물건을 고정할 수 있습니다.

이렇듯 열매나 씨의 특징을 활용하여 다양한 발명 아이디어를 얻을 수 있습니다. 우리도 발명가가 되어 열매나 씨의 특징을 활용한 발명 아이디어를 떠올려 발명품을 설계해 봅시다.

찍찍이 테이프

씨를 퍼뜨리는 방법에 따른 열매나 씨의 특징

식물의 열매나 씨의 생김새는 씨를 퍼뜨리는 방법과 밀접한 관련이 있습니다. 도꼬마리는 열매 끝이 갈고리 모양이어서 다른 동물의 털이나 사람의 옷에 잘 붙고, 단풍나무는 열매에 날개가 있어 돌면서 멀리 날아갈 수 있습니다. 또, 봉선화는 탄력이 있는 열매껍질이 터지면서 씨가 튕겨 나갈 수 있고, 서양민들레는 열매에 가벼운 솜털이 있어 바람에 잘 날릴 수 있습니다. 코코야자나 연꽃 등의 열매는 물에 오랫동안 떠 있을 수 있고, 열매 속으로 물이 들어가지 않도록 두꺼운 껍질로 싸여 있어 물에 떠서 씨가 멀리 퍼질 수 있습니다.

용어 사전

★ 탄력 용수철처럼 튀거나 팽팽하게 버티는 힘

다음은 봉선화 씨가 퍼지는 모습을 보고 발명 아이디어를 떠올려 발명품을 설계한 것입니다.

- 발명품 이름: 튕겨 나오는 공 장난감
- 발명품 모습

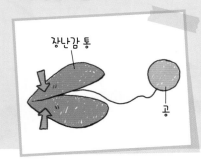

- 봉선화 열매의 열매껍질이 터지면서 씨가 튕겨 나가 퍼지는 특징을 활용했습니다.
- 장난감 통을 누르면 통의 껍데기가 터지면서 끈이 연결된 작은 솜뭉치 공이 튕겨 나옵니다.

❶ 발명품 예시를 참고하여 열매나 씨의 특징을 활용한 발명 아이디어를 떠올려 발명품을 설계해 봅시다.

씨가 퍼지는 모습의 예

⬆ 열매껍질이 터지면서 씨가 튕겨 나가 퍼지는 봉선화

⬆ 열매가 동물의 털이나 사람의 옷에 붙어서 씨가 퍼지는 도꼬마리

⬆ 바람에 날려서 씨가 퍼지는 서양민들레

생활하면서 직접 겪었던 불편한 부분을 생각해 보고 그것을 해결할 수 있는 발명품을 열매나 씨의 특징과 관련지어 설계해요.

예시 답안

 • 발명품 이름: 찍찍이 연필꽂이

- 발명품 모습

찍찍이 테이프는 도꼬마리 열매가 동물의 털이나 사람의 옷에 붙어서 씨가 퍼지는 특징을 활용해 만든 것이다. 연필꽂이와 작은 학용품에 찍찍이 테이프를 붙여서 작은 학용품을 붙여 놓을 수 있는 찍찍이 연필꽂이를 만든다. 풀이나 지우개와 같이 잃어버리기 쉬운 작은 학용품을 연필꽂이에 붙여 놓으면 학용품을 잃어버리지 않을 수 있고, 필요할 때 쉽게 찾을 수 있다.

교과서 쏙쏙

단원 마무리하기

이렇게 정리해요

빈칸에 알맞은 말을 넣고, 『과학』 123 쪽에서 알맞은 붙임딱지를 찾아 붙여 내용을 정리해 봅시다.

식물의 구조와 기능

세포

● 모든 생물은 세포로 이루어져 있음.

● 식물 세포: 세포막, 세포벽으로 둘러싸여 있고 그 안에 ❶ 핵 이/가 있음.

● 동물 세포: 세포막으로 둘러싸여 있고 그 안에 핵이 있으며, 세포벽이 없음.

50 배	100 배
식물 세포	동물 세포

풀이 식물 세포와 동물 세포 모두 핵과 세포막을 갖고 있습니다. 식물 세포에는 세포벽이 있지만, 동물 세포에는 세포벽이 없습니다.

뿌리

● 뿌리는 땅속으로 뻗어 식물 전체를 받쳐 주어 식물을 지지함.

● 뿌리는 땅속의 물을 ❷ 흡수 하며, 양분을 저장하기도 함.

풀이 뿌리는 땅속으로 뻗어 식물을 지지하고, 물을 흡수합니다.

줄기

풀이 줄기는 뿌리에서 흡수한 물과 잎에서 만든 양분이 이동하는 통로 역할을 합니다.

● 줄기는 식물 각 부분과 연결되어 있어 뿌리에서 흡수한 ❸ 물 과/와 잎에서 만든 ❹ 양분 이/가 이동하는 통로임.

● 잎과 꽃을 받쳐 주어 식물을 지지하고, 양분을 저장하기도 함.

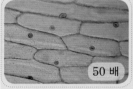

잎

● ⑤   증산 작용   : 뿌리에서 흡수한 물이 수증기 형태로 잎의 기공을 통해
식물 밖으로 빠져나가는 것

● ⑥   광합성   : 빛, 이산화 탄소, 물을 이용하여 스스로 양분을 만드는 것

풀이 물이 수증기 형태로 잎의 기공을 통해 식물 밖으로 빠져나가는 것을 증산 작용이라고 합니다.
식물이 빛과 이산화 탄소, 물을 이용해서 스스로 양분을 만드는 것을 광합성이라고 하며, 주로 잎에서
일어납니다.

꽃

● 꽃은 대부분 암술, 수술, 꽃잎, 꽃받침으로 이루어져 있음.

● 수술의 꽃가루가 암술로 옮겨지는 ⑦   꽃가루받이   (수분)이/가
이루어지면 씨가 만들어져 자람.

풀이 수술에서 만들어진 꽃가루가 암술로 옮겨지는 것을 꽃가루받이 또는 수분이라고 합
니다. 꽃가루받이가 이루어지면 암술에서 씨가 만들어져 자랍니다.

열매에 있는 씨가 퍼지는 방법

● 열매는 씨를 보호하고 씨를 멀리 퍼뜨림.

● 식물이 씨를 퍼뜨리는 방법이 다양함.

바람에 날려서 씨가
퍼지는 서양민들레

열매가 동물의 털이나
사람의 옷에 붙어서 씨가
퍼지는 도꼬마리

열매껍질이 터지면서 씨가
튕겨 나가 퍼지는 봉선화

풀이 서양민들레는 열매에
가벼운 솜털이 있어 바람에
날려서 씨가 퍼지고, 도꼬마
리는 열매 끝이 갈고리 모양
이어서 열매가 동물의 털이
나 사람의 옷에 붙어 씨가
퍼집니다.

식물의 건강을 위해 일하는 나무의사

『과학』 94 쪽

나무의사는 병든 식물의 일부분을 채집하여 여러 가지 방법으로 정밀한 검사
를 해서 병이 든 원인을 밝혀내고, 그에 알맞은 방법으로 치료를 합니다.

창의적으로 생각해요

나무의사 외에 식물과 관련된 직업에는 어떤 것이 있는지 이야기해 봅시다.

예시 답안 생물 공학 연구원, 유전 공학 연구원 등과 같이 식물을 연구하는 직업이 있고,
플로리스트, 조경 기술자 등과 같이 사람들이 식물을 즐길 수 있게 돕는 직업이 있다.

↑ 병든 나무에 치료약을 주사하는 모습

교과서 쏙쏙

문제로 확인하기

1 다음은 세포에 대한 설명입니다. ( ) 안에 공통으로 들어갈 알맞은 말을 써 봅시다.

> 모든 생물은 세포로 이루어져 있다. 식물 세포는 세포막, 세포벽으로 둘러싸여 있고 그 안에 (   )이/가 있다. 동물 세포는 세포막으로 둘러싸여 있고 그 안에 (   )이/가 있다.

(핵   )

풀이 식물 세포와 동물 세포에는 모두 세포의 생명 활동을 조절하는 부분인 핵이 있습니다.

2 오른쪽과 같이 같은 양의 물이 담긴 비커에 뿌리를 자른 양파와 뿌리를 자르지 않은 양파를 올려놓고 빛이 잘 드는 곳에 3일~4일 동안 놓아 두었습니다. 이 실험 결과를 통해 알 수 있는 점으로 옳은 것을 **보기**에서 한 가지 골라 기호를 써 봅시다.

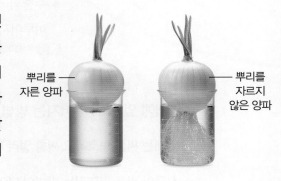

뿌리를 자른 양파 / 뿌리를 자르지 않은 양파

보기

㉠ 뿌리는 물을 흡수한다.　　㉡ 뿌리에 양분을 저장한다.
㉢ 뿌리는 식물을 지지한다.　　㉣ 뿌리는 물과 양분을 식물 밖으로 내보낸다.

(㉠   )

풀이 실험 결과 뿌리를 자른 양파를 올려놓은 비커보다 뿌리를 자르지 않은 양파를 올려놓은 비커에 든 물의 양이 더 많이 줄어듭니다. 이를 통해 뿌리에서 물을 흡수한다는 것을 알 수 있습니다.

3 다음 중 줄기가 하는 일에 대한 설명으로 옳은 것을 두 가지 골라 봅시다.

(② , ④   )

① 땅속의 양분을 흡수한다.
② 양분을 저장하기도 한다.
③ 식물 밖으로 양분을 내보낸다.
④ 물이 이동하는 통로 역할을 한다.
⑤ 공기 중에 있는 물과 양분을 흡수한다.

풀이 줄기는 뿌리에서 흡수한 물이 이동하는 통로 역할을 하고, 잎과 꽃을 받쳐 주어 식물을 지지합니다. 또, 감자와 같은 식물은 줄기에 양분을 저장하기도 합니다.

4 다음은 식물의 잎에 대한 설명입니다. 옳은 것에는 ○표, 옳지 <u>않은</u> 것에는 ✕표 해 봅시다.

(1) 식물은 주로 잎에서 스스로 양분을 만든다. (○)

(2) 식물이 빛, 이산화 탄소, 물을 이용하여 스스로 양분을 만드는 것을 증산 작용 이라고 한다. (✕)

풀이 식물의 잎에서 빛, 이산화 탄소, 물을 이용하여 스스로 양분을 만드는 것을 광합성이라고 합니다. 증산 작용은 잎의 기공을 통해 물이 수증기 형태로 식물 밖으로 빠져나가는 것입니다.

5 다음 중 열매가 동물의 털이나 사람의 옷에 붙어서 씨가 퍼지는 식물을 한 가지 골라 기호를 써 봅시다.

ⓐ
봉선화

ⓑ
서양민들레

ⓒ
도꼬마리

(ⓒ)

풀이 도꼬마리는 열매 끝이 갈고리 모양이어서 열매가 동물의 털이나 사람의 옷에 붙어 씨가 퍼집니다. 봉선화는 열매껍질이 터지면서 씨가 튕겨 나가 퍼지고, 서양민들레는 열매가 바람에 날려 씨가 퍼집니다.

💡 사고력 | 🔍 탐구 능력

6 오른쪽과 같이 같은 양의 물이 든 삼각 플라스크에 줄기에 달린 잎을 모두 떼어 낸 고추 모종과 잎을 그대로 둔 고추 모종을 각각 넣고 비닐봉지를 씌워 묶은 뒤, 빛이 잘 드는 곳에 1 일~2 일 동안 놓아두었습니다. 이 실험 결과 비닐봉지 안에 나타나는 변화와 그 결과를 통하여 알 수 있는 점을 써 봅시다.

잎을 모두 떼어 낸 고추 모종

잎을 그대로 둔 고추 모종

(1) 실험 결과: **예시 답안** 잎을 모두 떼어 낸 고추 모종의 비닐봉지 안에는 아무 변화가 없고, 잎을 그대로

둔 고추 모종의 비닐봉지 안에는 물이 생겼다.

(2) 실험 결과를 통해 알 수 있는 점: **예시 답안** 뿌리에서 흡수한 물이 잎을 통해 식물 밖으로 빠져

나간다.

풀이 실험 결과 잎을 그대로 둔 고추 모종의 비닐봉지 안에만 물이 생깁니다. 이를 통해 뿌리에서 흡수한 물이 잎을 통해 식물 밖으로 빠져나간다는 것을 알 수 있습니다.

● 그림을 보고, 빈칸에 알맞은 내용을 써 봅시다.

01 식물 세포와 동물 세포
G 82 쪽

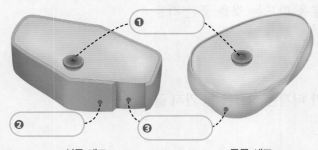

식물 세포   동물 세포

- 식물 세포는 세포벽과 세포막으로 둘러싸여 있고 그 안에 핵이 있습니다.
- 동물 세포는 세포막으로 둘러싸여 있고 그 안에 핵이 있습니다.
- 식물 세포와 동물 세포의 비교

공통점	핵과 세포막이 있음.
차이점	식물 세포에는 세포벽이 있고, 동물 세포에는 세포벽이 없음.

02 뿌리의 생김새와 하는 일
G 82 쪽

토마토 뿌리   양파 뿌리

생김새	• 토마토 뿌리처럼 굵고 곧은 뿌리에 가는 뿌리들이 난 것도 있고, 양파 뿌리처럼 굵기가 비슷한 뿌리들이 수염처럼 난 것도 있음. • 뿌리에는 솜털처럼 작고 가는 뿌리털이 나 있음.
하는 일	• 물을 흡수하고 식물을 지지함. • 양분을 저장하기도 함. 예 고구마, 무, 당근 등

03 줄기를 통한 물의 이동
G 84 쪽

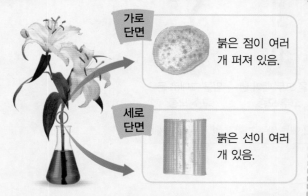

가로 단면   붉은 점이 여러 개 퍼져 있음.

세로 단면   붉은 선이 여러 개 있음.

붉은 색소 물에 넣어 둔 백합 줄기의 단면에서 붉게 물든 부분은 물이 이동하는 통로입니다.
➡ 줄기는 ⑤ [   ] 이/가 이동하는 통로 역할을 합니다.

04 증산 작용
G 88 쪽

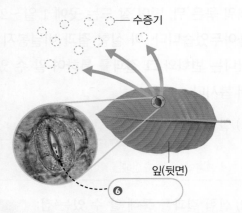

── 수증기

잎(뒷면)

⑥

잎으로 이동한 물이 수증기 형태로 기공을 통해 식물 밖으로 빠져나가는 것을 ⑦ [   ] (이)라고 합니다.

05 광합성

G 90 쪽

- 어둠상자
- 고추 모종
- 아이오딘-아이오딘화
  칼륨 용액

빛을 받지 못한 잎   빛을 받은 잎

빛을 받지 못한 잎과 빛을 받은 잎에 아이오딘-아이오딘화 칼륨 용액을 떨어뜨리면 빛을 받은 잎만 청람색으로 변합니다. → 빛을 받은 잎에서만 ⑧ [   ]이/가 만들어집니다.

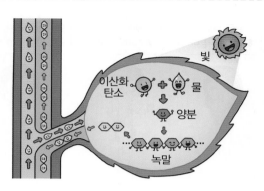

이산화 탄소 + 물
빛
양분
녹말

식물이 빛과 이산화 탄소, 물을 이용하여 스스로 양분을 만드는 것을 ⑨ [   ](이)라고 합니다. → 잎에서 만들어진 양분은 식물 각 부분으로 운반되어 사용되거나 저장됩니다.

06 꽃의 생김새와 하는 일

G 92 쪽

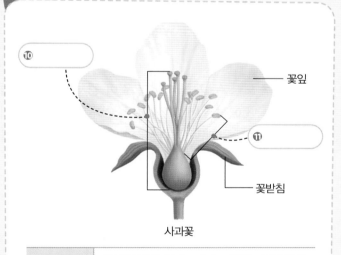

⑩ [   ]

꽃잎

⑪ [   ]

꽃받침

사과꽃

생김새	사과꽃처럼 암술, 수술, 꽃잎, 꽃받침으로 이루어져 있는 것도 있고, 호박꽃처럼 암술, 수술, 꽃잎, 꽃받침 중 일부가 없는 것도 있음.
하는 일	수술에서 만들어진 꽃가루가 암술로 옮겨지는 꽃가루받이가 이루어지면 암술에서 씨가 만들어져 자람.

07 식물이 씨를 퍼뜨리는 방법

G 94 쪽

도꼬마리	단풍나무
열매 끝이 갈고리 모양이어서 동물의 털이나 사람의 옷에 붙어 씨가 퍼짐.	 열매에 ⑫ [ ]이/가 있어 돌면서 멀리 날아가 씨가 퍼짐.
봉선화	서양민들레
열매껍질이 터지면서 씨가 튕겨 나가 퍼짐.	 열매에 가벼운 솜털이 있어 열매가 ⑬ [ ]에 날려 씨가 퍼짐.

답 ① 뿌리 ② 잎자루 ③ 기공 ④ 뿌리털 ⑤ 빼기작용 ⑥ 꼬 ⑦ 사충 증산 ⑧ 녹말 ⑨ 광합성 ⑩ 암술 ⑪ 수술 ⑫ 날개 ⑬ 바람

01 다음은 세포에 대한 학생 (가)~(다)의 대화입니다. 옳게 말한 학생은 누구인지 써 봅시다.

모든 세포는 하는 일이 같아.

모든 생물은 세포로 이루어져 있어.

모든 동물 세포는 맨눈으로 관찰할 수 있어.

(가)　　　(나)　　　(다)

(　　　　　　)

[02~03] 뿌리와 잎이 자란 양파 두 개를 준비하여 다음과 같이 장치한 후 빛이 잘 드는 곳에 3 일~4 일 동안 놓아두었습니다. 물음에 답해 봅시다.

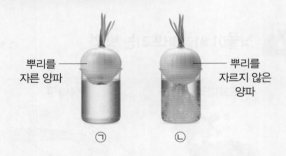

뿌리를 자른 양파

뿌리를 자르지 않은 양파

㉠　　㉡

02 다음은 3 일~4 일 뒤 ㉠과 ㉡의 비커에 담긴 물의 양을 비교한 것입니다. >, =, < 중 (　　) 안에 들어갈 알맞은 기호를 써넣어 봅시다.

| ㉠의 비커에 담긴 물의 양 | (　　) | ㉡의 비커에 담긴 물의 양 |

03 위 실험을 통해 알 수 있는 뿌리가 하는 일로 옳은 것은 어느 것입니까? (　　　)

① 양분을 만든다.
② 물을 흡수한다.
③ 양분을 저장한다.
④ 식물을 지지한다.
⑤ 물을 식물 밖으로 내보낸다.

04 다음 중 줄기가 땅 위를 기는 듯이 뻗는 식물을 골라 기호를 써 봅시다.

㉠ 소나무　　㉡ 나팔꽃　　㉢ 고구마

(　　　　　　)

05 오른쪽은 붉은 색소 물에 네다섯 시간 정도 넣어 둔 백합 줄기를 세로로 자른 단면입니다. 붉게 물든 부분에 대한 설명으로 옳은 것은 어느 것입니까? (　　　)

① 물이 이동한 통로이다.
② 물이 저장된 부분이다.
③ 양분이 이동한 통로이다.
④ 양분이 저장된 부분이다.
⑤ 공기가 이동하기 위해 비어 있는 공간이다.

06 고추 모종 두 개를 다음과 같이 장치하여 빛이 잘 드는 곳에 1 일~2 일 동안 놓아두었더니 (나)의 비닐봉지 안에만 물이 생겼습니다. 그 까닭으로 옳은 것을 보기 에서 골라 기호를 써 봅시다.

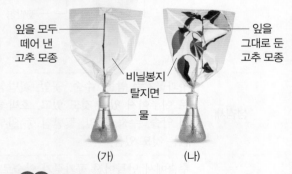

잎을 모두 떼어 낸 고추 모종

잎을 그대로 둔 고추 모종

비닐봉지
탈지면
물

(가)　　(나)

보기

㉠ 잎에 물을 저장하기 때문이다.
㉡ 잎에서 광합성이 일어나기 때문이다.
㉢ 물이 잎을 통해 식물 밖으로 나가기 때문이다.

(　　　　　　)

07 오른쪽은 식물 잎의 뒷면을 현미경으로 관찰한 모습을 나타낸 것입니다. 잎으로 이동한 물의 일부가 식물 밖으로 빠져나가는 부분인 ㉠의 이름을 써 봅시다.

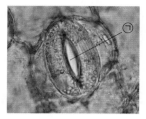

(   )

08 식물의 잎이 하는 일로 옳은 것을 보기에서 두 가지 골라 기호를 써 봅시다.

보기
㉠ 증산 작용이 일어난다.
㉡ 양분을 식물의 각 부분으로 운반한다.
㉢ 광합성을 통해 스스로 양분을 만든다.

(,   )

09 다음은 사과꽃의 생김새를 나타낸 것입니다. ㉠∼㉣의 이름을 옳게 짝 지은 것은 어느 것입니까?
(   )

	㉠	㉡	㉢	㉣
①	수술	암술	꽃잎	꽃받침
②	수술	꽃잎	암술	꽃받침
③	암술	수술	꽃잎	꽃받침
④	암술	꽃잎	수술	꽃받침
⑤	암술	꽃받침	수술	꽃잎

10 다음은 꽃이 하는 일에 대한 설명입니다. ( ) 안에 들어갈 알맞은 말을 각각 써 봅시다.

수술에서 만들어진 (㉠)이/가 암술로 옮겨지는 것을 (㉡)(이)라고 하며, (㉡)이/가 이루어지고 나면 암술에서 씨가 만들어져 자란다.

㉠: (   ), ㉡: (   )

[11~12] 오른쪽은 단풍나무 열매를 나타낸 것입니다. 물음에 답해 봅시다.

11 위 단풍나무가 씨를 퍼뜨리는 방법으로 옳은 것은 어느 것입니까? (   )

① 물에 떠서 이동하여 씨가 퍼진다.
② 가벼운 솜털이 있어 바람에 날려 씨가 퍼진다.
③ 열매가 동물에게 먹힌 뒤 씨가 똥으로 나와 퍼진다.
④ 열매가 동물의 털이나 사람의 옷에 붙어 씨가 퍼진다.
⑤ 열매에 날개가 있어 빙글빙글 돌며 멀리 날아가 씨가 퍼진다.

12 위 단풍나무와 같은 방법으로 씨를 퍼뜨리는 식물로 옳은 것은 어느 것입니까? (   )

①
봉선화

②
산수유

③
가죽나무

④
도꼬마리

서술형 문제 ·····

13 다음은 식물 세포와 동물 세포를 나타낸 것입니다. 식물 세포와 동물 세포를 비교하여 공통점 두 가지를 설명해 봅시다.

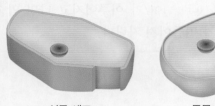

식물 세포   동물 세포

·····

·····

·····

14 다음은 우리가 먹는 고구마와 감자의 모습입니다. 고구마와 감자가 크고 뚱뚱해진 까닭을 각각 뿌리와 줄기가 하는 일과 관련지어 설명해 봅시다.

고구마   감자

·····

·····

·····

15 식물에서 증산 작용이 하는 역할을 물의 이동과 관련지어 설명해 봅시다.

·····

·····

16 다음은 크기가 비슷한 고추 모종 두 개를 이용한 실험입니다.

> (가) 고추 모종 두 개를 빛이 잘 드는 곳에 두고 모종 한 개에만 어둠상자를 씌운다.
> (나) 다음 날 오후 각 고추 모종에서 잎을 따서 알코올이 든 작은 비커에 넣은 후, 작은 비커를 뜨거운 물이 든 큰 비커에 넣고 유리판으로 덮는다.
> (다) 잎을 꺼내 따뜻한 물로 헹군 뒤 페트리 접시에 각각 놓고 아이오딘 − 아이오딘화 칼륨 용액을 떨어뜨렸더니 어둠상자를 씌우지 않은 잎만 청람색으로 변했다.

(1) 위 실험 결과를 통해 알 수 있는 빛을 받은 잎에서 만들어진 물질의 이름을 써 봅시다.

(   )

(2) (1)과 같이 답한 까닭을 설명해 봅시다.

·····

·····

17 다음 식물들의 공통적인 꽃가루받이 방법을 설명해 봅시다.

벼   소나무   옥수수

·····

·····

18 오른쪽은 서양민들레 열매의 모습입니다. 서양민들레의 씨가 퍼지는 방법을 열매의 생김새와 관련지어 설명해 봅시다.

·····

·····

수행평가 1회

01 다음은 광학 현미경을 이용하여 양파 표피 세포 영구 표본과 입안 상피 세포 영구 표본을 관찰한 결과를 순서 없이 나타낸 것입니다.

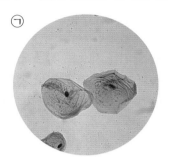
⊙

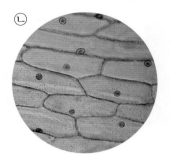
ⓒ

(1) 위 ⊙과 ⓒ을 각각 식물 세포와 동물 세포로 구분하여 써 봅시다.

⊙: (   ), ⓒ: (   )

(2) (1)과 같이 답한 까닭을 식물 세포와 동물 세포의 차이점과 관련지어 설명해 봅시다.

_____

_____

성취 기준

생물체를 이루고 있는 기본 단위인 세포를 현미경으로 관찰할 수 있다.

출제 의도

식물 세포와 동물 세포의 특징을 비교하여 차이점을 찾을 수 있는지 확인하는 문제예요.

관련 개념

세포   ☾ 82 쪽

4
단원

공부한 날

월

일

02 다음은 사과꽃과 호박의 암꽃을 나타낸 것입니다.

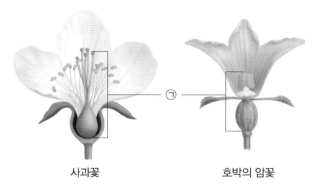

사과꽃   호박의 암꽃

(1) 위 ⊙의 이름을 써 봅시다.

(   )

(2) 위 사과꽃과 호박의 암꽃을 비교하여 차이점을 설명해 봅시다.

_____

_____

성취 기준

식물의 전체적인 구조 관찰과 실험을 통해 뿌리, 줄기, 잎, 꽃의 구조와 기능을 설명할 수 있다.

출제 의도

사과꽃과 호박의 암꽃을 비교하여 차이점을 찾을 수 있는지 묻는 문제예요.

관련 개념

꽃의 생김새와 하는 일 알아보기   ☾ 92 쪽

정답 확인

01 다음은 양파 표피 세포를 광학 현미경으로 관찰한 결과를 나타낸 것입니다. ㉠과 ㉡ 중 세포의 생명 활동을 조절하는 부분을 골라 기호를 써 봅시다.

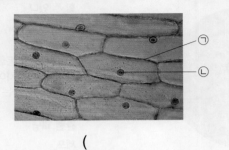

(   )

02 오른쪽은 토마토 뿌리의 모습을 나타낸 것입니다. 토마토 뿌리에 대한 설명으로 옳은 것을 보기 에서 두 가지 골라 기호를 써 봅시다.

보기
㉠ 솜털처럼 작고 가는 뿌리털이 나 있다.
㉡ 굵기가 비슷한 뿌리들이 수염처럼 나 있다.
㉢ 굵고 곧은 뿌리에 가는 뿌리들이 나 있다.

(,   )

03 다음 중 식물의 뿌리에 대한 설명으로 옳지 <u>않은</u> 것은 어느 것입니까? (   )

① 땅속의 물을 흡수한다.
② 땅속으로 뻗어 식물을 지지한다.
③ 뿌리에서 주로 증산 작용이 일어난다.
④ 뿌리털은 물을 더 잘 흡수하도록 한다.
⑤ 당근 같은 식물은 뿌리에 양분을 저장한다.

[04~05] 오른쪽과 같이 백합 줄기를 붉은 색소 물에 네다섯 시간 정도 넣어 둔 뒤 가로와 세로로 잘라 단면을 관찰 했습니다. 물음에 답해 봅시다.

붉은 색소 물

04 위 백합 줄기를 세로로 자른 단면의 모습으로 옳은 것은 어느 것입니까? (   )

①   ②

③    ④

05 위 실험을 통해 알 수 있는 사실로 옳은 것을 보기 에서 골라 기호를 써 봅시다.

보기
㉠ 줄기에 양분이 저장된다.
㉡ 줄기에는 구멍이 여러 개 뚫려 있다.
㉢ 물은 줄기에 있는 통로를 통해 이동한다.

(   )

06 다음 중 잎으로 이동한 물이 어떻게 되는지 옳게 설명한 것을 두 가지 골라 봅시다.

(,   )

① 광합성에 이용된다.
② 꽃가루받이에 이용된다.
③ 식물을 받쳐 주어 지지한다.
④ 씨를 보호하고 멀리 퍼뜨린다.
⑤ 기공을 통해 식물 밖으로 빠져나간다.

07 다음 중 식물에서 증산 작용이 잘 일어나는 조건으로 옳은 것은 어느 것입니까? ( )

① 온도가 낮을 때
② 날씨가 습할 때
③ 햇빛이 강할 때
④ 바람이 안 불 때
⑤ 식물 안에 물의 양이 적을 때

08 광합성에 대한 설명으로 옳은 것을 보기 에서 골라 기호를 써 봅시다.

> **보기**
> ㉠ 산소가 필요하다.
> ㉡ 주로 식물의 줄기에서 일어난다.
> ㉢ 식물이 스스로 양분을 만드는 것이다.

( )

09 다음과 같이 여러 날 동안 빛을 받지 못한 잎과 빛을 받은 잎에 아이오딘 – 아이오딘화 칼륨 용액을 떨어뜨렸습니다. 이에 대한 설명으로 옳지 <u>않은</u> 것은 어느 것입니까? ( )

① 빛을 받은 잎은 청람색으로 변한다.
② 식물은 빛이 있을 때 광합성을 한다.
③ 빛을 받지 못한 잎은 색깔이 변하지 않는다.
④ 이 실험에서 다르게 한 조건은 빛의 유무이다.
⑤ 빛을 받은 잎에서는 양분이 만들어지지 않는다.

10 다음은 꽃가루받이에 대한 학생 (가)~(다)의 대화입니다. <u>잘못</u> 말한 학생은 누구인지 써 봅시다.

꽃가루받이가 이루어지면 씨가 만들어져. (가)

꽃가루받이는 곤충, 바람, 물 등의 도움으로 이루어져. (나)

수술에서 만들어진 꽃가루가 꽃받침으로 옮겨지는 것을 말해. (다)

( )

11 다음 중 주로 새에 의해 꽃가루받이가 이루어지는 식물을 골라 기호를 써 봅시다.

㉠ 동백나무   ㉡ 봉선화   ㉢ 코스모스

( )

12 다음 중 식물의 종류와 씨를 퍼뜨리는 방법을 옳게 짝 지은 것은 어느 것입니까? ( )

① 제비꽃 – 바람에 날려서 씨가 퍼진다.
② 박주가리 – 열매껍질이 터지면서 씨가 튕겨 나가 퍼진다.
③ 도꼬마리 – 열매에 날개가 있어 멀리 날아가 씨가 퍼진다.
④ 산수유 – 열매가 동물에게 먹힌 뒤 씨가 똥으로 나와서 퍼진다.
⑤ 단풍나무 – 열매가 동물의 털이나 사람의 옷에 붙어서 씨가 퍼진다.

서술형 문제 ··········

13 오른쪽은 동물 세포를 나타낸 것입니다. 동물 세포가 식물 세포와 다른 점을 설명해 봅시다.

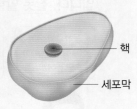

핵
세포막

··············

14 다음은 소나무와 나팔꽃의 줄기를 나타낸 것입니다. 소나무 줄기와 나팔꽃 줄기의 생김새의 차이점을 설명해 봅시다.

소나무   나팔꽃

··············

15 크기가 비슷한 고추 모종 두 개를 다음과 같이 장치하여 빛이 잘 드는 곳에 1일~2일 동안 놓아 두었을 때 비닐봉지 안에 물이 생기는 것을 골라 기호를 쓰고, 그 까닭을 설명해 봅시다.

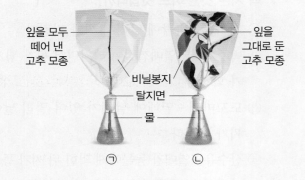

잎을 모두 떼어 낸 고추 모종
잎을 그대로 둔 고추 모종
비닐봉지
탈지면
물
㉠   ㉡

··············

16 식물의 잎에서 만들어진 양분이 어떻게 이동하여 이용되는지 설명해 봅시다.

··············

··············

17 오른쪽은 사과꽃의 생김새를 나타낸 것입니다. 꽃잎과 꽃받침이 하는 일을 각각 설명해 봅시다.

꽃잎
꽃받침

··············

··············

18 다음은 식물의 각 부분이 어떻게 영향을 주고받으며 살아가는지 표현하기 위한 식물 역할놀이 대본의 일부입니다. (   ) 안에 들어갈 알맞은 내용을 열매가 하는 일과 관련지어 설명해 봅시다.

[표현할 점] 맑은 날 물과 양분의 이동
• 뿌리: 날씨가 맑으니까 물을 많이 흡수해야지!
• 줄기: 뿌리에서 흡수한 물을 부지런히 위로 이동하고 있어.
• 잎: 물이 많으니까 양분을 만드는 데 사용하고 남은 물은 밖으로 내보내야겠어.
• 줄기: 잎에서 만든 양분도 식물 각 부분으로 이동해야겠네. 바쁘다, 바빠!
• 꽃: 곤충을 모아서 꽃가루받이를 해야지.
• 열매: 그렇다면 나는 그동안 보호하고 있던 (   )

··············

01 뿌리의 흡수 기능을 알아보기 위해 다음과 같이 장치하여 빛이 잘 드는 곳에 놓아두었습니다.

ㄱ

뿌리를 자른 양파

ㄴ

뿌리를 자르지 않은 양파

(1) 위 실험에서 다르게 한 조건을 한 가지 써 봅시다.

(   )

(2) 3 일~4 일 후 ㉠과 ㉡의 비커에 든 물의 양을 비교하여 설명해 봅시다.

성취 기준
식물의 전체적인 구조 관찰과 실험을 통해 뿌리, 줄기, 잎, 꽃의 구조와 기능을 설명할 수 있다.

출제 의도
식물의 뿌리가 있을 때와 없을 때 물이 흡수되는 정도를 비교하는 문제예요.

관련 개념
뿌리의 생김새와 하는 일
G 82 쪽

4
단원

공부한 날

월

일

02 다음은 크기가 비슷한 고추 모종 두 개를 이용한 실험입니다.

(가) 고추 모종 두 개를 빛이 잘 드는 곳에 두고 고추 모종 한 개에 만 어둠상자를 씌운다.
(나) 다음 날 오후 각 고추 모종에서 잎을 따서 알코올이 든 작은 비커에 넣은 뒤, 작은 비커를 뜨거운 물이 든 큰 비커에 넣고 유리판으로 덮는다.
(다) 잎을 꺼내 따뜻한 물로 헹군 뒤 페트리 접시에 각각 놓고 아이오딘 - 아이오딘화 칼륨 용액을 떨어뜨린다.

(1) 위 (다)의 결과가 오른쪽과 같을 때 어둠상자를 씌우지 않은 잎은 ㉠과 ㉡ 중 어느 것인지 골라 기호를 써 봅시다.

㉠ ㉡

(   )

(2) (1)과 같이 답한 까닭을 광합성과 관련지어 설명해 봅시다.

성취 기준
식물의 전체적인 구조 관찰과 실험을 통해 뿌리, 줄기, 잎, 꽃의 구조와 기능을 설명할 수 있다.

출제 의도
광합성 결과 만들어지는 양분을 알고 있는지 묻는 문제예요.

관련 개념
광합성으로 생기는 물질을 확인하는 실험하기 G 90 쪽

5

빛과 렌즈

이 단원에서 무엇을 공부할지 알아보아요.

실험 동영상

빛과 렌즈로 만드는 예술 작품

렌즈와 여러 가지 모양의 종이 판을 사용해 나만의 예술 작품을 만들어 봅시다.

빛과 렌즈로 작품 만들기

⬆ 여러 가지 모양의 종이 판 모습

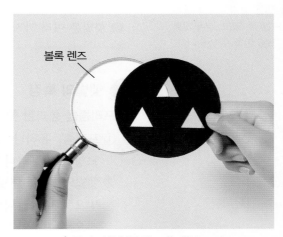

볼록 렌즈

⬆ 종이 판을 볼록 렌즈에 끼우는 모습

❶ 여러 가지 모양의 종이 판을 준비합니다.

❷ 종이 판을 볼록 렌즈에 끼웁니다.

❸ ❷에서 만든 렌즈에 햇빛을 비추면서 흰색 종이에 다양한 무늬를 만들어 봅시다.

❹ 햇빛 외에도 여러 가지 조명 기구를 사용해 ❸을 반복해 봅시다.
　손전등이나 스마트 기기의 손전등 애플리케이션을 사용해요.

● **흰색 종이에 나타난 무늬의 크기와 모양은 왜 변했는지 이야기해 봅시다.**

　　예시 답안　여러 가지 모양의 렌즈에 빛을 비추면서 렌즈와 흰색 종이 사이의 거리를 조절하면 빛이 꺾여 나아가기 때문에
　흰색 종이에 나타난 무늬의 크기와 모양이 변한다.

햿빛이 프리즘을 통과하면 어떻게 될까요

1

실험 관찰

프리즘을 통과한 햿빛의 모습

프리즘을 통과한 햿빛은 여러 가지 색의 빛으로 나타납니다.

비가 내린 뒤 볼 수 있는 무지개

무지개는 비가 내린 직후 하늘에 남아 있는 작은 물방울들이 프리즘과 같은 역할을 하기 때문에 나타나는 현상입니다. 맑은 날 분수 근처에서도 무지개를 볼 수 있고, 분무기를 이용해 무지개를 만들 수 있습니다.

용어 사전

★ **무지개** 공중에 떠 있는 물방울이 햿빛을 받아 나타나는 반원 모양의 여러 가지 색의 줄

바른답·알찬풀이 37 쪽

스스로 확인해요

『과학』 99 쪽

1 햿빛은 (한 가지, 여러 가지) 색의 빛으로 이루어져 있습니다.

2 (의사소통 능력) 햿빛이 여러 가지 색의 빛으로 나타난 것을 본 경험을 떠올려 보고, 어떤 상황이었는지 이야기해 봅시다.

---

① 프리즘으로 만든 무지개 관찰하기 탐구

실험 동영상

탐구 과정

❶ 검은색 종이 두 장을 접어 두꺼운 흰색 종이에 5 mm 간격으로 붙입니다.

❷ 흰색 종이를 스탠드에 걸쳐 놓고, 햿빛이 검은색 종이 사이를 통과하게 흰색 종이의 각도를 조절합니다.

❸ 검은색 종이 사이를 통과한 햿빛이 프리즘을 통과하게 프리즘의 위치를 조절한 다음 양면테이프로 붙여 고정합니다.

❹ 햿빛이 프리즘을 통과하면 흰색 종이에 어떻게 나타나는지 관찰합니다.

검은색 종이

프리즘

흰색 종이

탐구 결과

❶ 프리즘을 통과한 햿빛이 흰색 종이에 나타난 모습을 그림과 글로 표현하기

그림	글
— 프리즘의 위치에 따라 그림에서 상하가 바뀐 모습이 나타날 수도 있어요.	• 햿빛이 프리즘을 통과하면 흰색 종이에 여러 가지 색의 빛이 나타남. • 햿빛이 프리즘을 통과하면 여러 가지 색의 빛이 연속해서 나타남.

❷ 햿빛은 여러 가지 색의 빛으로 이루어져 있습니다.

② 햿빛의 특징

1 프리즘을 통과한 햿빛

① 프리즘: 유리나 플라스틱 등으로 만든 투명한 삼각기둥 모양의 기구입니다.

② 햿빛의 특징: 햿빛이 프리즘을 통과하면 여러 가지 색의 빛으로 나타납니다. 이를 통해서 햿빛은 여러 가지 색의 빛으로 이루어져 있음을 알 수 있습니다.

프리즘

2 우리 생활에서 햿빛이 여러 가지 색의 빛으로 나타나는 예

① 햿빛이 유리의 비스듬한 부분을 통과할 때 여러 가지 색의 빛이 나타납니다.

② 비가 내린 뒤 햿빛이 공기 중에 있는 물방울을 통과할 때 무지개가 나타납니다.

③ 햿빛이 프리즘을 통과할 때 나타나는 여러 가지 색의 빛을 건물 내부 장식에 이용합니다.

⬆ 유리의 비스듬한 부분을 통과한 햿빛

⬆ 비가 내린 뒤 볼 수 있는 무지개

⬆ 프리즘을 이용한 건물 내부 장식

문제로 개념 탄탄

[1~2] 오른쪽과 같이 장치하여 프리즘을 통과한 햇빛을 관찰하는 실험을 했습니다. 물음에 답해 봅시다.

흰색 종이
검은색 종이
프리즘
?

1 위 실험에 대한 설명으로 옳은 것에 ○표, 옳지 <u>않은</u> 것에 ×표 해 봅시다.

(1) 태양이 있는 맑은 날에 실험한다. ( )

(2) 햇빛이 프리즘을 통과하게 태양의 위치를 눈으로 직접 확인한다. ( )

(3) 햇빛이 프리즘을 통과하는 각도를 조절하여 흰색 종이에 빨간색 빛만 나타나게 하거나 빨간색 빛과 파란색 빛이 나타나게 할 수 있다. ( )

2 다음은 위 실험에서 알 수 있는 사실입니다. ( ) 안에 들어갈 알맞은 말을 각각 써 봅시다.

> 햇빛이 (㉠)을/를 통과하면 (㉡) 가지 색의 빛으로 나타나므로 햇빛은 (㉡) 가지 색의 빛으로 이루어져 있음을 알 수 있다.

㉠: ( ), ㉡: ( )

3 다음 ( ) 안에 들어갈 알맞은 말에 ○표 해 봅시다.

> 유리나 플라스틱 등으로 만든 투명한 삼각기둥 모양의 기구를 (거울, 프리즘, 렌즈)(이)라고 한다.

4 다음 햇빛의 특징에 대한 설명으로 옳은 것에 ○표, 옳지 <u>않은</u> 것에 ×표 해 봅시다.

(1) 햇빛은 여러 가지 색의 빛으로 이루어져 있다. ( )

(2) 햇빛은 빨간색, 초록색, 파란색 빛으로만 이루어져 있다. ( )

(3) 햇빛이 유리의 비스듬한 부분을 통과하면 검은색 빛이 나타난다. ( )

5 햇빛이 여러 가지 색의 빛으로 나타나는 예로 옳은 것을 **보기**에서 골라 기호를 써 봅시다.

> **보기**
> ㉠ 그림자　　　　㉡ 무지개　　　　㉢ 거울에 반사한 빛

( )

공부한 내용을

😀 자신 있게 설명할 수 있어요.

😐 설명하기 조금 힘들어요.

😵 어려워서 설명할 수 없어요.

5

단원

공부한 날

월

일

2 빛은 서로 다른 물질의 경계에서 어떻게 나아갈까요

빛의 굴절

• 빛은 공기 중에서 물로 비스듬히 나아갈 때 공기와 물의 경계에서 꺾입니다.

• 빛은 공기 중에서 유리로 비스듬히 나아갈 때 공기와 유리의 경계에서 꺾입니다.

1 물과 유리를 통과하는 빛 관찰하기 탐구

실험 동영상

탐구 과정

우유는 너무 많이 넣지 않아요.   향 연기를 너무 많이 채우지 않아요.

① 수조에 물을 채우고, 우유를 두세 방울 넣은 뒤 유리 막대로 젓습니다.

수조 뚜껑 / 공기 / 향

② 향을 피워 수면 근처에 가져간 뒤 뚜껑으로 덮어 수조에 향 연기를 채웁니다.

레이저 지시기 / 공기 / 물

③ 레이저 지시기의 빛을 수조의 위쪽과 아래쪽 여러 각도에서 각각 비춥니다.

레이저 지시기 / 공기 / 물 / 반투명 유리판

④ 수조에 반투명 유리판을 넣고, 향 연기를 채운 후 유리판 위쪽 여러 각도에서 레이저 지시기의 빛을 비춥니다.

탐구 결과

❶ 물을 통과하는 빛 관찰하기

┌ 수조 위쪽에서 아래쪽으로 빛을 비춰요.

┌ 수조 아래쪽에서 위쪽으로 빛을 비춰요.

공기 / 물

공기 / 물

• 빛을 수면에 비스듬하게 비추면 빛이 공기와 물의 경계에서 꺾여 나아갑니다.

• 빛을 수면에 수직으로 비추면 빛이 공기와 물의 경계에서 꺾이지 않고 그대로 나아갑니다.

❷ 유리를 통과하는 빛 관찰하기

공기 / 유리

└ 레이저 지시기의 빛을 수조 위쪽에서 아래쪽으로 비춰요.

• 빛을 유리 면에 비스듬하게 비추면 빛이 공기와 유리의 경계에서 꺾여 나아갑니다.

• 빛을 유리 면에 수직으로 비추면 빛이 공기와 유리의 경계에서 꺾이지 않고 그대로 나아갑니다.

❸ 빛은 서로 다른 물질의 경계에서 꺾여 나아갑니다.

바른답·알찬풀이 37 쪽

스스로 확인해요

『과학』102 쪽

1 빛은 공기 중에서 물로 비스듬히 나아갈 때 공기와 물의 경계에서 (직진, 굴절)합니다.

2 탐구능력 레이저 지시기의 빛을 프리즘에 비추었을 때 빛이 나아가는 모습이 다음과 같이 나타나는 까닭을 설명해 봅시다.

── 프리즘

레이저 지시기

2 빛의 굴절 현상

1 **빛의 굴절**: 서로 다른 물질의 경계에서 빛이 꺾여 나아가는 현상입니다.

2 **빛의 굴절 현상의 예**

물을 부으면 보이는 동전		꺾여 보이는 빨대	
물을 붓지 않았을 때	물을 부었을 때	물을 붓지 않았을 때	물을 부었을 때

→ 물을 부으면 물에서 공기 중으로 나오는 빛이 굴절되어 눈으로 들어와 동전이 보임.

→ 물을 부으면 빨대는 빛의 굴절 때문에 실제보다 떠올라 보이므로 위로 꺾여 보임.

문제로 개념 탄탄

[1~2] 오른쪽은 물과 유리를 통과하는 빛이 나아가는 모습을 관찰하기 위한 실험 장치를 나타낸 것입니다. 물음에 답해 봅시다.

물을 통과하는 빛 관찰하기 　 유리를 통과하는 빛 관찰하기

1 위 실험에서 빛이 나아가는 모습을 잘 관찰하기 위에 수조의 물과 공기 중에 넣어 주는 것을 **보기** 에서 두 가지 골라 기호를 써 봅시다.

보기
ㄱ 우유　　　ㄴ 기름　　　ㄷ 설탕　　　ㄹ 산소　　　ㅁ 향 연기

(　　　　, 　　　　)

2 위 실험에서 빛이 나아가는 모습으로 옳은 것에 ○표, 옳지 <u>않은</u> 것에 ×표 해 봅시다.

(1) 레이저 지시기　(2)　　(3)　　(4)

(　　　)　(　　　)　(　　　)　(　　　)

3 다음 (　　) 안에 들어갈 알맞은 말을 써 봅시다.

서로 다른 물질의 경계에서 빛이 꺾여 나아가는 현상을 빛의 (　　　　)(이)라고 한다.

(　　　　　　)

4 다음은 우리 생활에서 볼 수 있는 굴절 현상의 예입니다. (　　) 안에 들어갈 알맞은 말에 각각 ○표 해 봅시다.

- 컵 속에 동전을 넣고 물을 붓지 않았을 때는 동전이 보이지 않지만 컵 속에 물을 부으면 동전이 ㉠ (보인다, 보이지 않는다).
- 컵 속에 빨대를 넣고 물을 붓지 않았을 때는 빨대가 반듯하게 보이지만 컵에 물을 부으면 빨대가 ㉡ (꺾여, 반듯하게) 보인다.

창의적으로 생각해요 『과학』 103 쪽

햇빛이 여러 가지 색의 빛으로 이루어져 있다는 것을 설명할 수 있는 나만의 방법을 이야기해 봅시다.

예시 답안 암막 커튼이 있는 교실에 커튼을 쳐서 빛을 조금만 들어오게 한 다음 그 빛을 프리즘이나 유리의 비스듬한 면에 통과하게 하면 햇빛이 여러 가지 색의 빛으로 이루어져 있음을 설명할 수 있다.

공부한 내용을

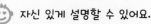

😊 자신 있게 설명할 수 있어요.

😐 설명하기 조금 힘들어요.

😞 어려워서 설명할 수 없어요.

[01~02] 오른쪽과 같이 장치하고 운동장에서 햇빛의 특징을 알아보는 실험을 했습니다. 물음에 답해 봅시다.

흰색 종이
검은색 종이
프리즘
?

01 위 실험에 대한 설명으로 옳은 것을 보기에서 골라 기호를 써 봅시다.

> 보기
> ㉠ 햇빛이 직진하는 현상을 관찰할 수 있다.
> ㉡ 프리즘 대신 평평한 유리판을 사용할 수 있다.
> ㉢ 태양이 있는 맑은 날에 햇빛이 눈에 직접 닿지 않게 실험해야 한다.

(   )

중요
02 다음은 위 실험의 관찰 결과를 설명한 학생 (가)~(다)의 대화입니다. 옳게 말한 학생은 누구인지 써 봅시다.

> • (가): 햇빛은 한 가지 색의 빛으로 이루어져 있어.
> • (나): 햇빛은 여러 가지 색의 빛으로 이루어져 있어.
> • (다): 햇빛이 프리즘을 통과하면 흰색과 검은색의 빛이 반복해서 나타나.

(   )

03 다음 중 프리즘에 대한 설명으로 옳지 않은 것은 어느 것입니까? (   )

① 투명하다.
② 유리로 만들 수 있다.
③ 햇빛이 통과할 수 있다.
④ 플라스틱으로 만들 수 없다.
⑤ 햇빛을 여러 가지 색의 빛으로 나타낼 수 있다.

중요
04 다음 중 햇빛이 여러 가지 색의 빛으로 나타나는 예로 옳은 것을 두 가지 골라 봅시다.
(,   )

①
레이저 빛

②
유리의 비스듬한 부분을 통과한 햇빛

③
무지개

④
그림자

서술형
05 오른쪽은 프리즘을 이용한 건물 내부 장식의 모습입니다. 건물 내부 장식의 프리즘을 통과한 햇빛이 여러 가지 색의 빛으로 나타난 까닭을 설명해 봅시다.

프리즘

....

....

06 다음은 공기와 물의 경계에서 빛이 나아가는 모습을 관찰하기 위한 실험을 나타낸 것입니다. 빛이 나아가는 모습을 잘 관찰할 수 있게 수조의 물과 공기에 넣어 주는 ㉠, ㉡에 해당하는 것을 각각 써 봅시다.

물
㉠

수조 뚜껑
㉡
공기

㉠: (   ), ㉡: (   )

→ 바른답·알찬풀이 37 쪽

[07~09] 다음은 두 물질의 경계에서 빛이 나아가는 모습을 관찰하기 위한 실험 장치를 나타낸 것입니다. 물음에 답해 봅시다.

공기와 물의 경계

공기와 유리의 경계

07 다음 중 공기와 물의 경계에서 레이저 지시기의 빛이 나아가는 모습으로 옳지 <u>않은</u> 것은 어느 것입니까?
( )

08 오른쪽과 같이 레이저 지시기의 빛을 수직으로 비출 때 공기와 유리의 경계에서 빛이 나아가는 방향으로 옳은 것을 골라 기호를 써 봅시다.
( )

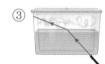

중요
09 위 실험에서 빛이 꺾여 나아가는 경우가 <u>아닌</u> 것을 보기에서 골라 기호를 써 봅시다.

> **보기**
> ㉠ 공기 중에서 물로 비스듬히 나아갈 때
> ㉡ 물에서 공기 중으로 수직으로 나아갈 때
> ㉢ 공기 중에서 유리로 비스듬히 나아갈 때

( )

10 다음 중 물을 붓기 전 반듯하게 보이던 컵 속의 젓가락이 물을 부었을 때 꺾여 보이는 까닭으로 옳은 것은 어느 것입니까? ( )

① 컵에서 빛이 반사하기 때문이다.
② 물에서 빛이 반사하기 때문이다.
③ 물에서 빛이 직진하기 때문이다.
④ 물속에서 빛이 더 밝아졌기 때문이다.
⑤ 빛이 물에서 공기 중으로 나올 때 굴절하기 때문이다.

중요
11 다음은 물속의 물고기가 실제 위치보다 떠올라 보이는 현상에 대한 학생 (가)~(다)의 대화입니다. 옳게 말한 학생은 누구인지 써 봅시다.

> 물고기가 빛의 일부를 흡수하기 때문이야.

(가)

> 물과 공기의 경계에서 빛이 굴절하기 때문이야.

(나)

> 물에서 공기로 빛이 진행할 때는 꺾이지 않고 그대로 나아가기 때문이야.

(다)

( )

서술형
12 오른쪽은 컵에 동전 한 개를 넣었을 때 관찰하는 사람의 눈에 동전이 보이지 않는 모습입니다. 같은 위치에서 관찰했을 때 컵 속의 동전을 볼 수 있는 방법을 설명해 봅시다.

동전

볼록 렌즈를 통과하는 빛은 어떻게 나아갈까요
볼록 렌즈로 물체를 보면 어떻게 보일까요

실험 관찰

여러 가지 모양의 볼록 렌즈

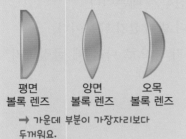

| 평면 볼록 렌즈 | 양면 볼록 렌즈 | 오목 볼록 렌즈 |

➡ 가운데 부분이 가장자리보다 두꺼워요.

용어 사전

★ 렌즈 빛을 모으거나 흩어지게 하기 위하여 수정이나 유리를 갈아서 만든 투명한 물체

★ 가장자리 둘레나 끝에 해당되는 부분

★ 구실 자기가 마땅히 해야 할 맡은 바 책임

바른답·알찬풀이 39쪽

 확인해요

『과학』105쪽

1 곧게 나아가던 나란한 빛이 볼록 렌즈를 통과하면 볼록 렌즈의 두꺼운 쪽으로 (   )하여 한곳으로 모일 수 있습니다.

2 문제 해결력 물과 지퍼 백을 이용해 햇빛을 한곳으로 모으는 방법을 설명해 봅시다.

『과학』107쪽

1 볼록 렌즈로 물체를 보면 실제 모습과 (같게, 다르게) 보입니다.

2 사고력 물고기를 볼 수 있는 어항의 일부분을 볼록하게 만든 까닭을 볼록 렌즈의 성질과 관련지어 설명해 봅시다.

① 볼록 렌즈를 통과하는 빛

1 볼록 렌즈: 유리와 같이 투명한 물질로 만들어졌으며, 가운데 부분이 가장자리보다 두꺼운 렌즈입니다.

2 볼록 렌즈를 통과하는 빛 관찰하기 탐구

실험 동영상

탐구 과정

레이저 지시기의 빛을 볼록 렌즈의 양쪽 가장자리와 가운데 부분에 각각 비추고, 빛이 나아가는 모습을 그려 봅시다.

탐구 결과

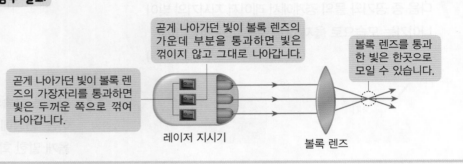

곧게 나아가던 빛이 볼록 렌즈의 가운데 부분을 통과하면 빛은 꺾이지 않고 그대로 나아갑니다.

곧게 나아가던 빛이 볼록 렌즈의 가장자리를 통과하면 빛은 두꺼운 쪽으로 꺾여 나아갑니다.

볼록 렌즈를 통과한 빛은 한곳으로 모일 수 있습니다.

레이저 지시기   볼록 렌즈

3 볼록 렌즈를 통과한 빛: 곧게 나아가던 빛이 볼록 렌즈를 통과하면 볼록 렌즈의 두꺼운 쪽으로 굴절하여 한곳으로 모일 수 있습니다.

실험 동영상

② 볼록 렌즈로 본 물체의 모습

1 볼록 렌즈로 물체 관찰하기 탐구

① 볼록 렌즈 관찰 판 위로 물체를 움직이며 볼록 렌즈로 관찰한 물체의 모습

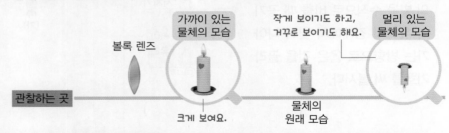

가까이 있는 물체의 모습

작게 보이기도 하고, 거꾸로 보이기도 해요.

멀리 있는 물체의 모습

볼록 렌즈

관찰하는 곳

크게 보여요.   물체의 원래 모습

② 볼록 렌즈로 관찰한 물체의 모습은 실제 물체보다 크거나 작게 보이기도 하고, 거꾸로 보이기도 합니다.

2 볼록 렌즈로 관찰한 물체의 특징

투명하고 가운데 부분이 가장자리보다 두꺼운 물체는 볼록 렌즈 구실을 할 수 있어요.

볼록 렌즈로 본 물체의 모습	볼록 렌즈 구실을 하는 물체
• 빛이 볼록 렌즈를 통과할 때 굴절하기 때문에 볼록 렌즈로 물체를 보면 실제 모습과 다르게 보임. • 볼록 렌즈로 관찰한 물체의 모습은 실제 물체보다 크거나 작게 보이기도 하고, 거꾸로 보이기도 함.	 ⬆ 풀잎에 매달린 물방울 ⬆ 유리 막대 ⬆ 유리구슬

1 다음은 어떤 렌즈를 설명한 내용입니다. ( ) 안에 들어갈 알맞은 말을 써 봅시다.

> 유리와 같이 투명한 물질로 만들어졌으며, 가운데 부분이 가장자리보다 두꺼운 렌즈를 ( ) 렌즈라고 한다.

( )

2 다음과 같이 레이저 지시기의 빛이 볼록 렌즈를 통과할 때 빛이 나아가는 모습으로 옳은 것을 두 가지 골라 기호를 써 봅시다.

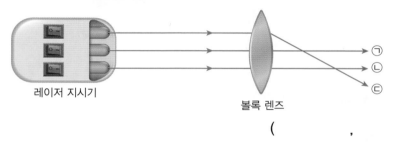

레이저 지시기   볼록 렌즈

(,)

3 볼록 렌즈로 관찰한 물체의 모습에 대한 설명으로 옳은 것에 ○표, 옳지 않은 것에 ×표 해 봅시다.

(1) 물체의 모습이 거꾸로 보이기도 한다. ( )
(2) 물체의 색이 검은색으로 바뀌어 보인다. ( )
(3) 물체의 모습은 실제보다 항상 큰 모습으로 보인다. ( )

4 다음 ( ) 안에 들어갈 알맞은 말에 각각 ○표 해 봅시다.

> • 곧게 나아가던 빛이 볼록 렌즈의 ㉠ (가장자리를, 가운데 부분을) 통과하면 빛은 두꺼운 쪽으로 꺾여 나아가고, ㉡ (가장자리를, 가운데 부분을) 통과하면 빛은 꺾이지 않고 그대로 나아간다.
> • 빛이 볼록 렌즈를 통과할 때 ㉢ (굴절, 반사)하기 때문에 볼록 렌즈로 물체를 보면 실제 모습과 ㉣ (똑같게, 다르게) 보인다.

5 우리 생활에서 볼록 렌즈 구실을 하는 물체의 예로 옳은 것을 **보기**에서 두 가지 골라 기호를 써 봅시다.

> **보기**
> ㉠ 물방울   ㉡ 평평한 유리판   ㉢ 유리구슬

(,)

공부한 내용을

 자신 있게 설명할 수 있어요.

 설명하기 조금 힘들어요.

어려워서 설명할 수 없어요.

우리 생활에서 볼록 렌즈를 어떻게 이용할까요
볼록 렌즈를 이용한 도구를 만들어 볼까요

실험 관찰

우리 생활에서 볼록 렌즈를 사용할 때 좋은 점

- 물체를 확대해서 볼 수 있어 작은 물체나 멀리 있는 물체를 자세히 관찰할 수 있습니다.
- 가까운 것이 잘 보이지 않는 사람의 시력을 교정하는 데 도움이 됩니다.
- 물체를 확대해서 볼 수 있으므로 섬세한 작업을 할 때 도움이 됩니다.

용어 사전

★ **전개도** 입체의 표면을 한 평면 위에 펴 놓은 모양을 나타낸 그림

바른답·알찬풀이 39 쪽

스스로 확인해요

『과학』109 쪽

1 곤충을 확대해서 관찰하거나 시계의 날짜를 확대해서 볼 때 (   ) 렌즈를 이용합니다.

2 (의사소통 능력) 다음과 같이 수술을 할 때 사용하는 의료용 장비에 볼록 렌즈를 이용하면 어떤 점이 좋은지 이야기해 봅시다.

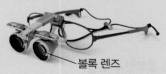
볼록 렌즈

『과학』 111 쪽

1 간이 사진기로 본 물체의 모습은 실제 모습과 (같습니다, 다릅니다).

2 (의사소통 능력) 볼록 렌즈를 이용해 어떤 도구를 만들고 싶은지 이야기해 봅시다.

❶ 볼록 렌즈를 이용하는 예 조사하기 탐구

이름	시계 확대경	돋보기안경	확대경
쓰임새	시계의 날짜를 확대해서 볼 때 쓰임.	책의 작은 글씨를 확대해서 볼 때 쓰임.	곤충과 같이 작은 물체를 관찰할 때 쓰임.
이름	망원경	사진기	현미경
쓰임새	멀리 있는 물체를 관찰할 때 쓰임.	빛을 모아 사진을 촬영할 때 쓰임.	작은 물체를 확대해서 관찰할 때 쓰임.

└ 이외에 휴대 전화 사진기는 빛을 모아 사진이나 영상을 촬영할 때 쓰이고, 의료용 장비는 수술 부위를 확대해서 볼 때 쓰여요.

❷ 볼록 렌즈를 이용해 간이 사진기 만들기 탐구

실험 동영상

탐구 과정

빛을 굴절시켜요.
볼록 렌즈

스크린 역할을 해요.
기름 종이

눈을 대고 보는 곳
겉 상자
속 상자

① 간이 사진기 전개도로 겉 상자를 만들고, 겉 상자의 구멍에 볼록 렌즈를 붙입니다.

② 속 상자를 만들고, 네모난 구멍이 뚫린 부분에 기름종이를 붙입니다.

③ 겉 상자에 속 상자를 넣어 간이 사진기를 완성합니다.

탐구 결과

숫자 '6'을 쓴 종이		물체	
실제 모습	간이 사진기로 관찰한 모습	실제 모습	간이 사진기로 관찰한 모습
6	9		

❸ 간이 사진기로 본 물체의 모습

1 간이 사진기로 관찰한 물체: 실제 물체의 모습과 상하좌우가 바뀌어 보입니다.

2 물체의 실제 모습과 간이 사진기로 관찰한 모습에 차이가 나는 까닭: 간이 사진기에 있는 볼록 렌즈에서 빛이 굴절하여 기름종이에 상하좌우가 바뀐 물체의 모습을 만들기 때문입니다.

1 다음은 우리 생활에서 볼록 렌즈를 이용하는 예에 대한 설명입니다. ( ) 안에 들어갈 알맞은 말에 ○표 해 봅시다.

(1) 망원경은 (가까이, 멀리) 있는 물체를 관찰하는 기구이다.

(2) (현미경, 사진기)은/는 작은 물체를 확대해서 관찰하는 기구이다.

(3) 확대경은 물체의 모습을 (축소해서, 확대해서) 관찰할 때 사용한다.

2 우리 생활에서 볼록 렌즈를 사용할 때 좋은 점으로 옳은 것에 ○표, 옳지 <u>않은</u> 것에 ×표 해 봅시다.

(1) 섬세한 작업을 할 때 도움이 된다. ( )

(2) 멀리 있는 것이 잘 보이지 않는 사람의 시력을 교정하는 데 도움을 준다.
( )

(3) 물체를 확대해서 볼 수 있어 작은 물체나 멀리 있는 물체를 자세히 관찰할 수 있다. ( )

3 다음은 간이 사진기를 만드는 과정입니다. ( ) 안에 들어갈 알맞은 말을 각각 써 봅시다.

(가) 간이 사진기 전개도로 겉 상자를 만들고, 겉 상자의 구멍 뚫린 부분에 (㉠)을/를 붙인다.

(나) 간이 사진기 전개도로 속 상자를 만들고, 속 상자의 네모난 구멍 뚫린 부분에 (㉡)을/를 붙인다.

(다) 겉 상자 속에 속 상자를 넣어 간이 사진기를 완성하고, 겉 상자를 움직이면서 물체를 관찰한다.

㉠: ( ), ㉡: ( )

4 글자 'ㄷ'과 숫자 '2'를 간이 사진기로 관찰했을 때의 모습으로 옳은 것끼리 선으로 이어 봅시다.

(1) ㄷ (2) 2

㉠ ㄷ ㉡ ㅁ ㉢ ㄱ ㉠ ㄹ ㉡ ㄹ ㉢ 2

5 단원

공부한 날

월

일

공부한 내용을

ㅇㅇ 자신 있게 설명할 수 있어요.

ㅡㅡ 설명하기 조금 힘들어요.

xx 어려워서 설명할 수 없어요.

01 다음은 볼록 렌즈에 대한 설명입니다. (   ) 안에 들어갈 알맞은 말을 각각 써 봅시다.

볼록 렌즈는 유리와 같이 (㉠   ) 물질로 만들어졌으며, 가운데 부분이 가장자리 부분보다 (㉡   ) 렌즈이다.

㉠: (   ), ㉡: (   )

중요
02 다음 중 볼록 렌즈에 빛을 비추었을 때 빛의 진행 모습으로 옳지 <u>않은</u> 것은 어느 것입니까?
(   )

①  ②

③ 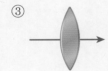 ④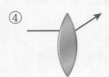

서술형
03 다음은 곧게 나아가던 빛이 볼록 렌즈를 통과했을 때에 대한 학생 (가)~(다)의 대화입니다. <u>잘못</u> 말한 학생은 누구인지 쓰고, 그 까닭을 설명해 봅시다.

• (가): 볼록 렌즈를 통과한 빛은 한곳으로 모일 수 있어.
• (나): 곧게 나아가던 빛이 볼록 렌즈의 가운데 부분을 통과하면 빛은 얇은 부분으로 꺾여 나아가.
• (다): 곧게 나아가던 빛이 볼록 렌즈의 가장자리를 통과하면 빛은 두꺼운 부분으로 꺾여 나아가.

[04~05] 다음은 볼록 렌즈 관찰 판 위로 물체를 움직이며, 물체를 관찰하는 모습입니다. 물음에 답해 봅시다.

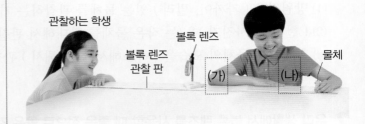

04 다음 중 실제 물체와 비교할 때 물체를 (가) 위치와 (나) 위치에서 관찰한 모습으로 옳게 짝 지은 것은 어느 것입니까? (   )

	(가)	(나)
①	작게 보임.	작게 보임.
②	작게 보임.	크게 보임.
③	크게 보임.	작게 보임.
④	크게 보임.	크게 보임.
⑤	같게 보임.	같게 보임.

중요
05 다음은 위 실험의 결과를 설명한 내용입니다. (   ) 안에 들어갈 알맞은 말을 각각 써 봅시다.

볼록 렌즈로 관찰한 물체의 모습은 실제보다 크거나 (㉠   ) 보이기도 하고, (㉡   ) 보이기도 합니다.

㉠: (   ), ㉡: (   )

06 다음 중 우리 생활에서 볼록 렌즈 구실을 하는 물체로 옳지 <u>않은</u> 것은 어느 것입니까? (   )
① 쇠구슬
② 유리 막대
③ 물이 담긴 둥근 어항
④ 풀잎에 매달린 물방울
⑤ 나무 가지에 매달린 고드름

→ 바른답·알찬풀이 40 쪽

07 다음은 렌즈를 이용한 여러 가지 기구입니다. 각각의 기구에 공통적으로 이용한 렌즈의 이름을 써 봅시다.

사진기   망원경   돋보기안경

(   )

08 다음 중 곤충을 관찰하려고 할 때 가장 적당한 기구는 어느 것입니까? (   )

①
시계 확대경

②
사진기

③
망원경

④
확대경

중요
09 다음 중 우리 생활에서 볼록 렌즈를 사용했을 때 좋은 점으로 옳은 것을 **보기**에서 두 가지 골라 기호를 써 봅시다.

보기

㉠ 섬세한 작업을 할 수 있다.
㉡ 물체를 축소해서 전체 모습을 확인할 수 있다.
㉢ 가까운 것이 잘 보이지 않는 사람의 시력을 교정할 수 있다.

(,   )

[10~12] 다음과 같은 간이 사진기를 만들어 물체를 관찰하는 실험을 했습니다. 물음에 답해 봅시다.

겉 상자
속 상자
㉠
㉡

10 위의 간이 사진기에서 실험 기구 ㉠과 ㉡의 이름을 각각 써 봅시다.

㉠: (   ), ㉡: (   )

11 오른쪽과 같은 글자를 간이 사진기로 관찰했을 때의 모습으로 옳은 것은 어느 것입니까? (   )

① ② ③ ④

중요
12 위 실험에서 간이 사진기로 물체를 보았을 때 관찰한 결과에 대한 설명으로 옳은 것을 **보기**에서 골라 기호를 써 봅시다.

보기

㉠ 실제 모습과 같게 보인다.
㉡ 물체가 검은색으로 보인다.
㉢ 실제 모습과 상하좌우가 바뀌어 보인다.

(   )

서술형
13 간이 사진기로 본 물체의 모습이 실제 모습과 다른 까닭을 설명해 봅시다.

....

....

5 단원
공부한 날
월
일

창의·융합 활동

빛의 굴절 현상을 이용한 마술 공연하기

과학 원리를 이용하면 마술을 할 수 있습니다. 물체의 모습이 사라지게 하거나 그림의 방향을 바꾸는 마술도 할 수 있습니다. 우리가 알고 있는 빛의 굴절 현상을 이용하면 어떤 마술을 할 수 있을까요? 빛의 굴절 현상을 이용해 신나는 마술 공연을 계획해 봅시다.

진행 방향의 반대 방향에서 나타나는 그림

그림

투명한 컵

나무 막대

물

↑ 그림을 붙인 나무 막대와 물을 부은 투명한 컵을 준비합니다.

↑ 나무 막대를 물을 부은 투명한 컵의 뒤로 가져가면 나무 막대의 진행 방향과 반대 방향에서 그림이 나타납니다.

빛의 굴절 현상

빛은 공기 중에서 물로 비스듬히 나아갈 때 공기와 물의 경계에서 꺾입니다. 빛은 공기 중에서 유리로 비스듬히 나아갈 때에도 공기와 유리의 경계에서 꺾입니다. 이렇게 서로 다른 물질의 경계에서 빛이 꺾여 나아가는 현상을 빛의 굴절이라고 합니다. 우리 생활에서는 빛의 굴절 때문에 나타나는 여러 가지 현상을 볼 수 있습니다. 물을 붓기 전에는 보이지 않던 컵 속의 동전이 컵에 물을 부으면 보이는 현상, 물이 담긴 컵 속의 젓가락이 꺾여 보이는 현상, 물에 잠긴 다리가 짧아 보이는 현상 등은 빛의 굴절에 의해 나타나는 현상입니다.

용어 사전

★ 마술 재빠른 손놀림이나 여러 가지 장치, 속임수 따위를 써서 불가사의한 일을 하여 보임.

★ 현상 사람이 알아서 깨달을 수 있는 사물의 모양이나 현재의 상태

❶ 빛의 굴절 현상을 이용한 마술 공연을 하기 위해 계획을 세워 봅시다.

예시 답안

우리 모둠의 마술 계획

준비물 •• 나무 막대, 그림, 물, 투명한 컵, 양면테이프

장면	방법	대사
1	나무 막대에 그림을 붙이고, 물을 부은 투명한 컵을 준비한다.	그림을 붙인 나무 막대와 물을 부은 투명한 컵을 준비해요.
2	나무 막대를 물을 부은 투명한 컵의 뒤로 가까이 가져간다.	나무 막대를 물을 부은 투명한 컵의 뒤로 가까이 가져가요.
3	나무 막대를 물을 부은 투명한 컵의 뒤로 점점 더 가까이 가져간다.	나무 막대의 진행 방향과 반대 방향에서 그림이 나타나요.

실험 동영상

마술 공연을 준비할 때의 도움말

· 마술은 하나의 공연이므로 재미있고 독창적인 이야기로 만들어요.
· 마술 공연을 실수 없이 하도록 충분히 연습해요.
· 공연을 하기 전에 준비물을 꼼꼼히 준비해요.

5
단원

공부한 날

월

일

활동꿀팁

시간이 너무 오래 걸리거나 준비물이 많이 필요한 마술보다는 간단히 할 수 있는 마술 공연을 계획해요.

❷ ❶에서 계획한 대로 마술을 해 보고, 예상과 다르거나 수정이 필요한 부분이 있으면 계획표를 수정해 봅시다.

예상과 다른 부분

예시 답안 그림의 크기가 컵보다 커서 반대 방향에서 나타나는 그림이 잘 보이지 않았다.

수정이 필요한 부분

예시 답안 컵보다 작은 크기의 그림을 사용한다.

활동꿀팁

마술은 하나의 공연이므로 그 원리를 생각하면서 재미있고 독창적으로 만들 수 있도록 수정해요.

❸ 모둠별로 준비한 마술 공연을 하고, 다른 모둠의 마술 공연에서 재미있었던 부분을 써 봅시다.

 예시 답안 다른 모둠에서는 화살표를 컵에 대고 물을 담으면 화살표의 방향이 반대가 되는 마술을 했는데, 화살표가 반대로 나타나는 모습이 흥미로웠다.

활동꿀팁

빛의 굴절 현상을 이용한 마술에는 동전이 사라지는 마술, 그림이 반대로 보이는 마술 등이 있어요.

교과서 쏙쏙

단원 마무리하기 (생각그물)

이렇게 정리해요

빈칸에 알맞은 말을 넣고, 『과학』 123 쪽에서 알맞은 붙임딱지를 찾아 붙여 내용을 정리해 봅시다.

프리즘을 통과한 햇빛의 모습

- **① [프리즘]** : 유리나 플라스틱 등으로 만든 투명한 삼각기둥 모양의 기구

- **프리즘을 통과한 햇빛**: 여러 가지 색의 빛으로 나타남.

- **햇빛의 특징**: 햇빛은 여러 가지 색의 빛으로 이루어져 있음.

프리즘을 통과한 햇빛

풀이 프리즘은 유리나 플라스틱 등으로 만든 투명한 삼각기둥 모양의 기구입니다.

물과 유리를 통과하는 빛

- **빛의 ② [굴절]** : 서로 다른 물질의 경계에서 빛이 꺾여 나아가는 현상

- **물과 유리를 통과하는 빛**

빛을 수면에 비스듬하게 비출 때	빛을 유리 면에 비스듬하게 비출 때

빛이 공기와 물의 경계에서 **③ [굴절]** 함.	빛이 공기와 유리의 경계에서 굴절함.

풀이 서로 다른 물질의 경계에서 빛이 꺾여 나아가는 현상을 빛의 굴절이라고 합니다. 빛을 수면에 비스듬하게 비추면 빛이 공기와 물의 경계에서 굴절합니다. 또, 빛을 유리 면에 비스듬하게 비추면 빛이 공기와 유리의 경계에서도 굴절합니다.

볼록 렌즈를 통과하는 빛

● 볼록 렌즈를 통과하는 빛

곧게 나아가던 빛이 볼록 렌즈의 가장자리를 통과하면 빛은 두꺼운 쪽으로 **④ 굴절함** .

곧게 나아가던 빛이 볼록 렌즈의 가운데 부분을 통과하면 빛은 **⑤ 굴절하지 않음** .

풀이 곧게 나아가던 빛이 볼록 렌즈의 가장자리를 통과하면 빛은 두꺼운 쪽으로 굴절하고, 볼록 렌즈의 가운데 부분을 통과하면 빛은 굴절하지 않습니다.

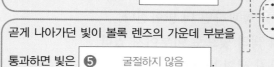

● 볼록 렌즈로 관찰한 물체의 모습: 실제 물체보다 크거나 작게 보일 때도 있고, 거꾸로 보일 때도 있음.

빛과 렌즈

볼록 렌즈의 이용

● 우리 생활에서 볼록 렌즈를 사용하는 예

시계의 날짜를 확대해서 볼 때

책을 읽을 때

곤충을 관찰할 때

● 우리 생활에서 볼록 렌즈를 이용해 만든 기구

사진기

굴절 망원경

현미경

풀이 볼록 렌즈를 이용해 만든 기구에는 사진기, 현미경 외에도 망원경, 쌍안경, 휴대 전화 사진기 등이 있습니다.

아름다운 세상을 찾아 주는 안경사

『과학』 116 쪽

안경사는 시력 검사를 통해 시력이 좋지 않은 사람에게 적합한 안경을 만들어 주는 일을 합니다. 안경사는 시력을 정확하게 측정하기 위해 다양한 검사를 하고, 검사 결과에 맞춰 안경을 만듭니다. 안경을 만들 때에는 다양한 렌즈를 사용하는데, 빛이 굴절하여 시력을 교정할 수 있습니다. 또, 안경사는 안경이나 콘택트렌즈의 세척 방법 및 착용 방법을 알려 주고, 시력을 보호하기 위한 눈 관리법에 대해 조언하기도 합니다.

창의적으로 생각해요

안경사가 되기 위해 필요한 역량을 이야기해 봅시다.

예시 답안 안경사는 고객에게 안경과 콘택트렌즈를 처방하고 맞추어 주며, 시력 보조 기구의 사용법을 알려 주어야 하므로 과학적 의사소통 능력이 필요하다. 안경사는 고객의 시력을 측정하고 교정시력을 확인한 다음 교정 도수를 결정하고 고객에게 적합한 안경이나 콘택트렌즈를 선택하므로 과학적 문제 해결력이 필요하다. 등

1 다음 중 프리즘을 통과한 햇빛을 흰색 종이에 비추었을 때 나타난 모습으로 알 수 있는 것은 어느 것입니까? (④)

① 햇빛은 프리즘을 통과하지 못한다.

② 햇빛은 프리즘을 통과하면 더 밝아진다.

③ 햇빛은 한 가지 색의 빛으로 이루어져 있다.

④ 햇빛은 여러 가지 색의 빛으로 이루어져 있다.

⑤ 햇빛이 한 개의 프리즘을 통과하면 한 점으로 모인다.

풀이 햇빛이 프리즘을 통과하면 흰색 종이에 여러 가지 색의 빛으로 나타납니다. 이것으로 보아 햇빛이 여러 가지 색의 빛으로 이루어져 있다는 것을 알 수 있습니다.

2 다음 중 레이저 지시기의 빛이 공기 중에서 물속으로 나아가는 모습을 옳게 나타낸 것을 골라 기호를 써 봅시다.

㉠ 레이저 지시기 ㉡ ㉢

공기

물

(㉡)

풀이 레이저 지시기의 빛을 수면에 비스듬하게 비추면 빛이 공기와 물의 경계에서 꺾여 나아갑니다.

3 다음은 동전을 넣은 컵에 물을 붓지 않았을 때와 물을 부었을 때의 모습을 나타낸 것입니다. 이와 관련된 빛의 성질을 써 봅시다.

물을 붓지 않았을 때의 모습 물을 부었을 때의 모습

(빛의 굴절)

풀이 컵에 물을 붓기 전에는 보이지 않던 동전이 물을 부으면 보이는데, 이것은 컵에 물을 부으면 빛이 물에서 공기 중으로 나올 때 굴절되어 눈으로 들어오기 때문입니다.

4 다음과 같이 볼록 렌즈에 레이저 지시기로 빛을 비출 때, 볼록 렌즈를 통과하는 빛이 나아가는 모습을 옳게 선으로 연결해 봅시다.

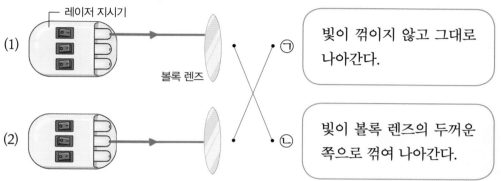

빛이 꺾이지 않고 그대로 나아간다.

빛이 볼록 렌즈의 두꺼운 쪽으로 꺾여 나아간다.

풀이 곧게 나아가던 레이저 지시기의 빛이 볼록 렌즈의 가장자리를 통과하면 빛은 두꺼운 쪽으로 굴절하고, 볼록 렌즈의 가운데 부분을 통과하면 빛은 굴절하지 않고 그대로 나아갑니다.

5
단원

공부한 날

월

일

5 간이 사진기에 대한 설명으로 옳은 것을 보기 에서 두 가지 골라 기호를 써 봅시다.

　보기

㉠ 속 상자에 붙인 기름종이는 빛이 굴절하게 하는 역할을 한다.
㉡ 간이 사진기로 본 물체의 모습은 실제 물체의 모습과 다르다.
㉢ 간이 사진기로 물체를 보면 기름종이에서 물체의 모습을 볼 수 있다.

(　㉡　 , 　㉢　)

풀이 간이 사진기의 속 상자에 붙인 기름종이는 물체의 모습이 맺히게 하는 스크린 역할을 합니다.

💡 사고력 　🔍 탐구 능력

6 오른쪽 사진기에서 볼록 렌즈가 쓰인 부분에 ○표 하고, 볼록 렌즈의 쓰임새를 설명해 봅시다.

예시 답안 사진기에서 볼록 렌즈는 빛을 모아 사진을 촬영할 때 쓰인다.

풀이 볼록 렌즈에서는 빛이 굴절하여 빛을 모을 수 있습니다.

그림으로 단원 정리하기

● 그림을 보고, 빈칸에 알맞은 내용을 써 봅시다.

01 프리즘을 통과한 햇빛의 모습
G 116 쪽

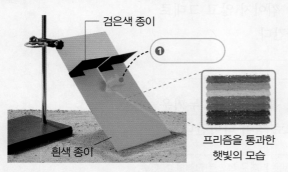

검은색 종이
❶
흰색 종이
프리즘을 통과한 햇빛의 모습

• 햇빛이 프리즘을 통과하면 여러 가지 색의 빛으로 나타납니다.
• 햇빛은 여러 가지 색의 빛으로 이루어져 있습니다.

02 물과 유리를 통과하는 빛
G 118 쪽

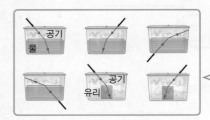

공기
물
공기
유리

❷ _____ 하게 비춘 빛은 서로 다른 물질의 경계에서 꺾여 나아감.

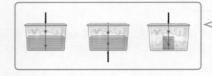

수직하게 비춘 빛은 서로 다른 물질의 경계에서 꺾이지 않고 그대로 나아감.

03 빛의 굴절 현상
G 118 쪽

• 빛의 굴절: 서로 다른 물질의 경계에서 빛이 꺾여 나아가는 현상
• 빛의 굴절 현상의 예

물을 부으면 보이는 동전

물을 붓지 않았을 때 → 물을 부었을 때

물을 부으면 빛이 ❸ _____ 하기 때문에 안 보이던 동전이 보임.

꺾여 보이는 빨대

물을 붓지 않았을 때 → 물을 부었을 때

물을 부으면 빛이 ❹ _____ 하기 때문에 반듯한 빨대가 꺾여 보임.

04 볼록 렌즈를 통과한 빛의 진행 모습
G 122 쪽

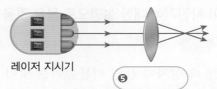

레이저 지시기
❺ _____

곧게 나아가던 빛이 볼록 렌즈의 가장자리를 통과하면 빛은 두꺼운 쪽으로 꺾여 나아가고, 가운데 부분을 통과하면 그대로 나아갑니다.

05 볼록 렌즈로 관찰한 물체의 모습
G 122 쪽

❻ _____ 있는 물체의 모습
❼ _____ 있는 물체의 모습

물체의 원래 모습
볼록 렌즈
관찰하는 곳

볼록 렌즈로 관찰한 물체의 모습은 실제보다 크거나 작게 보이기도 하고, 거꾸로 보이기도 합니다.

06 볼록 렌즈를 이용하는 예

G 124 쪽

시계 확대경	⑧	확대경
시계의 날짜를 확대해서 볼 때 쓰임.	책의 작은 글씨를 확대해서 볼 때 쓰임.	곤충과 같이 작은 물체를 관찰할 때 쓰임.
망원경	사진기	⑨
멀리 있는 물체를 관찰할 때 쓰임.	빛을 모아 사진을 촬영할 때 쓰임.	작은 물체를 확대해서 관찰할 때 쓰임.

5 단원

공부한 날

월

일

07 간이 사진기 만들기

G 124 쪽

눈을 대고 보는 곳 ——

① 간이 사진기 전개도로 겉 상자를 만들고, 겉 상자의 구멍에 볼록 렌즈를 붙입니다.

② 속 상자를 만들고, 네모난 구멍이 뚫린 부분에 기름종이를 붙입니다.

③ 겉 상자에 속 상자를 넣어 간이 사진기를 완성합니다.

08 간이 사진기로 본 물체의 모습

G 124 쪽

숫자 '6'을 쓴 종이	
실제 모습	간이 사진기로 관찰한 모습
6	9

물체	
실제 모습	간이 사진기로 관찰한 모습

간이 사진기로 물체를 보면 실제 물체의 모습과 ⑫ 이/가 바뀌어 보입니다.

정답 확인

[01~02] 오른쪽과 같이 장치한 후 햇빛의 특징을 알아보기 위한 실험을 했습니다. 물음에 답해 봅시다.

흰색 종이
검은색 종이
프리즘
?

01 위 실험에 대한 설명으로 옳은 것은 어느 것입니까? ( )

① 햇빛이 있는 맑은 날에 실험한다.
② 프리즘 대신 거울을 사용할 수 있다.
③ 햇빛이 너무 강한 날에는 실내에서 실험한다.
④ 검은색 종이는 최대한 얇은 것으로 준비한다.
⑤ 흰색 종이에 프리즘을 통과한 햇빛의 그림자가 생긴다.

02 위 실험을 통해 알 수 있는 햇빛의 특징에 대한 설명으로 옳은 것을 [보기]에서 골라 기호를 써 봅시다.

보기
㉠ 그림자가 생기는 현상을 설명할 수 있다.
㉡ 햇빛은 여러 가지 색의 빛으로 이루어져 있다.
㉢ 프리즘을 통과한 햇빛은 한 가지 색의 빛으로 나타난다.

( )

03 빛이 서로 다른 물질의 경계에서 꺾여 나아가는 경우를 [보기]에서 두 가지 골라 기호를 써 봅시다.

보기
㉠ 공기 중에서 물로 비스듬히 나아갈 때
㉡ 물에서 공기 중으로 수직으로 나아갈 때
㉢ 공기 중에서 유리로 비스듬히 나아갈 때

(,)

04 오른쪽은 물이 담긴 컵 속의 젓가락이 꺾여 보이는 모습입니다. 이 현상과 관련 있는 빛의 성질은 무엇인지 써 봅시다.

( )

05 다음 중 볼록 렌즈에 대한 설명으로 옳지 <u>않은</u> 것은 어느 것입니까? ( )

① 볼록 렌즈는 투명한 물질로 만든다.
② 볼록 렌즈를 통과한 빛은 한 곳으로 모일 수 없다.
③ 볼록 렌즈는 가운데 부분이 가장자리보다 두꺼운 렌즈이다.
④ 곧게 나아가던 나란한 빛이 볼록 렌즈의 가운데 부분을 통과하면 빛은 굴절하지 않고 그대로 나아간다.
⑤ 곧게 나아가던 나란한 빛이 볼록 렌즈의 가장자리를 통과하면 빛은 두꺼운 쪽으로 굴절하여 꺾여 나아간다.

06 다음과 같이 레이저 지시기의 빛이 볼록 렌즈를 통과할 때 빛이 나아가는 모습으로 옳은 것을 골라 기호를 써 봅시다.

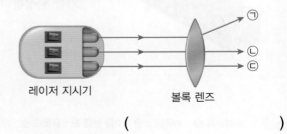
레이저 지시기
볼록 렌즈
㉠
㉡
㉢

( )

→ 바른답·알찬풀이 41 쪽

07 다음 중 볼록 렌즈로 물체를 보았을 때의 모습으로 옳지 <u>않은</u> 것은 어느 것입니까? (　　　)

① 실제 모습과 다르게 보인다.

② 실제 모습보다 작게 보이기도 한다.

③ 실제 모습보다 크게 보이기도 한다.

④ 실제 모습과 좌우만 바뀌어 보이기도 한다.

⑤ 실제 모습과 상하좌우가 바뀌어 보이기도 한다.

08 오른쪽과 같이 유리 막대로 책의 글자를 보았더니 글자가 실제보다 크게 보였습니다. 글자가 크게 보인 까닭은 유리 막대가 어떤 기구의 구실을 했기 때문인지 써 봅시다.

(　　　　　　　　)

09 다음은 여러 가지 기구를 나타낸 것입니다. 이 기구들에 공통으로 이용된 렌즈의 특징으로 옳은 것을 **보기**에서 골라 기호를 써 봅시다.

망원경　　　　사진기　　　　확대경

보기

㉠ 빛을 퍼지게 한다.

㉡ 빛을 한곳에 모을 수 있다.

㉢ 렌즈의 가운데 부분이 가장자리보다 얇다.

(　　　　　　　　)

10 다음은 현미경에 대한 학생 (가)~(다)의 대화입니다. 옳게 말한 학생은 누구인지 써 봅시다.

- (가): 프리즘을 이용한 기구야.
- (나): 망원경과 같은 용도로 이용되고 있어.
- (다): 작은 물체의 모습을 확대해서 자세히 관찰할 수 있어.

(　　　　　　　　)

[11~12] 다음은 겉 상자에 속 상자를 넣어 간이 사진기를 완성한 모습입니다. 물음에 답해 봅시다.

속 상자　　겉 상자　　볼록 렌즈

11 다음 (　　) 안에 들어갈 알맞은 말을 각각 써 봅시다.

간이 사진기의 겉 상자에 있는 볼록 렌즈에서 빛이 (　㉠　)하여 속 상자에 있는 (　㉡　)에 물체의 모습이 만들어진다.

㉠: (　　　　　　　), ㉡: (　　　　　　　)

12 오른쪽과 같은 물체를 간이 사진기로 관찰했을 때의 모습으로 옳은 것은 어느 것입니까? (　　　)

①　　　②　

③　　　④

서술형 문제 ·······························

13 다음은 실험에서 프리즘을 통과한 햇빛이 흰색 종이에 나타난 모습을 보고 그린 것입니다. 이를 통해 알 수 있는 햇빛의 특징을 설명해 봅시다.

....

....

14 다음은 공기와 유리의 경계에서 빛이 나아가는 모습을 관찰하기 위한 실험 장치를 나타낸 것입니다. 수조 안에 향 연기를 넣는 까닭과 공기와 유리의 경계에서 비스듬하게 비춘 레이저 지시기의 빛이 어떻게 나아가는지 설명해 봅시다.

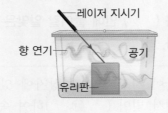

....

....

15 다음은 레이저 지시기의 빛이 볼록 렌즈를 통과할 때의 모습을 나타낸 것입니다. 빛의 진행 모습이 옳지 **않은** 것을 골라 기호를 쓰고, 그 까닭을 설명해 봅시다.

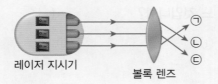

....

....

16 다음과 같이 볼록 렌즈 관찰 판 위에서 물체를 움직이며, 물체의 모습을 관찰했습니다. 이때 볼록 렌즈로 관찰한 물체의 모습은 실제 물체와 어떻게 다를지 설명해 봅시다.

....

....

17 우리 생활에서 볼록 렌즈를 사용할 때 좋은 점을 세 가지 설명해 봅시다.

....

....

18 다음은 간이 사진기에 대한 학생 (가)~(다)의 대화입니다. 잘못 말한 학생을 쓰고, 옳게 고쳐 봅시다.

....

....

01

오른쪽은 두 물질의 경계에서 빛이 나아가는 모습을 관찰하기 위한 실험을 나타낸 것입니다.

레이저 지시기 — 공기 / 물
공기와 물의 경계

레이저 지시기 — 공기 / 유리
공기와 유리의 경계

(1) 위 실험에서 ㉠~㉮과 같이 여러 각도로 레이저 지시기의 빛을 비췄을 때 빛이 나아가는 방향을 각각 화살표로 그려 봅시다.

㉠ 공기 / 물

㉡

㉢

㉣ 공기 / 유리

㉤

㉥

(2) 위 실험을 통해 알 수 있는 사실을 설명해 봅시다.

_____

_____

성취 기준

빛이 유리나 물, 볼록 렌즈를 통과하면서 굴절되는 현상을 관찰하고 관찰한 내용을 그림으로 표현할 수 있다.

출제 의도

공기와 물, 공기와 유리와 같이 서로 다른 물질의 경계에서 빛이 나아가는 모습을 관찰하고 확인하는 문제예요.

관련 개념

물과 유리를 통과하는 빛 관찰하기　G 118 쪽

5
단원

공부한 날

월

일

02

다음은 간이 사진기를 만들어 물체를 관찰하는 실험 과정입니다.

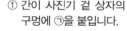
① 간이 사진기 겉 상자의 구멍에 ㉠을 붙입니다.

② 간이 사진기 속 상자의 구멍에 ㉡을 붙입니다.

겉 상자 / 속 상자 / 눈을 대고 보는 곳
③ 겉 상자에 속 상자를 넣어 간이 사진기를 완성합니다.

(1) 위 실험에서 ㉠, ㉡에 해당하는 실험 기구의 이름을 각각 써 봅시다.

㉠: (　　　　　　　　　), ㉡: (　　　　　　　　　)

(2) 오른쪽과 같이 간이 사진기로 물체를 보았더니 실제 물체의 모습과 다르게 보였습니다. 그 까닭을 빛의 굴절과 관련지어 설명해 봅시다.

실제 모습

간이 사진기로 관찰한 모습

_____

_____

성취 기준

볼록 렌즈를 이용하여 물체의 모습을 관찰하고 볼록 렌즈의 쓰임새를 조사할 수 있다.

출제 의도

볼록 렌즈를 이용한 간이 사진기를 만들어 보고, 볼록 렌즈에서 빛의 굴절로 인해 물체의 모습이 실제와 다르게 보이는 것을 설명하는 문제예요.

관련 개념

볼록 렌즈를 이용해 간이 사진기 만들기　G 124 쪽

01 오른쪽과 같이 장치하여 햇빛의 특징을 알아보기 위한 실험을 할 때 (가)에 대한 설명으로 옳은 것을 **보기** 에서 골라 기호를 써 봅시다.

검은색 종이

(가)

흰색 종이

보기

㉠ 불투명하다.
㉡ 유리나 플라스틱 등으로 만든다.
㉢ 가운데 부분이 가장자리보다 두껍다.

(   )

02 다음 중 프리즘을 통과한 햇빛의 관찰에 대한 설명으로 옳은 것은 어느 것입니까? (   )

① 그림자가 생기는 현상을 설명할 수 있다.
② 프리즘 대신 셀로판종이를 사용할 수 있다.
③ 햇빛이 눈에 직접 닿지 않도록 운동장보다는 실내에서 실험해야 한다.
④ 비가 내린 뒤 볼 수 있는 무지개, 등대의 불빛 등과 같은 현상이 나타난다.
⑤ 프리즘을 통과한 햇빛을 통해 햇빛은 여러 가지 색의 빛으로 이루어져 있음을 알 수 있다.

03 다음 중 레이저 지시기의 빛이 나아가는 모습으로 옳은 것은 어느 것입니까? (   )

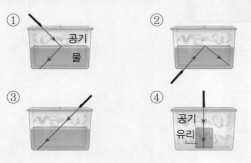

04 오른쪽은 컵에 물을 붓기 전에는 보이지 않던 동전이 물을 부었더니 보이는 모습입니다. 동전이 보이는 까닭으로 옳은 것은 어느 것입니까? (   )

① 빛이 물속에 머물러 있기 때문이다.
② 빛이 물과 공기의 경계에서 반사되기 때문이다.
③ 빛이 물과 공기의 경계에서 직진하기 때문이다.
④ 빛이 물과 공기의 경계에서 굴절하기 때문이다.
⑤ 빛이 물과 공기의 경계에서 수직으로 나아가기 때문이다.

05 다음은 어떤 렌즈에 대한 설명입니다. 이 렌즈는 무엇인지 써 봅시다.

유리와 같이 투명한 물질로 만들어졌으며, 가운데 부분이 가장자리보다 두꺼운 렌즈이다.

(   )

06 다음 중 볼록 렌즈를 통과하는 빛이 진행하는 모습으로 옳은 것은 어느 것입니까? (   )

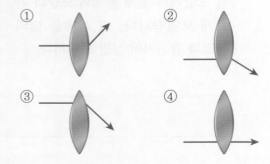

→ 바른답·알찬풀이 44 쪽

07 다음은 볼록 렌즈로 물체를 보았을 때의 모습에 대한 학생 (가)~(다)의 대화입니다. 옳게 말한 학생은 누구인지 써 봅시다.

볼록 렌즈로 가까이 있는 물체를 보면 실제보다 작게 보여.

볼록 렌즈로 물체를 보면 실제보다 항상 크게 보여.

볼록 렌즈로 물체를 보면 거꾸로 보이기도 해.

(가)　　　　(나)　　　　(다)

(　　　　　　　　　　)

08 다음 중 우리 생활에서 볼록 렌즈 구실을 하는 물체로 옳지 <u>않은</u> 것은 어느 것입니까? (　　　)

①
풀잎에 매달린 물방울

②
물이 담긴 둥근 어항

③
거울

④
유리구슬

09 볼록 렌즈를 사용하여 멀리 있는 물체를 관찰할 때 쓰이는 기구를 써 봅시다.

(　　　　　　　　　　)

10 돋보기를 사용해 글자를 확대해서 보는 방법으로 옳은 것을 **보기**에서 골라 기호를 써 봅시다.

보기
㉠ 글자를 멀리서 본다.
㉡ 글자를 가까이에서 본다.
㉢ 글자를 보는 거리에 관계없이 항상 확대되어 보인다.

(　　　　　　　　　　)

11 다음과 같은 간이 사진기에 대한 설명으로 옳은 것은 어느 것입니까? (　　　)

속 상자
겉 상자

① 볼록 렌즈와 거울로 구성되어 있다.
② 볼록 렌즈에 물체의 모습이 나타난다.
③ 사진을 찍어서 종이로 출력할 수 있다.
④ 속 상자에 붙인 거울은 스크린의 역할을 한다.
⑤ 간이 사진기로 물체를 보면 실제 물체의 모습과 상하좌우가 바뀌어 보인다.

12 다음과 같은 글자를 간이 사진기로 관찰했을 때 어떻게 보이는지 빈칸에 그려 봅시다.

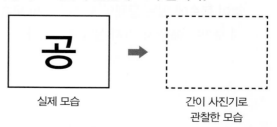

공

실제 모습　　　　간이 사진기로 관찰한 모습

5 단원

공부한 날
월
일

서술형 문제

13 비가 내린 뒤 햇빛이 공기 중에 있는 물방울을 통과할 때 무지개가 나타납니다. 이 현상으로 알 수 있는 햇빛의 특징을 설명해 봅시다.

....

....

14 오른쪽과 같은 실험 장치를 이용해 공기와 물의 경계에서 빛이 나아가는 모습을 관찰한 결과가 다음과 같았습니다. 이때 수조 위에서 레이저 지시기의 빛을 어떻게 비추었는지 설명해 봅시다.

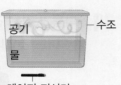

공기 ─ 수조
물
레이저 지시기

> 레이저 지시기의 빛을 수조 위쪽에서 아래쪽으로 비추었더니 빛이 공기와 물의 경계에서 꺾이지 않고 그대로 나아갔다.

....

....

15 물속에 잠긴 다리가 실제보다 짧아 보이는 현상과 같이 물속에 있는 물체의 모습이 실제 모습과 다르게 보이는 예를 세 가지 설명해 봅시다.

....

....

16 다음은 우리 생활에서 볼록 렌즈 구실을 하는 물체들입니다. 이 물체들의 공통점을 설명해 봅시다.

물방울   유리 막대   유리구슬

....

....

17 다음은 볼록 렌즈를 이용해 만든 돋보기안경입니다. 돋보기안경을 사용했을 때 좋은 점을 설명해 봅시다.

....

....

18 다음 숫자를 간이 사진기로 관찰했을 때의 모습을 빈칸에 그리고, 그 까닭을 간이 사진기에 물체가 보이는 원리로 설명해 봅시다.

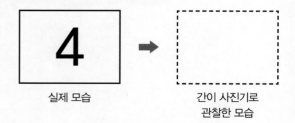

실제 모습   간이 사진기로
관찰한 모습

....

....

01 다음은 ㉠을 통과한 햇빛이 흰색 종이에 나타난 모습을 관찰하기 위한 실험입니다.

흰색 종이

검은색 종이

㉠

?

(1) 위 실험에서 투명한 삼각기둥 모양의 ㉠은 무엇인지 써 봅시다.

(   )

(2) ㉠을 통과한 햇빛이 흰색 종이에 나타난 모습을 쓰고, 햇빛의 특징을 설명해 봅시다.

_____

_____

성취 기준

햇빛이 프리즘에서 다양한 색으로 나타나는 현상을 관찰하여, 햇빛이 여러 가지 색의 빛으로 되어 있음을 설명할 수 있다.

출제 의도

프리즘을 통과한 햇빛을 관찰하여, 햇빛에는 여러 가지 색의 빛이 섞여 있음을 관찰하고 확인하는 문제예요.

관련 개념

프리즘으로 만든 무지개 관찰하기   G 116 쪽

5
단원

공부한 날

월

일

02 다음은 레이저 지시기의 빛을 볼록 렌즈에 비추었을 때 빛이 나아가는 모습을 관찰하는 실험입니다.

빛의 진행 모습

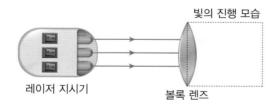

레이저 지시기

볼록 렌즈

(1) 위 실험에서 레이저 지시기의 빛이 볼록 렌즈를 통과한 후 나아가는 모습을 ☐ 안에 그려 봅시다.

(2) (1)에서 알 수 있는 사실 세 가지를 설명해 봅시다.

_____

_____

성취 기준

빛이 유리나 물, 볼록 렌즈를 통과하면서 굴절되는 현상을 관찰하고 관찰한 내용을 그림으로 표현할 수 있다.

출제 의도

빛이 볼록 렌즈를 통과하면서 굴절되는 현상을 그림으로 표현하고, 설명하는 문제예요.

관련 개념

볼록 렌즈를 통과하는 빛 관찰하기   G 122 쪽

여러 가지 실험 기구

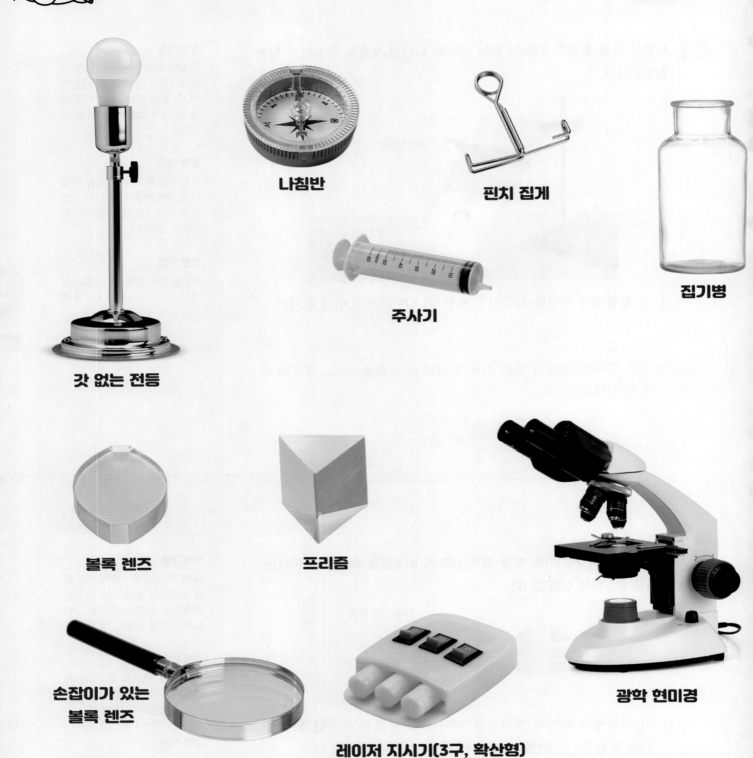

갓 없는 전등

나침반

핀치 집게

집기병

주사기

볼록 렌즈

프리즘

광학 현미경

손잡이가 있는
볼록 렌즈

레이저 지시기(3구, 확산형)

문장제 해결력 강화

문제해결의길잡이

문해길 시리즈는

문장제 해결력을 키우는 상위권 수학 학습서입니다.

문해길은 8가지 문제 해결 전략을 익히며

수학 사고력을 향상하고,

수학적 성취감을 맛보게 합니다.

이런 성취감을 맛본 아이는

수학에 자신감을 갖습니다.

수학의 자신감, 문해길로 이루세요.

문해길 원리를 공부하고, 문해길 심화에 도전해 보세요!
원리로 닦은 실력이 심화에서 빛이 납니다.

문해길 원리	문해길 심화
문장제 해결력 강화	고난도 유형 해결력 완성
1~6학년 학기별 [총12책]	1~6학년 학년별 [총6책]

공부력 강화 프로그램

공부력은 초등 시기에 갖춰야 하는 기본 학습 능력입니다.
공부력이 탄탄하면 언제든지 학습에서 두각을 나타낼 수 있습니다.
초등 교과서 발행사 미래엔의 공부력 강화 프로그램은
초등 시기에 다져야 하는 공부력 향상 교재입니다.

초등 코어

바른답·알찬풀이

과학 6·1

iraeN 에듀

❶ 핵심 개념을 비주얼로 이해하는 **탄탄한 초코!**
❷ 기본부터 응용까지 공부가 즐거운 **달콤한 초코!**
❸ 온오프 학습 시스템으로 실력이 쌓이는 **신나는 초코!**

바른답·알찬풀이

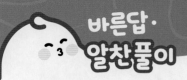
1 과학자처럼 탐구해 볼까요

1 탐구 문제를 정하고 가설을 세워 볼까요

문제로 개념 탄탄
8 쪽

1 ⓒ **2** (1) × (2) ○ (3) ×

1 관찰한 사실이나 경험 등을 바탕으로 하여 탐구 문제에 대해 내려 보는 잠정적인 결론을 가설이라고 합니다.

2 (1) 가설은 탐구 문제에 대한 잠정적인 결론이므로 탐구 문제와 관련 있는 내용이어야 합니다.
(2) 가설은 탐구를 통해 알아보려는 내용이 분명하게 드러나야 합니다.
(3) 가설은 누구나 이해하기 쉽고 간결하게 표현해야 합니다.

2 실험을 계획해 볼까요

문제로 개념 탄탄
9 쪽

1 양초 심지의 굵기 **2** ③

1 제시된 가설이 맞는지 확인하려면 실험에서 양초 심지의 굵기를 다르게 해야 합니다.

2 탐구 문제를 정하고 가설을 세운 뒤 가설이 맞는지 확인하기 위해 실험 계획을 세웁니다.

3 실험을 해 볼까요

문제로 개념 탄탄
10 쪽

1 (나) → (다) → (가) **2** (1) ○ (2) ×

1 모양과 크기가 같은 양초 세 개에 굵기가 다른 심지를 각각 넣고, 양초를 나란히 놓은 뒤 불을 붙여 촛불의 길이를 측정합니다.

2 (1) 실험하는 동안 안전 수칙을 철저히 지켜야 합니다.
(2) 실험한 내용을 있는 그대로 기록하고, 실험 결과가 예상과 다르더라도 고치지 않습니다.

4 실험 결과를 변환하고 해석해 볼까요

문제로 개념 탄탄
11 쪽

1 ⑤ **2** 자료 변환

1 표는 많은 양의 자료를 체계적으로 정리할 수 있습니다.

2 실험 결과로 얻은 자료를 그림, 표, 그래프 등으로 바꾸어 나타내는 것을 자료 변환이라고 합니다.

5 결론을 내려 볼까요

문제로 개념 탄탄
12 쪽

1 결론 **2** (1) ⓒ (2) ⑤

1 실험 결과를 정리하고 해석하여 가설이 옳은지 판단하고, 이를 바탕으로 하여 결론을 이끌어 냅니다.

2 (1) 실험 결과가 가설과 다르다면 가설을 수정하고 탐구를 다시 시작합니다.
(2) 탐구를 마친 뒤 새로운 탐구 문제를 정해 새로운 탐구를 시작합니다.

단원 평가
13~15 쪽

01 ⓒ **02** ⑤
03 ⑤ 다르게, ⓒ 같게 **04** (나)
05 ⓒ **06** ④
07 ⑤ 30, ⓒ 심지 지름 3 mm **08** (나)
09 가설 수정 **10** ⓒ

서술형 문제

11 **예시 답안** 양초 심지의 굵기가 굵을수록 양초가 잘 타서 촛불의 길이가 길 것이다.

12 (1) 굵기 (2) **예시 답안** 굵기가 다른 양초 심지를 각각의 양초에 꽂고, 불을 붙인 뒤 사진을 찍어 촛불의 길이를 측정한다.

13 **예시 답안** 막대그래프, 촛불의 길고 짧음을 한눈에 비교할 수 있다.

14 **예시 답안** 양초 심지의 굵기가 굵을수록 촛불의 길이가 길다.

15 **예시 답안** 실험 계획을 세운다.

01 가설은 탐구를 통해 알아보려는 내용이 분명하게 드러나야 합니다. 또, 가설은 탐구를 통해 맞는지 확인할 수 있어야 합니다.

02 실험 계획을 세울 때 실험 결과는 정하지 않습니다.

03 실험을 통해 알아보고자 하는 하나의 조건을 다르게 해야 할 조건으로 정하고, 그것을 제외한 나머지는 모두 같게 합니다.

04 실험에서 다르게 해야 할 조건은 양초 심지의 굵기이므로 (나)에서 양초 세 개의 구멍에 굵기가 다른 양초 심지를 각각 넣어야 합니다.

05 ⓒ 실험하면서 관찰하거나 측정한 것을 그대로 기록하고, 실험 결과가 예상과 다르더라도 고치지 않습니다.

왜 틀린 답일까?

㉠ 실험하는 동안 안전 수칙을 철저히 지켜야 합니다.
ⓛ 더 정확한 실험 결과를 얻으려면 반복하여 실험합니다.

06 그래프는 실험 조건과 실험 결과의 관계를 한눈에 알아보기 쉽게 나타낼 수 있습니다.

07

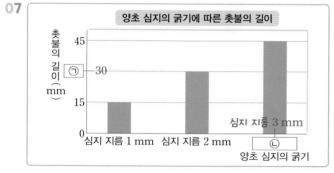

㉠은 양초 심지의 굵기가 심지 지름 2 mm일 때 촛불의 길이이므로 '30'이고, ⓛ은 촛불의 길이가 45일 때 양초 심지의 굵기이므로 '심지 지름 3 mm'입니다.

08 실험하는 동안 변인이 잘 통제되지 않았다면 실험 방법을 고쳐 다시 실험합니다.

09

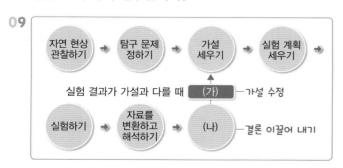

실험 결과가 가설과 다르다면 가설을 수정하고 탐구를 다시 시작합니다.

10 (나)는 '결론 이끌어 내기'입니다. 실험 결과를 정리하고 해석하여 가설이 옳은지 판단하고, 이를 바탕으로 하여 결론을 이끌어 냅니다.

11 가설은 탐구에 대해 내려 보는 잠정적인 결론입니다.

채점 기준	
상	양초 심지의 굵기가 굵을수록 촛불의 길이가 길어진다고 가설을 세운 경우
중	양초 심지의 굵기에 따라 촛불의 길이가 달라진다고 가설을 세운 경우

12 (1) 실험 과정 ②로부터 다르게 해야 할 조건이 양초 심지의 굵기임을 알 수 있습니다.
(2) 굵기가 다른 양초 심지를 각각의 양초에 꽂고, 불을 붙인 뒤 사진을 찍어 촛불의 길이를 측정합니다.

채점 기준	
상	심지를 양초에 꽂고, 불을 붙인 뒤 사진을 찍어 촛불의 길이를 측정하는 과정을 모두 설명한 경우
중	실험 과정의 일부만 설명한 경우

13 막대그래프는 실험 결과의 양이나 크기를 한눈에 비교할 수 있습니다.

채점 기준	
상	막대그래프를 쓰고, 촛불의 길고 짧음을 한눈에 비교할 수 있다고 설명한 경우
중	막대그래프만 옳게 쓴 경우

14 제시된 그래프에서 양초 심지의 굵기가 굵을수록 촛불의 길이가 긴 것을 알 수 있습니다.

채점 기준	
상	양초 심지의 굵기가 굵을수록 촛불의 길이가 길다고 설명한 경우
중	양초 심지의 굵기에 따라 촛불의 길이가 달라진다고 설명한 경우
하	양초마다 촛불의 길이가 다르다고 설명한 경우

15 가설을 세운 뒤에는 가설을 확인하기 위한 실험 계획을 세웁니다.

채점 기준	
상	실험 계획을 세운다고 설명한 경우
중	준비물이나 실험 과정 등 실험 계획의 일부만 정한다고 설명한 경우

바른답·알찬풀이

2 지구와 달의 운동

1 하루 동안 태양과 달의 위치는 어떻게 달라질까요

스스로 확인해요
18 쪽

1 동쪽　**2** [예시 답안] 저녁 무렵 동쪽에서 관측한 달의 위치는 시간이 지나면서 서쪽으로 달라질 것이다.

2 하루 동안 달은 동쪽에서 서쪽으로 위치가 달라집니다.

문제로 개념 탄탄
19 쪽

1 오전 9 시 30 분　**2** (1) × (2) ○ (3) ×
3 ㉢　**4** ㉠ 동, ㉡ 서

1 하루 동안 태양은 동쪽에서 서쪽으로 위치가 달라지므로 가장 동쪽에 있는 태양을 관측한 시각은 가장 먼저 관측한 시각인 오전 9 시 30 분입니다.

2 (1) 태양은 하루 동안 동쪽에서 서쪽으로 위치가 달라집니다. 따라서 가장 동쪽에 있는 ㉠이 ㉡보다 먼저 기록한 것입니다.
(2) ㉡은 오후 12 시 30 분 무렵에 남쪽 하늘에 떠 있는 태양의 위치를 기록한 것입니다.
(3) 서쪽에 있는 ㉢은 가장 나중에 기록한 것입니다.

3 하루 동안 달은 동쪽에서 서쪽으로 위치가 달라지기 때문에 달의 위치가 서쪽에 가까울수록 늦은 시각에 관측한 것입니다.

4 하루 동안 달은 동쪽에서 서쪽으로 위치가 달라집니다.

2 하루 동안 태양과 달의 위치가 달라지는 까닭은 무엇일까요

스스로 확인해요
20 쪽

1 지구　**2** [예시 답안] 지구가 하루에 한 바퀴씩 서쪽에서 동쪽으로 자전하기 때문에 태양 빛을 받는 곳인 낮과 태양 빛을 받지 못하는 곳인 밤이 하루에 한 번씩 번갈아 나타난다.

2 지구가 하루에 한 바퀴씩 자전하기 때문에 우리나라는 하루에 한 번씩 태양 빛을 받는 때와 태양 빛을 받지 못하는 때가 나타납니다. 따라서 하루에 한 번씩 낮과 밤이 번갈아 나타납니다.

문제로 개념 탄탄
21 쪽

1 ㉠ 동, ㉡ 서　**2** 자전
3 (1) ○ (2) ○ (3) ×　**4** ㉠ 낮, ㉡ 밤

1 학생이 제자리에서 서쪽에서 동쪽으로 회전하면 전등은 그 반대 방향인 동쪽에서 서쪽으로 움직이는 것처럼 보입니다.

2 학생은 지구, 전등은 태양에 해당한다면 학생이 제자리에서 서쪽에서 동쪽으로 회전하는 것은 지구가 제자리에서 서쪽에서 동쪽으로 회전하는 것이므로 지구의 자전에 해당합니다.

3 (1) 지구는 하루에 한 바퀴씩 자전합니다.
(2) 지구는 자전축을 중심으로 자전합니다.
(3) 지구는 서쪽에서 동쪽으로 자전합니다.

4 지구에서 태양 빛을 받는 곳은 낮이 되고, 태양 빛을 받지 못하는 곳은 밤이 됩니다.

문제로 실력 쑥쑥
22~23 쪽

01 ㉡　**02** (다)
03 [예시 답안] 하루 동안 태양의 위치가 동쪽에서 서쪽으로 달라진다.　**04** (1) ㉠ (2) ㉡　**05** ④
06 ③　**07** 동 → 서　**08** ㉠
09 ④　**10** ㉠
11 ㉠ 동, ㉡ 서　**12** [예시 답안] 지구가 하루에 한 바퀴씩 자전하기 때문이다.

01 ⓒ 그림에서 태양의 위치는 남쪽입니다. 하루 동안 태양은 동쪽에서 남쪽을 지나 서쪽으로 위치가 달라지므로 오후 12 시 30 분 무렵에 태양은 남쪽에 떠 있습니다.

왜 틀린 답일까?

ⓐ 오전 8 시 30 분 무렵에 태양은 동쪽에 떠 있습니다.
ⓑ 오후 4 시 30 분 무렵에 태양은 서쪽에 떠 있습니다.

02 하루 동안 태양은 동쪽에서 남쪽을 지나 서쪽으로 위치가 달라집니다. 따라서 오후 12 시 30 분 무렵 남쪽에 있던 태양은 시간이 지나면 서쪽인 (다) 방향으로 위치가 달라집니다.

03 하루 동안 태양은 동쪽에서 서쪽으로 위치가 달라집니다.

채점 기준	
상	주어진 단어를 모두 사용하여 태양의 위치 변화를 옳게 설명한 경우
중	주어진 단어 중 일부만 사용하여 태양의 위치 변화를 옳게 설명한 경우
하	태양의 위치가 달라진다고만 설명한 경우

04

하루 동안 태양은 동쪽에서 서쪽으로 위치가 달라지므로 ⓐ → ⓑ → ⓒ 순으로 위치가 달라집니다. 따라서 동쪽에 있는 ⓐ이 가장 먼저 관측한 태양이고 서쪽에 있는 ⓒ이 가장 나중에 관측한 태양입니다. ⓐ은 오전, ⓑ은 정오 무렵, ⓒ은 오후에 관측한 태양의 모습입니다.

05 ④ 하루 동안 달은 동쪽에서 서쪽으로 위치가 달라집니다.

왜 틀린 답일까?

① 달은 동쪽에서 뜹니다.
② 달은 서쪽으로 집니다.
③ 하루 동안 달은 동쪽에서 남쪽을 지나 서쪽으로 위치가 달라집니다.
⑤ 하루 동안 태양은 동쪽에서 서쪽으로 위치가 달라지고, 달은 동쪽에서 서쪽으로 위치가 달라집니다. 따라서 하루 동안 달은 태양과 같은 방향으로 위치가 달라집니다.

06 하루 동안 보름달을 관측하면 자정 무렵 남쪽 하늘에서 가장 높게 떠 있습니다. 따라서 자정 무렵 달의 위치로 옳은 것은 ③입니다.

07 지구 역할을 하는 학생이 제자리에서 서쪽에서 동쪽으로 회전하면 전등은 동쪽에서 서쪽으로 움직이는 것처럼 보입니다.

08 학생이 제자리에서 회전하기 때문에 움직이지 않는 전등이 움직이는 것처럼 보입니다. 학생은 지구, 전등은 태양 역할이므로 태양이 움직이는 것처럼 보이는 까닭은 지구가 제자리에서 회전하기 때문입니다.

09 ④ 지구는 자전축을 중심으로 자전합니다.

왜 틀린 답일까?

① 지구는 시계 반대 방향으로 자전합니다.
② 지구가 태양을 중심으로 1 년에 한 바퀴씩 회전하는 것은 지구의 공전입니다.
③ 지구는 하루에 한 바퀴씩 자전합니다.
⑤ 지구는 서쪽에서 동쪽으로 자전합니다.

10

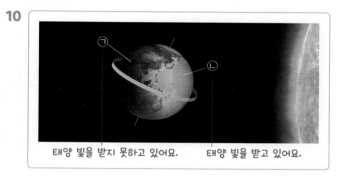

지구가 자전할 때 태양 빛을 받는 곳은 낮이 되고, 태양 빛을 받지 못하는 곳은 밤이 됩니다. ⓐ은 태양의 반대쪽에 있어 태양 빛을 받지 못하므로 밤이 됩니다.

11 지구가 하루에 한 바퀴씩 서쪽에서 동쪽으로 자전하기 때문에 하루 동안 태양과 달의 위치는 동쪽에서 서쪽으로 달라집니다.

12 지구에서 태양 빛을 받는 곳은 낮이 되고, 태양 빛을 받지 못하는 곳은 밤이 됩니다. 지구가 하루에 한 바퀴씩 자전하기 때문에 낮과 밤이 하루에 한 번씩 번갈아 나타납니다.

채점 기준	
상	지구가 하루에 한 바퀴씩 자전한다고 설명한 경우
중	지구가 자전한다고만 설명한 경우
하	지구가 회전한다고만 설명한 경우

3 계절별 대표적인 별자리에는 무엇이 있을까요

스스로 확인해요
24 쪽

1 달라집니다   **2** 예시 답안 목동자리는 봄철 밤하늘을 하루 동안 관측했을 때 오래 보이는 별자리이기 때문이다.

2 어느 계절에 하루 동안 밤하늘을 관측했을 때 오래 보이는 별자리는 그 계절의 대표적인 별자리입니다. 목동자리는 봄철 밤하늘에서 오래 볼 수 있는 봄철 대표적인 별자리입니다.

문제로 개념 탄탄
25 쪽

1 오래   **2** 다르다
3 (1) × (2) × (3) ○   **4** ㉠, ㉡

1 계절별 대표적인 별자리는 어느 계절에 하루 동안 밤하늘을 관측했을 때 오래 보이는 별자리입니다.

2 계절에 따라 보이는 별자리는 달라지기 때문에 각 계절별 대표적인 별자리가 다릅니다.

3 (1) 계절별 대표적인 별자리는 각 계절마다 여러 개가 있습니다.
(2) 계절에 따라 볼 수 있는 별자리가 달라지기 때문에 봄철, 여름철, 가을철, 겨울철 대표적인 별자리는 모두 다릅니다.
(3) 물고기자리는 가을철 대표적인 별자리로, 가을에 하루 동안 밤하늘을 관측했을 때 오래 볼 수 있습니다.

4 하루 동안 봄철 밤하늘을 관측했을 때 오래 보이는 별자리들은 봄철 대표적인 별자리입니다. 봄철 대표적인 별자리에는 사자자리, 목동자리, 처녀자리 등이 있습니다.

4 계절에 따라 보이는 별자리가 달라지는 까닭은 무엇일까요

스스로 확인해요
26 쪽

1 공전   **2** 예시 답안 같은 시각 봄철에는 쌍둥이자리가 서쪽에서 보인다.

2 지구의 공전으로 겨울철 남쪽 하늘에서 보이는 쌍둥이자리는 같은 시각 봄철에는 서쪽 하늘에서 보이고, 여름철에는 볼 수 없으며, 가을철에는 동쪽 하늘에서 볼 수 있습니다.

문제로 개념 탄탄
27 쪽

1 ㉠ 태양, ㉡ 달라진다   **2** 공전
3 남   **4** (1) × (2) ○ (3) ○

1 지구가 태양 주위를 서쪽에서 동쪽으로 회전하면 계절에 따라 보이는 별자리가 달라집니다.

2 이 실험에서 지구 역할을 하는 학생은 태양 역할을 하는 전등 주위를 서쪽에서 동쪽(시계 반대 방향)으로 회전하고 있습니다. 따라서 지구 역할을 하는 학생이 나타내는 지구의 운동은 지구가 태양 주위를 서쪽에서 동쪽으로 1 년에 한 바퀴씩 회전하는 지구의 공전입니다.

3 4 월 20 일 오후 9 시 무렵에 밤하늘을 관측하면 봄철 대표적인 별자리인 사자자리가 남쪽 하늘에서 보입니다.

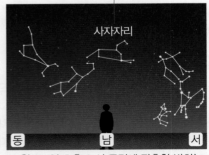

4 월 20 일 오후 9 시 무렵에 관측한 밤하늘

4 (1) 각 별자리들은 한 계절에만 보이는 것이 아니라 여러 계절에 걸쳐 볼 수 있습니다.

(2) 지구의 공전으로 지구의 위치가 달라지면서 계절에 따라 보이는 별자리가 달라집니다.

(3) 지구의 공전으로 지구의 위치가 달라지면서 계절에 따라 별자리들이 보이는 위치가 달라집니다.

5 여러 날 동안 달의 모양과 위치는 어떻게 달라질까요

스스로 확인해요

1 위치   **2** 예시 답안 약 30 일 뒤에 다시 볼 수 있다.

2 달의 모양은 약 30 일을 주기로 모양 변화를 반복하기 때문에 보름달을 보고 약 30 일이 지나면 보름달을 다시 볼 수 있습니다.

문제로 개념 탄탄

1 ㉠ 상현달, ㉡ 하현달   **2** (1) ○ (2) × (3) ○

3 ㉢   **4** ㉠

1 한 달 동안 달을 관측하면 음력 7 일~8 일에는 달의 오른쪽 절반이 보이는 상현달을 관측할 수 있고, 음력 22 일~23 일에는 달의 왼쪽 절반이 보이는 하현달을 관측할 수 있습니다.

2 (1) 달은 약 30 일 주기로 모양 변화를 반복하므로 같은 모양의 달을 보려면 약 30 일이 지나야 합니다.

(2) 달은 약 30 일 주기로 모양 변화를 반복하기 때문에 초승달을 본 뒤 약 30 일이 지나면 초승달을 볼 수 있습니다. 초승달을 본 뒤 약 20 일이 지나면 하현달을 볼 수 있습니다.

(3) 보름달을 본 뒤 약 30 일이 지나면 보름달을 볼 수 있습니다.

3

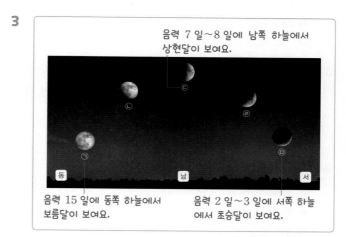

음력 7 일~8 일에 남쪽 하늘에서 상현달이 보여요.

음력 15 일에 동쪽 하늘에서 보름달이 보여요.

음력 2 일~3 일에 서쪽 하늘에서 초승달이 보여요.

음력 7 일~8 일에 태양이 진 직후 밤하늘을 관측하면 남쪽 하늘에서 상현달을 볼 수 있습니다.

4 ㉢은 음력 7 일~8 일에 태양이 진 직후 남쪽 하늘에서 관측할 수 있는 상현달입니다. 여러 날 동안 태양이 진 직후 같은 장소에서 달을 관측하면 달은 서쪽에서 동쪽으로 날마다 위치가 달라지므로 약 7 일 뒤 같은 시각에 달을 관측하면 동쪽 하늘에서 보름달인 ㉠을 볼 수 있습니다.

문제로 실력 쑥쑥

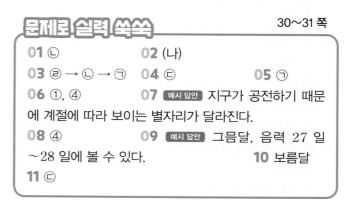

01 ㉡   **02** (나)

03 ㉣ → ㉡ → ㉠   **04** ㉢   **05** ㉠

06 ①, ④   **07** 예시 답안 지구가 공전하기 때문에 계절에 따라 보이는 별자리가 달라진다.

08 ④   **09** 예시 답안 그믐달, 음력 27 일~28 일에 볼 수 있다.   **10** 보름달

11 ㉢

바른답·알찬풀이

01 가을철 대표적인 별자리인 안드로메다자리, 페가수스자리, 물고기자리는 하루 동안 밤하늘을 관측했을 때 가을철 밤하늘에서 오래 볼 수 있는 별자리들입니다.

02 (가): 계절에 따라 볼 수 있는 별자리가 달라지므로 계절마다 대표적인 별자리가 다릅니다.
(다): 봄, 여름, 가을, 겨울에 따라 볼 수 있는 별자리는 달라집니다.

(나): 각 계절마다 대표적인 별자리는 여러 개입니다.

03 지구 역할을 하는 학생이 서쪽에서 동쪽(시계 반대 방향)으로 태양 역할을 하는 전등 주위를 회전하면 봄부터 겨울까지의 계절별 별자리는 ㉢ → ㉣ → ㉡ → ㉠ 순으로 보입니다.

04 ㉢ 지구 역할을 하는 학생이 서쪽에서 동쪽(시계 반대 방향)으로 태양 역할을 하는 전등 주위를 회전하면 지구 역할을 하는 학생의 위치가 달라지면서 보이는 별자리가 달라집니다.

㉠ 전등은 태양 역할을 합니다.
㉡ 지구 역할을 하는 학생이 태양 역할을 하는 전등 주위를 서쪽에서 동쪽으로 회전하여 지구의 공전에 대해 알아보는 실험입니다. 하루 동안 태양의 위치 변화는 남쪽을 바라보고 선 뒤 같은 장소에서 1 시간 간격으로 태양의 위치를 관측하는 실험으로 알아볼 수 있습니다.

05 ㉠ 지구는 제자리에서 서쪽에서 동쪽으로 자전하고, 태양을 중심으로 서쪽에서 동쪽으로 공전합니다. 지구의 자전 방향과 공전 방향은 모두 서쪽에서 동쪽으로 같습니다.

㉡ 지구는 태양을 중심으로 공전합니다.
㉢ 지구는 1 년에 한 바퀴씩 공전합니다. 지구가 자전축을 중심으로 하루에 한 바퀴씩 회전하는 것은 지구의 자전입니다.

06 ① 겨울철 동쪽에서 보이던 별자리는 같은 시각 봄철에는 남쪽에서 보입니다. 겨울철 오후 9 시 무렵 동쪽에서 보이던 사자자리는 같은 시각 봄철에는 남쪽에서 볼 수 있습니다.
④ 겨울철 동쪽에서 보이던 별자리는 같은 시각 여름철에는 서쪽에서 보입니다. 겨울철 오후 9 시 무렵 동쪽에서 보이던 사자자리는 같은 시각 여름철에는 서쪽에서 볼 수 있습니다.

② 봄철 오후 9 시 무렵 서쪽에서는 겨울철 대표적인 별자리들을 볼 수 있습니다.
③ 여름철 오후 9 시 무렵 남쪽에서는 여름철 대표적인 별자리들을 볼 수 있습니다.
⑤ 가을철에는 봄철 별자리인 사자자리를 볼 수 없습니다.

07 지구가 공전하기 때문에 지구의 위치가 달라져 계절에 따라 보이는 별자리가 달라집니다.

채점 기준	
상	계절에 따라 보이는 별자리가 달라지는 까닭이 지구가 공전하기 때문이라고 옳게 설명한 경우
중	계절에 따라 보이는 별자리가 달라지는 까닭이 지구가 회전하기 때문이라고만 설명한 경우
하	계절에 따라 보이는 별자리가 달라지는 까닭이 지구가 움직이기 때문이라고만 설명한 경우

08

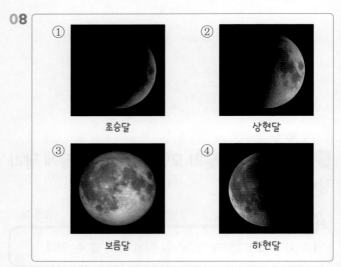

① 초승달 ② 상현달
③ 보름달 ④ 하현달

달은 약 30 일 주기로 모양 변화를 반복하므로 하현달을 관측한 뒤 약 30 일이 지나면 다시 하현달을 관측할 수 있습니다.

09 달의 왼쪽 부분의 일부가 손톱 모양으로 보이는 달은 그믐달이고 음력 27 일~28 일에 볼 수 있습니다.

채점 기준	
상	그믐달을 쓰고, 관측할 수 있는 음력 날짜를 옳게 설명한 경우
중	그믐달의 이름은 쓰지 못했지만, 관측할 수 있는 음력 날짜를 옳게 설명한 경우
하	그믐달의 이름만 옳게 쓴 경우

10 상현달을 관측한 뒤 약 7 일 뒤에는 보름달을 관측할 수 있습니다.

11

여러 날 동안 태양이 진 직후 달을 관측하면 달은 서쪽에서 동쪽으로 날마다 위치가 달라져요.

상현달

7일 뒤에는 동쪽 하늘에서 보름달이 보여요.

동 남 서

㉠ 달의 오른쪽 절반이 보이는 달은 상현달입니다.

㉡ 상현달은 태양이 진 직후 남쪽 하늘에서 볼 수 있습니다.

왜 틀린 답일까?

㉢ 상현달은 음력 7일~8일에 관측할 수 있습니다. 같은 시각 음력 15일 무렵에는 동쪽 하늘에서 보름달을 관측할 수 있습니다.

단원 평가 1회   40~42 쪽

01 ㉠ 동, ㉡ 서	02 ㉡	03 ④
04 ⑤	05 ㉡	06 ㉡
07 서	08 (가)	09 ㉢
10 ⑤	11 ㉡ → ㉠ → ㉢	12 ㉠

서술형 문제

13 예시 답안 하루 동안 달의 위치는 동쪽에서 서쪽으로 달라진다.

14 예시 답안 지구 역할을 하는 학생은 제자리에서 서쪽에서 동쪽으로 회전해야 한다.

15 예시 답안 우리나라가 태양 빛을 받을 때는 낮이 되고, 태양 빛을 받지 못할 때는 밤이 된다.

16 예시 답안 ㉠, 지구는 서쪽에서 동쪽으로 공전하기 때문이다.

17 예시 답안 지구가 공전하기 때문에 계절에 따라 보이는 별자리가 달라진다.

18 예시 답안 하현달, 제시된 그림의 상현달은 음력 7일~8일에 볼 수 있으므로 15일 뒤 음력 22일~23일에는 하현달을 볼 수 있다.

01 하루 동안 태양의 위치는 동쪽에서 서쪽으로 달라집니다.

02

하루 동안 달은 동쪽에서 서쪽으로 위치가 달라져요.

자정 무렵

㉠   ㉡

동 남 서

하루 동안 달은 동쪽에서 서쪽으로 위치가 달라지므로 나중에 관측한 달일수록 서쪽에서 보입니다. 따라서 자정 무렵에 관측한 달보다 동쪽에 위치한 ㉠은 자정보다 이른 시각에 관측한 달입니다. 자정 무렵에 관측한 달보다 서쪽에 위치한 ㉡은 자정보다 늦은 시각에 관측한 달입니다.

03 지구가 자전축을 중심으로 하루에 한 바퀴씩 서쪽에서 동쪽으로 회전하는 것을 지구의 자전이라고 합니다.

04 ⑤ 지구가 자전하기 때문에 태양 빛을 받는 낮과 태양 빛을 받지 못하는 밤이 하루에 한 번씩 번갈아 나타납니다.

왜 틀린 답일까?

① 우리나라에는 태양 빛을 받는 낮과 태양 빛을 받지 못하는 밤이 번갈아 나타납니다.

② 태양 빛을 받는 곳은 낮이 됩니다.

③ 태양 빛을 받지 못하는 곳은 밤이 됩니다.

④ 낮과 밤은 하루에 한 번씩 번갈아 나타납니다.

05 ㉡ 각 계절마다 대표적인 별자리는 여러 개로 봄철 대표적인 별자리에는 사자자리, 목동자리, 처녀자리 등이, 여름철 대표적인 별자리에는 백조자리, 거문고자리, 독수리자리 등이, 가을철 대표적인 별자리에는 물고기자리, 페가수스자리, 안드로메다자리 등이, 겨울철 대표적인 별자리에는 오리온자리, 큰개자리, 쌍둥이자리 등이 있습니다.

왜 틀린 답일까?

㉠ 계절에 따라 볼 수 있는 별자리는 달라지기 때문에 봄, 여름, 가을, 겨울마다 대표적인 별자리가 모두 다릅니다.

㉢ 계절별 대표적인 별자리는 하루 동안 밤하늘을 관측했을 때 그 계절에서 오래 보이는 별자리입니다. 일반적으로 오후 9시 무렵에 밤하늘을 관측했을 때 남쪽 하늘에서 보이는 별자리들을 말합니다.

06 지구가 태양을 중심으로 1년에 한 바퀴씩 서쪽에서 동쪽으로 회전하는 것을 지구의 공전이라고 합니다.

바른답·알찬풀이

07 오후 9 시 무렵 남쪽에서 보이던 별자리가 3 개월 뒤 같은 시각에는 서쪽에서 보입니다. 오후 9 시 무렵에 사자자리가 남쪽에서 보였다면 3 개월 뒤 같은 시각에는 서쪽에서 볼 수 있습니다.

08 (가): 봄철 오후 9 시 무렵에 사자자리는 남쪽 하늘에서 보입니다.

왜 틀린 답일까?

(나): 사자자리는 봄철, 여름철, 겨울철 밤하늘에서도 관측할 수 있습니다.

(다): 6 개월 뒤 같은 시각에 밤하늘을 관측하면 가을철 밤하늘의 모습이 보입니다. 가을철 밤하늘에서는 사자자리를 볼 수 없습니다.

09 ⓒ 지구가 공전하기 때문에 계절에 따라 보이는 별자리가 달라집니다.

왜 틀린 답일까?

㉠ 지구가 하루에 한 바퀴씩 자전하기 때문에 낮과 밤이 나타납니다.

㉡ 지구가 서쪽에서 동쪽으로 자전하기 때문에 하루 동안 태양의 위치가 달라집니다.

10 음력 2 일~3 일에는 초승달, 음력 7 일~8 일에는 상현달, 음력 15 일에는 보름달, 음력 22 일~23 일에는 하현달, 음력 27 일~28 일에는 그믐달을 볼 수 있습니다.

음력 날짜	달의 모양
음력 2 일~3 일	초승달
음력 7 일~8 일	상현달
음력 15 일	보름달
음력 22 일~23 일	하현달
음력 27 일~28 일	그믐달

11

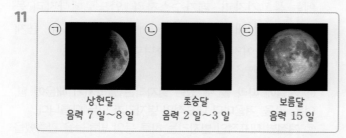

상현달 / 음력 7 일~8 일   초승달 / 음력 2 일~3 일   보름달 / 음력 15 일

음력 2 일~3 일에는 달의 오른쪽 일부가 손톱 모양으로 보이는 초승달, 음력 7 일~8 일에는 달의 오른쪽 절반이 보이는 상현달, 음력 15 일에는 달이 모두 보이는 보름달을 볼 수 있습니다. 따라서 관측한 달의 모양은 ⓒ → ㉠ → ⓒ 순입니다.

12 ㉠ 달은 약 30 일 주기로 초승달, 상현달, 보름달, 하현달, 그믐달 모양이 반복됩니다.

왜 틀린 답일까?

ⓒ 음력 15 일에 태양이 진 직후 보름달은 동쪽 하늘에서 볼 수 있습니다. 태양이 진 직후 남쪽 하늘에서 보이는 달은 상현달입니다.

ⓒ 여러 날 동안 같은 시각, 같은 장소에서 달을 관측하면 달은 서쪽에서 동쪽으로 날마다 위치가 달라집니다.

13 지구가 서쪽에서 동쪽으로 자전하기 때문에 하루 동안 달은 동쪽에서 서쪽으로 위치가 달라집니다.

채점 기준	
상	주어진 단어를 모두 사용하여 하루 동안 달의 위치 변화를 옳게 설명한 경우
중	주어진 단어 중 일부만 사용하여 하루 동안 달의 위치 변화를 설명한 경우
하	달의 위치가 달라진다고만 설명한 경우

14

투명 방향 판을 든 학생(지구)이 제자리에서 서쪽에서 동쪽으로 회전하면 전등(태양)은 동쪽에서 서쪽으로 움직이는 것처럼 보여요.

지구 역할을 하는 학생이 회전하는 방향과 전구가 움직이는 것처럼 보이는 방향은 서로 반대로 나타납니다. 전등이 동쪽에서 서쪽으로 움직이는 것처럼 보이려면 학생은 제자리에서 서쪽에서 동쪽으로 회전해야 합니다.

채점 기준	
상	지구 역할을 하는 학생이 제자리에서 서쪽에서 동쪽으로 회전해야 한다고 옳게 설명한 경우
중	지구 역할을 하는 학생이 서쪽에서 동쪽으로 회전해야 한다고만 설명한 경우
하	지구 역할을 하는 학생이 회전한다고만 설명한 경우

15 지구가 자전축을 중심으로 하루에 한 바퀴씩 자전하기 때문에 태양 빛을 받는 곳인 낮과 태양 빛을 받지 못하는 밤이 하루에 한 번씩 번갈아 나타납니다.

채점 기준	
상	우리나라가 낮일 때와 밤일 때를 태양 빛과 관련지어 옳게 설명한 경우
중	낮과 밤의 의미만 설명한 경우

16

┌─ 서쪽 → 동쪽(시계 반대 방향)
ㄱ
지구 / 태양
ㄴ
└─ 동쪽 → 서쪽(시계 방향)

지구는 태양을 중심으로 1 년에 한 바퀴씩 서쪽에서 동쪽으로 공전합니다.

채점 기준	
상	㉠을 고르고, 지구가 서쪽에서 동쪽으로 공전한다고 설명한 경우
중	㉠을 고르고, 시계 반대 방향으로 공전한다고 설명한 경우
하	㉠만 옳게 고른 경우

17 지구의 공전으로 지구의 위치가 달라지면서 계절에 따라 보이는 별자리가 달라지고, 별자리들이 보이는 위치도 달라집니다.

채점 기준	
상	지구가 공전하기 때문에 계절에 따라 보이는 별자리가 달라진다고 옳게 설명한 경우
중	지구가 회전하기 때문에 계절에 따라 보이는 별자리가 달라진다고 설명한 경우
하	지구가 움직이기 때문이라고만 설명한 경우

18 오른쪽 절반이 보이는 달은 상현달입니다. 상현달은 음력 7 일~8 일에 볼 수 있습니다. 따라서 15 일 뒤는 음력 22 일~23 일이고, 이날에는 하현달을 볼 수 있습니다.

채점 기준	
상	하현달을 쓰고, 그 까닭을 옳게 설명한 경우
중	하현달은 쓰지 못했지만, 그 까닭은 옳게 설명한 경우
하	하현달만 옳게 쓴 경우

01 (1) ㉠ → ㉡ → ㉢ (2) **예시 답안** 지구가 서쪽에서 동쪽으로 자전하기 때문에 하루 동안 태양의 위치는 동쪽에서 서쪽으로 달라진다.

02 (1) **예시 답안** 백조자리 이후에 물고기자리, 오리온자리, 사자자리를 순서대로 볼 수 있다. (2) **예시 답안** 지구가 공전하기 때문에 계절에 따라 보이는 별자리가 달라진다.

01

㉡ 정오 무렵
오전 / 오후
㉠ / ㉢
동   남   서

하루 동안 태양은 동쪽에서 서쪽으로 위치가 달라지므로 태양은 ㉠ → ㉡ → ㉢ 순으로 관측할 수 있어요.

(1) 하루 동안 태양은 동쪽에서 서쪽으로 위치가 달라집니다. 따라서 가장 동쪽에 있는 ㉠이 가장 먼저 관측한 태양이고, 서쪽에 있는 ㉢이 가장 늦게 관측한 태양이므로 ㉠ → ㉡ → ㉢ 순으로 태양을 관측할 수 있습니다.

> **만점 꿀팁** 하루 동안 태양의 위치는 동쪽에서 서쪽으로 달라지므로 가장 동쪽에 있는 태양부터 순서대로 관측할 수 있어요.

(2) 하루 동안 태양의 위치가 동쪽에서 서쪽으로 달라지는 까닭은 지구가 서쪽에서 동쪽으로 자전하기 때문입니다.

> **만점 꿀팁** 하루 동안 태양의 위치가 달라지는 까닭은 지구가 자전하기 때문이에요. 지구가 자전하는 방향과 반대 방향으로 하루 동안 태양의 위치가 달라져요.

채점 기준	
상	하루 동안 태양의 위치는 동쪽에서 서쪽으로 달라지며 그 까닭을 지구가 서쪽에서 동쪽으로 자전하기 때문이라고 옳게 설명한 경우
중	하루 동안 태양의 위치가 동쪽에서 서쪽으로 달라지며 그 까닭을 지구가 회전하기 때문이라고만 설명한 경우
하	하루 동안 태양의 위치가 동쪽에서 서쪽으로 달라진다고만 설명한 경우

바른답·알찬풀이

02

백조자리, 사자자리, 오리온자리, 물고기자리, 전등

지구 역할을 하는 학생이 사자자리부터 관찰한다면 그 이후에는 백조자리, 물고기자리, 오리온자리 순으로 별자리를 관찰할 수 있어요.

(1) 사자자리는 봄철, 백조자리는 여름철, 물고기자리는 가을철, 오리온자리는 겨울철 대표적인 별자리입니다. 지구 역할을 하는 학생이 서쪽에서 동쪽(시계 반대 방향)으로 회전하면 지구 역할을 하는 학생의 위치에 따라 각 계절별 별자리인 백조자리, 물고기자리, 오리온자리, 사자자리가 계절 순서대로 보입니다.

만점 꿀팁 이 실험을 실제 지구의 움직임과 관련지어 생각해 보면 전등은 태양을, 학생은 지구 역할을 하고 있어요. 지구가 태양 주위를 서쪽에서 동쪽으로 회전하면 실제 지구에서와 같이 계절별 별자리가 계절 순서대로 보여요.

	채점 기준
상	백조자리 이후에 보이는 별자리를 물고기자리, 오리온자리, 사자자리의 순으로 옳게 설명한 경우
중	별자리 이름에 대한 언급 없이 여름, 가을, 겨울, 봄철 대표적인 별자리 순으로 달라진다고 설명한 경우
하	사자자리, 백조자리, 물고기자리, 오리온자리 순으로 보인다고만 설명한 경우

(2) 지구가 태양을 중심으로 1 년에 한 바퀴씩 서쪽에서 동쪽으로 공전하기 때문에 계절에 따라 보이는 별자리가 달라집니다.

만점 꿀팁 학생이 전등 주위를 회전하면 보이는 별자리들이 달라진다는 것을 실제 지구의 움직임과 관련지어 생각해 봐요.

	채점 기준
상	계절에 따라 별자리가 달라지는 까닭을 지구의 공전으로 옳게 설명한 경우
중	계절에 따라 별자리가 달라지는 까닭을 지구가 회전하기 때문이라고만 설명한 경우
하	계절에 따라 별자리가 달라지는 까닭을 지구가 움직이기 때문이라고만 설명한 경우

단원평가 2회　　　　　　44~46 쪽

01 (나)	02 ㉢	03 ③
04 (다)	05 ㉡	06 ③
07 ②	08 ㉠ 남, ㉡ 서	09 ②
10 ④	11 ㉡	12 ⑤

서술형 문제

13 **예시 답안** 하루 동안 태양은 동쪽에서 서쪽으로 위치가 달라지므로 현재 남쪽에서 관측되는 태양은 5 시간 뒤 서쪽으로 위치가 달라진다.

14 **예시 답안** ㉡, 지구에서 태양 빛을 받는 곳이 낮이 되기 때문이다.

15 **예시 답안** 사자자리, 목동자리, 처녀자리는 봄철에 하루 동안 밤하늘을 관측했을 때 오래 보이는 별자리이기 때문이다.

16 **예시 답안** (다), 지구의 자전으로 하루 동안 달의 위치가 동쪽에서 서쪽으로 달라져.

17 **예시 답안** ㉠은 음력 2 일~3 일에 관측할 수 있는 초승달이고, ㉡은 음력 22 일~23 일에 관측할 수 있는 하현달이다.

18 **예시 답안** 여러 날 동안 태양이 진 직후 달을 관측하면 달은 서쪽에서 동쪽으로 날마다 위치가 달라진다.

01

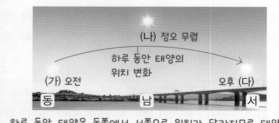

(나) 정오 무렵 / 하루 동안 태양의 위치 변화 / (가) 오전 / 오후 (다) / 동 남 서

하루 동안 태양은 동쪽에서 서쪽으로 위치가 달라지므로 태양은 (가) → (나) → (다) 순으로 관측할 수 있어요.

태양은 정오 무렵에 남쪽에 높게 떠 있으므로 정오 무렵에 관측한 태양은 (나)입니다. (가)는 정오보다 이른 오전에, (다)는 오후에 관측한 태양입니다.

02 ㉠ 같은 장소에서 하루 동안 태양의 움직임을 관측하려면 남쪽을 바라보고 관측해야 합니다.
㉡ 하루 동안 태양은 동쪽에서 서쪽으로 위치가 달라집니다. 따라서 동쪽에 있는 (가)가 가장 먼저 관측한 태양이고, 서쪽에 있는 (다)가 가장 늦게 관측한 태양입니다.

왜 틀린 답일까?
㉢ 하루 동안 태양은 동쪽에서 서쪽으로 위치가 달라집니다.

03

하루 동안 달의 위치 변화

자정 무렵

㉠ ㉡

동 남 서

오후 7 시 무렵   오전 5 시 무렵

① 하루 동안 달은 동쪽에서 서쪽으로 위치가 달라지므로 동쪽에 있는 ㉠이 가장 먼저 관측한 것입니다.

② 하루 동안 달은 동쪽에서 서쪽으로 위치가 달라지므로 서쪽에 있는 ㉡은 자정 무렵에 관측한 달보다 나중에 관측한 것입니다.

④, ⑤ 하루 동안 달과 태양의 위치가 달라지는 방향은 동쪽에서 서쪽으로 같습니다.

③ 하루 동안 달은 동쪽에서 서쪽으로 위치가 달라지므로 ㉠ → ㉡ 순서로 관측할 수 있습니다.

04 (가): 지구는 하루에 한 바퀴씩 자전합니다.

(나): 지구는 자전축을 중심으로 자전합니다.

(다): 지구는 서쪽에서 동쪽으로 자전합니다.

05

현재 태양 빛을 받지 못하는 밤이에요.

현재 태양 빛을 받는 낮이에요.

(가)   (나)

㉡ (나)는 현재 태양 빛을 받고 있는 낮입니다.

㉠ (가)는 현재 태양 빛을 받지 못하고 있는 밤입니다.

㉢ 지구는 하루에 한 바퀴씩 자전하므로 지구에 낮과 밤이 하루에 한 번씩 번갈아 나타납니다. 즉, 12 시간마다 낮과 밤이 바뀝니다. 따라서 1 일 뒤에는 24 시간이 지났으므로 지금과 같이 (가)는 밤, (나)는 낮이 됩니다.

06 ③ 계절에 따라 볼 수 있는 대표적인 별자리는 달라집니다.

①, ② 봄철, 여름철, 가을철, 겨울철 대표적인 별자리는 모두 다릅니다.

④ 각 계절마다 대표적인 별자리는 여러 개입니다.

⑤ 어느 계절에 하루 동안 밤하늘을 관측했을 때 오래 보이는 별자리가 그 계절의 대표적인 별자리입니다.

07 ① 지구는 태양을 중심으로 공전합니다.

③ 지구는 서쪽에서 동쪽으로 공전합니다.

④ 지구의 자전 방향과 공전 방향은 서쪽에서 동쪽으로 같습니다.

⑤ 지구가 공전하면서 지구의 위치가 달라집니다.

② 지구는 1 년에 한 바퀴씩 공전합니다.

08 겨울철 오후 9 시 무렵 밤하늘을 관측했을 때 동쪽에서 보이던 사자자리는 같은 시각 봄철에는 남쪽, 여름철에는 서쪽에서 보입니다.

09 지구가 공전하기 때문에 지구의 위치가 달라지면서 계절에 따라 보이는 별자리가 달라지고, 별자리들이 보이는 위치도 달라집니다.

10 달은 약 30 일 주기로 모양 변화를 반복하므로 같은 모양의 달을 다시 보려면 약 30 일이 지나야 합니다. 오늘밤 초승달을 보았다면 다시 초승달을 볼 때까지 약 30 일이 걸립니다.

11 음력 2 일~3 일에 태양이 진 직후 밤하늘을 관측하면 서쪽에서 초승달을 볼 수 있습니다.

12

동 남 서

초승달(㉤) → 상현달(㉢) → 보름달(㉠) 순으로 관측한 것입니다.

① ㉠은 달의 둥근 모습을 볼 수 있는 보름달입니다.

② ㉢은 달의 오른쪽 절반이 보이는 상현달입니다.

③ 음력 2 일부터 달의 모양은 초승달, 상현달, 보름달 순서로 달라지므로 가장 먼저 관측한 달은 초승달인 ㉤입니다.

④ 여러 날 동안 같은 시각에 달을 관측하면 서쪽에서 동쪽으로 날마다 위치가 달라집니다. 따라서 서쪽에 있는 ㉣이 동쪽에 있는 ㉡보다 먼저 관측한 것입니다.

⑤ ㉠은 음력 15 일에 볼 수 있는 보름달이고, ㉢은 음력 7 일~8 일에 볼 수 있는 상현달이므로 ㉠을 관측한 날짜와 ㉢을 관측한 날짜는 약 7 일 차이가 납니다.

13

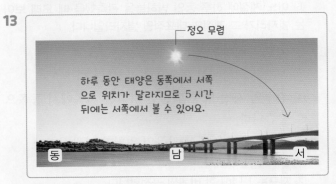

> 정오 무렵
>
> 하루 동안 태양은 동쪽에서 서쪽으로 위치가 달라지므로 5 시간 뒤에는 서쪽에서 볼 수 있어요.
>
> 동　　남　　서

하루 동안 태양은 동쪽에서 서쪽으로 위치가 달라집니다. 정오 무렵 태양은 남쪽에 있으므로 5 시간이 지나면 정오 무렵보다 서쪽으로 위치가 달라져 태양은 서쪽에서 관측됩니다.

채점 기준	
상	5 시간 뒤 태양의 위치 변화를 하루 동안 태양의 위치 변화와 관련지어 설명한 경우
중	하루 동안 태양의 위치가 동쪽에서 서쪽으로 달라진다고만 설명한 경우
하	태양이 서쪽으로 이동한다고만 설명한 경우

14

태양 빛을 받지 못하는 곳으로 밤이 되요.　　태양 빛을 받는 곳으로 낮이 되요.

지구가 하루에 한 바퀴씩 자전하기 때문에 지구에는 태양 빛을 받는 낮과 태양 빛을 받지 못하는 밤이 하루에 한 번씩 번갈아 나타납니다. ㉠과 ㉡ 중 태양 빛을 받지 못하는 ㉠은 밤이 되고, 태양 빛을 받는 ㉡은 낮이 됩니다.

채점 기준	
상	㉡을 고르고, 태양 빛을 받는 곳이 낮이라고 옳게 설명한 경우
중	㉡을 고르고, 밝은 곳이 낮이라고만 설명한 경우
하	㉡만 옳게 고른 경우

15 계절별 대표적인 별자리는 그 계절에 하루 동안 밤하늘을 관측했을 때 오래 보이는 별자리입니다. 봄철 대표적인 별자리인 사자자리, 목동자리, 처녀자리는 봄철에 하루 동안 밤하늘을 관측했을 때 오래 보이는 별자리들입니다.

채점 기준	
상	봄철 대표적인 별자리의 의미를 옳게 설명한 경우
중	계절별 대표적인 별자리의 의미만 설명한 경우
하	밤하늘에서 오래 보인다고만 설명한 경우

16 지구가 자전축을 중심으로 하루에 한 바퀴씩 서쪽에서 동쪽으로 자전하기 때문에 하루 동안 태양과 달의 위치가 동쪽에서 서쪽으로 달라지며, 낮과 밤이 하루에 한 번씩 번갈아 나타납니다. 지구의 공전으로 지구의 위치가 달라지면서 계절에 따라 보이는 별자리가 달라집니다.

채점 기준	
상	(다)를 쓰고, 옳게 고쳐 설명한 경우
중	(다)만 쓴 경우

17 ㉠은 달의 오른쪽의 일부가 보이는 초승달로, 음력 2 일~3 일에 볼 수 있습니다. ㉡은 달의 왼쪽 절반이 보이는 하현달로, 음력 22 일~23 일에 볼 수 있습니다.

채점 기준	
상	㉠과 ㉡을 볼 수 있는 음력 날짜와 달의 이름을 모두 옳게 설명한 경우
중	㉠과 ㉡을 볼 수 있는 음력 날짜와 달의 이름 중 세 가지만 옳게 설명한 경우
하	㉠과 ㉡을 볼 수 있는 음력 날짜와 달의 이름 중 두 가지만 옳게 설명한 경우

18 여러 날 동안 태양이 진 직후 같은 장소에서 달을 관측하면 음력 2 일~3 일에는 서쪽에서 초승달을, 음력 7 일~8 일에는 남쪽에서 상현달을, 음력 15 일에는 동쪽에서 보름달을 볼 수 있습니다. 이렇게 여러 날 동안 태양이 진 직후 달을 관측하면 달은 서쪽에서 동쪽으로 날마다 위치가 달라집니다.

채점 기준	
상	달이 서쪽에서 동쪽으로 날마다 위치가 달라진다고 옳게 설명한 경우
중	달의 위치가 날마다 달라진다고만 설명한 경우

수행평가 2회

01 (1) ㉠ 태양, ㉡ 지구 (2) **예시 답안** 학생이 제자리에서 서쪽에서 동쪽으로 회전하면 전등은 동쪽에서 서쪽으로 움직이는 것처럼 보인다.

02 (1) 상현달 (2) **예시 답안** 동쪽 하늘에서 보름달을 관측할 수 있다.

01 (1) 이 실험은 지구의 자전에 대해 알아보기 위한 실험입니다. 지구는 자전축을 중심으로 서쪽에서 동쪽으로 회전하기 때문에 제자리에서 서쪽에서 동쪽으로 회전하고 있는 학생은 지구 역할을, 전등은 태양 역할을 합니다.

> **만점 꿀팁** 이 실험은 지구의 자전을 알아보는 실험이에요. 지구가 자전하는 모습은 학생이 움직이는 모습과 전등 중 무엇과 비슷한지 생각해 봐요.

(2) 지구 역할을 하는 학생이 제자리에서 서쪽에서 동쪽 방향으로 회전하면 태양 역할을 하는 전등이 동쪽에서 서쪽으로 움직이는 것처럼 보입니다. 제시된 실험에서 지구가 자전축을 중심으로 하루에 한 바퀴씩 서쪽에서 동쪽으로 회전하면 하루 동안 태양은 동쪽에서 서쪽으로 위치가 달라지는 것을 알 수 있습니다.

> **만점 꿀팁** 전등이 움직이는 것처럼 보이는 방향과 하루 동안 태양의 위치가 달라지는 방향은 서로 관련이 있어요. 지구의 자전 방향을 바탕으로 하여 하루 동안 태양의 위치가 달라지는 방향을 생각해 봐요.

채점 기준	
상	전등이 동쪽에서 서쪽으로 움직이는 것처럼 보인다고 옳게 설명한 경우
중	지구 역할을 하는 학생이 움직이는 방향과 반대로 움직이는 것처럼 보인다고 설명한 경우

02

여러 날 동안 태양이 진 직후 달을 관측하면 달은 서쪽에서 동쪽으로 날마다 위치가 달라져요.
　　남쪽 하늘에서 상현달이 보여요.
7 일 뒤에는 동쪽 하늘에서 보름달이 보여요.
동　　남　　서

(1) 여러 날 동안 태양이 진 직후 같은 장소에서 달을 관측하면 음력 2 일~3 일에는 서쪽에서 초승달을, 음력 7 일~8 일에는 남쪽에서 상현달을, 음력 15 일에는 동쪽에서 보름달을 볼 수 있습니다.

> **만점 꿀팁** 오른쪽 절반 정도가 보이는 모습의 달은 상현달이에요.

(2) 상현달은 음력 7 일~8 일에 볼 수 있으므로 약 7 일 뒤에는 보름달을 볼 수 있습니다. 태양이 진 직후 같은 장소에서 밤하늘을 관측하면 동쪽 하늘에서 보름달을 볼 수 있습니다.

> **만점 꿀팁** 여러 날 동안 태양이 진 직후 같은 장소에서 달을 관측하면 달은 서쪽에서 동쪽으로 날마다 위치가 달라져요.

채점 기준	
상	달을 관측할 수 있는 방향과 달의 모양을 모두 옳게 설명한 경우
중	달을 관측할 수 있는 방향과 달의 모양 중 한 가지만 옳게 설명한 경우

바른답·알찬풀이

3 여러 가지 기체

1 산소는 어떤 성질이 있을까요

50 쪽

스스로 확인해요

1 없고, 도우며　**2** 예시 답안 불꽃이 잘 탄다. 산소는 다른 물질이 타는 것을 돕기 때문이다.

1 산소는 색깔과 냄새가 없고, 다른 물질이 타는 것을 돕습니다. 또, 구리, 철과 같은 금속을 녹슬게 합니다.

2 산소는 다른 물질이 타는 것을 돕습니다. 따라서 꺼져 가는 불꽃에 산소를 공급하면 불꽃이 잘 탑니다.

문제로 개념 탄탄

51 쪽

1 ㄱ 자 유리관
2 ㉠ 묽은 과산화 수소수, ㉡ 이산화 망가니즈
3 (1) ㉡ (2) ㉠

1 물을 담은 수조에 물을 가득 채운 집기병을 거꾸로 세우고, ㄱ 자 유리관을 집기병 속에 넣습니다.

2 기체 발생 장치에서 ㉠은 깔때기, ㉡은 가지 달린 삼각 플라스크입니다. 산소를 발생시킬 때 깔때기(㉠)에는 묽은 과산화 수소수를 넣고, 물을 넣은 가지 달린 삼각 플라스크(㉡)에는 이산화 망가니즈를 넣습니다.

3 (1)은 산소가 들어 있는 집기병의 유리판을 열고 손으로 바람을 일으켜 냄새를 맡는 모습이고, (2)는 산소가 들어 있는 집기병에 향불을 넣었더니 향불이 잘 타는 모습입니다.

(1) 유리판	(2) 향
산소가 들어 있는 집기병의 유리판을 열고 손으로 바람을 일으켜 냄새를 맡음. → 산소는 냄새가 없음.	산소가 들어 있는 집기병에 향불을 넣음. → 향불이 잘 타는 것으로 보아 산소는 다른 물질이 타는 것을 도움.

2 이산화 탄소는 어떤 성질이 있을까요

52 쪽

스스로 확인해요

1 타는, 석회수　**2** 예시 답안 향불을 넣어 변화를 관찰한다. 석회수를 넣고 흔들어 변화를 관찰한다.

1 이산화 탄소는 색깔과 냄새가 없고, 다른 물질이 타는 것을 막습니다. 또, 석회수를 뿌옇게 흐리게 합니다.

2 산소는 다른 물질이 타는 것을 돕고, 이산화 탄소는 다른 물질이 타는 것을 막습니다. 또, 산소와 이산화 탄소 중에서 이산화 탄소만 석회수를 뿌옇게 흐리게 합니다.

문제로 개념 탄탄

53 쪽

1 ㉠ 탄산수소 나트륨, ㉡ 진한 식초　**2** 핀치 집게
3 (1) ○ (2) ○ (3) × (4) ×
4 (1) ㉡ (2) ㉠

1 기체 발생 장치에서 이산화 탄소를 발생시킬 때 물을 넣은 가지 달린 삼각 플라스크에는 탄산수소 나트륨을 넣고, 깔때기에는 진한 식초를 넣습니다.

2 기체 발생 장치에서 핀치 집게를 조절해 깔때기에 들어 있는 진한 식초를 가지 달린 삼각 플라스크로 조금씩 천천히 흘려보내면서 집기병에 이산화 탄소를 모읍니다.

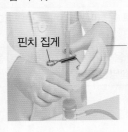

핀치 집게 ── 핀치 집게를 열어서 진한 식초를 흘려보낸 뒤, 가지 달린 삼각 플라스크 안에서 기체 발생이 멈추면 다시 핀치 집게를 열어 진한 식초를 흘려보내요.

3 (1), (2) 이산화 탄소는 색깔과 냄새가 없습니다.
(3) 이산화 탄소는 다른 물질이 타는 것을 막습니다.
(4) 이산화 탄소는 석회수를 뿌옇게 흐리게 합니다.

4 (1) 자전거 체인이 붉게 녹슨 것은 산소가 구리, 철과 같은 금속을 녹슬게 하기 때문입니다.
(2) 이산화 탄소 소화기를 사용하는 것은 이산화 탄소가 다른 물질이 타는 것을 막기 때문입니다.

01 ②　　**02** ㉡　　**03** ④
04 (나)　　**05** [예시 답안] ㉢의 내부에서 거품이
발생하고, ㉣의 끝부분에서 거품이 나오며, ㉤ 내부의 물의
높이가 낮아진다.　　**06** ①, ⑤　　**07** ④
08 ㉢　　**09** (나)
10 [예시 답안] (다), 집기병에 들어 있는 기체가 산소인 경
우 석회수가 흐려지지 않고, 이산화 탄소인 경우 석회수
가 뿌옇게 흐려지기 때문이다.　　**11** (나)

01 깔때기에 10 cm 고무관을 끼워 스탠드의 링에 설치하
고, 고무관 중간 부분에 핀치 집게를 끼웁니다. 유리관
을 끼운 실리콘 마개로 가지 달린 삼각 플라스크의 입
구를 막고, 깔때기에 끼운 고무관을 유리관에 연결합
니다. 가지 달린 삼각 플라스크의 가지 부분에 40 cm
고무관을 끼우고, 고무관의 반대쪽 끝에 ㄱ 자 유리관
을 연결합니다. 마지막으로 물이 든 수조에 물을 가득
채운 집기병을 거꾸로 세우고, ㄱ 자 유리관을 집기병
속에 넣습니다. 따라서 기체 발생 장치를 꾸미는 순서
는 (가) → (라) → (다) → (나) → (바) → (마)입니다.

02 ㉡ 발생한 기체가 물을 통과할 수 있도록 ㄱ 자 유리관
을 집기병 속에 너무 깊이 넣지 않습니다.

왜 틀린 답일까?

㉠ 수조의 $\frac{2}{3}$ 를 채울 정도로 물을 적당히 담습니다.

㉢ 집기병에 처음 모은 기체에는 가지 달린 삼각 플라스크
안에 들어 있던 공기가 섞여 있으므로 버리고, 다시 물을 가
득 채운 집기병에 기체를 모읍니다.

03

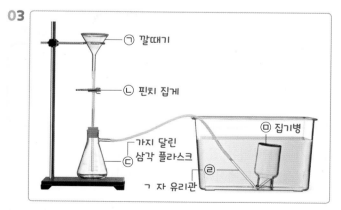

㉣은 ㄱ 자 유리관입니다.

04 기체 발생 장치에서 산소를 발생시킬 때 깔때기(㉠)에
묽은 과산화 수소수를 넣습니다. 이산화 탄소를 발생
시킬 때 깔때기에 진한 식초를 넣습니다.

05 기체 발생 장치에서 산소가 발생할 때 가지 달린 삼
각 플라스크(㉢) 내부에서 거품이 발생하고, ㄱ 자 유
리관(㉣) 끝부분에서 거품이 나옵니다. 또, 집기병(㉤)
내부의 물의 높이가 낮아집니다.

채점 기준	
상	가지 달린 삼각 플라스크 내부, ㄱ 자 유리관 끝부분, 집기병 내부를 관찰한 결과를 모두 설명한 경우
중	세 가지 중 두 가지만 설명한 경우
하	세 가지 중 한 가지만 설명한 경우

06 ①, ⑤ 산소는 색깔이 없고, 구리, 철과 같은 금속을
녹슬게 합니다.

왜 틀린 답일까?

② 산소는 냄새가 없습니다.
③, ④ 석회수를 뿌옇게 흐리게 하고, 다른 물질이 타는 것을
막는 것은 이산화 탄소입니다.

07 기체 발생 장치에서 이산화 탄소를 발생시킬 때 물을
넣은 가지 달린 삼각 플라스크에 탄산수소 나트륨을
넣고, 깔때기에 진한 식초를 넣습니다.

08 ㉠, ㉡ 산소와 이산화 탄소는 색깔과 냄새가 없습니다.

왜 틀린 답일까?

㉢ 다른 물질이 타는 것을 돕는 것은 산소입니다.

09 기체의 냄새를 확인할 때
는 기체가 들어 있는 집기
병의 유리판을 열고 손으
로 바람을 일으켜 냄새를
맡습니다.

손으로 바람을
일으켜요.　　유리판

10 산소와 이산화 탄소는 색깔과 냄새가 없습니다. 따라
서 (가)와 (나)로는 집기병에 들어 있는 기체가 산소인
지 이산화 탄소인지 확인할 수 없습니다.

채점 기준	
상	(다)를 고르고, 그 까닭을 산소인 경우 석회수가 흐려지지 않고 이산화 탄소인 경우 석회수가 뿌옇게 흐려지는 것으로 설명한 경우
중	(다)를 고르고, 그 까닭을 산소인 경우 석회수가 흐려지지 않는 것과 이산화 탄소인 경우 석회수가 뿌옇게 흐려지는 것 중 하나만으로 설명한 경우
하	(다)만 옳게 고른 경우

11 자전거 체인이 붉게 녹슨 것은 산소가 구리, 철과 같
은 금속을 녹슬게 하기 때문입니다.

3 온도에 따라 기체의 부피는 어떻게 변할까요

스스로 확인해요
56 쪽

1 커지고, 작아집니다 **2** [예시 답안] 페트병이 찌그러진다.

2 물이 반쯤 담긴 페트병의 마개를 닫아 냉장고에 넣어 두면 페트병 안에 들어 있는 기체의 온도가 낮아져 기체의 부피가 작아집니다. 따라서 페트병이 찌그러집니다.

문제로 개념 탄탄
57 쪽

1 (1) ㉡ (2) ㉠ **2** 온도 **3** ㉠

1 고무풍선을 씌운 삼각 플라스크를 뜨거운 물에 넣으면 고무풍선이 부풀어 오르고, 얼음물에 넣으면 고무풍선이 오그라듭니다.

2 고무풍선을 씌운 삼각 플라스크를 뜨거운 물에 넣었을 때와 얼음물에 넣었을 때 고무풍선의 변화를 통해 일정한 압력에서 기체의 부피는 온도에 따라 변하는 것을 알 수 있습니다.

3 찌그러진 탁구공을 뜨거운 물에 넣으면 탁구공 안에 들어 있는 기체의 온도가 높아져 기체의 부피가 커지므로 탁구공이 펴집니다.

4 압력에 따라 기체의 부피는 어떻게 변할까요

스스로 확인해요
58 쪽

1 변하고, 작아집니다 **2** [예시 답안] 페트병 안의 공기 방울의 부피가 작아진다. 기체에 압력을 가하면 기체의 부피가 작아지기 때문이다.

1 일정한 온도에서 기체에 압력을 가하면 기체의 부피가 작아집니다.

2 페트병에 압력을 가하면 페트병 안에 들어 있는 기체의 부피가 작아지므로 공기 방울의 부피가 작아집니다.

문제로 개념 탄탄
59 쪽

1 (1) ○ (2) × (3) ○ (4) × **2** ㉠

3 <

1 (1) 피스톤을 약하게 누르면 주사기 안에 들어 있는 공기의 부피는 조금 작아집니다.

(2) 피스톤을 세게 누르면 주사기 안에 들어 있는 공기의 부피는 많이 작아집니다.

(3) 일정한 온도에서 기체에 압력을 가할 때 기체의 부피가 작아지므로 기체는 압력에 따라 부피가 변합니다.

(4) 기체에 가하는 압력이 약할 때에는 기체의 부피가 조금 작아집니다.

2

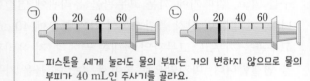

└ 피스톤을 세게 눌러도 물의 부피는 거의 변하지 않으므로 물의 부피가 40 mL인 주사기를 골라요.

액체는 압력에 따라 부피가 거의 변하지 않으므로 주사기 안에 들어 있는 물의 부피는 거의 변하지 않습니다.

3 과자 봉지 안에 들어 있는 기체에 가하는 압력은 하늘에서보다 땅에서 더 큽니다.

5~6 온도, 압력에 따라 기체의 부피가 변하는 예를 찾아볼까요 / 공기를 이루는 여러 가지 기체를 알아볼까요

스스로 확인해요
60 쪽

1 ○ **2** [예시 답안] 차가운 유리병을 손으로 감싸면 체온에 의해 병 안에 들어 있는 기체의 온도가 높아져 기체의 부피가 커지면서 동전이 움직인다.

1 기체의 부피는 일정한 압력에서 온도에 따라 변하고, 일정한 온도에서 압력에 따라 변합니다.

2 유리병을 손으로 감싸면 유리병 안에 들어 있는 기체의 온도가 높아져 기체의 부피가 커집니다. 이때 유리병의 부피는 변하지 않으므로 기체의 일부가 병 밖으로 빠져나가면서 동전을 밀어내 동전이 딸각거리며 움직입니다.

스스로 확인해요

60 쪽

1 혼합물   **2** 예시 답안 지금보다 불이 더 잘 나거나, 구리, 철과 같은 금속이 빨리 녹슬 것이다. 숨을 쉬는 횟수가 줄어들 것이다.

2 산소는 다른 물질이 타는 것을 돕고, 구리, 철과 같은 금속을 녹슬게 하므로 지금보다 불이 더 잘 나거나, 구리, 철과 같은 금속이 빨리 녹슬 것입니다. 또, 숨을 들이마실 때 공급되는 산소의 양이 많아져 숨을 쉬는 횟수가 줄어들 것입니다.

문제로 개념 탄탄

61 쪽

1 (1) 온 (2) 압 (3) 온 (4) 압   **2** 공기
3 (1) ⓒ (2) ⓒ (3) ㉠

1 기체의 부피 변화에 영향을 주는 것은 (1), (3)에서 온도이고, (2), (4)에서 압력입니다.

2 공기는 산소, 이산화 탄소, 질소, 헬륨 등의 여러 가지 기체가 섞여 있는 혼합물입니다.

3 (1) 질소는 과자 봉지를 채워 내용물을 보존하거나 신선하게 보관하는 데 이용합니다.
(2) 이산화 탄소는 탄산음료를 만드는 데 이용합니다.
(3) 산소는 잠수부가 사용하는 압축 공기통에 들어 있습니다.

문제로 실력 쑥쑥

62~63 쪽

01 ③   **02** (가)
03 예시 답안 찌그러진 탁구공을 뜨거운 물에 넣으면 탁구공 안에 들어 있는 기체의 온도가 높아져 기체의 부피가 커지기 때문이다.   **04** ⓒ   **05** ⑤
06 ㉠ 온도, ⓒ 압력   **07** (가)   **08** ⓒ
09 예시 답안 수면으로 올라갈수록 공기 방울 안에 들어 있는 기체에 가하는 압력이 약해지기 때문이다.
10 ⑤   **11** ④   **12** ②

01 고무풍선을 씌운 삼각 플라스크를 뜨거운 물에 넣으면 고무풍선이 부풀어 오르고, 얼음물에 넣으면 고무풍선이 오그라듭니다.

고무풍선이 부풀어 올라요.   고무풍선이 오그라들어요.

뜨거운 물   얼음물

02 (나): 고무풍선을 씌운 삼각 플라스크를 얼음물에 넣으면 고무풍선이 오그라드는 것으로 보아 온도가 낮아지면 기체의 부피는 작아집니다.
(다): 일정한 압력에서 기체의 부피는 온도에 따라 변합니다.

왜 틀린 답일까?

(가): 고무풍선을 씌운 삼각 플라스크를 뜨거운 물에 넣으면 고무풍선이 부풀어 오르는 것으로 보아 온도가 높아지면 기체의 부피는 커집니다.

03 탁구공을 뜨거운 물에 넣으면 탁구공 안에 들어 있는 기체의 온도가 높아져 기체의 부피가 커집니다.

	채점 기준
상	탁구공 안에 들어 있는 기체의 온도가 높아져 기체의 부피가 커지기 때문이라고 설명한 경우
중	온도에 대한 언급 없이 탁구공 안에 들어 있는 기체의 부피가 커지기 때문이라고만 설명한 경우

04

공기   주사기 안에 들어 있는 공기의 부피는 피스톤을 세게 누를 때 많이 작아지고, 피스톤을 약하게 누를 때 조금 작아져요.

㉠, ⓒ 공기가 들어 있는 주사기의 피스톤을 세게 누르면 피스톤이 많이 들어가고, 피스톤을 약하게 누르면 피스톤이 조금 들어갑니다.

왜 틀린 답일까?

ⓒ 주사기 안에 들어 있는 공기의 부피는 압력에 따라 변합니다.

05 액체는 압력에 따라 부피가 거의 변하지 않습니다.

06 기체의 부피는 일정한 압력에서 온도에 따라 변하고, 일정한 온도에서 압력에 따라 변합니다.

07

(가)	추운 실외에 둔 풍선이 쭈글쭈글해진다. ➡ 풍선 안에 들어 있는 기체의 온도가 낮아져 기체의 부피가 작아지기 때문
(나)	운동화를 신고 땅에 발을 디딜 때 운동화 밑창에 들어 있는 공기 주머니의 부피가 작아진다. ➡ 공기 주머니 안에 들어 있는 기체에 압력을 가하기 때문
(다)	비행기가 하늘에 있을 때 과자 봉지가 부풀어 오른다. ➡ 하늘 위로 올라갈수록 과자 봉지 안에 들어 있는 기체에 가하는 압력이 약해지기 때문
(라)	잠수부가 내뿜은 공기 방울의 크기는 수면으로 올라갈수록 커진다. ➡ 수면으로 올라갈수록 공기 방울 안에 들어 있는 기체에 가하는 압력이 약해지기 때문

기체의 부피 변화에 영향을 주는 것은 (가)에서 온도이고, (나), (다), (라)에서 압력입니다.

08 추운 실외에 풍선을 두면 풍선 안에 들어 있는 기체의 온도가 낮아져 기체의 부피가 작아지기 때문에 풍선이 쭈글쭈글해집니다.

09 물속에서 압력은 수면으로 올라갈수록 약해집니다.

채점 기준	
상	공기 방울 안에 들어 있는 기체에 가하는 압력이 약해지기 때문이라고 설명한 경우
중	압력에 대한 언급 없이 공기 방울 안에 들어 있는 기체의 부피가 커진다고 설명한 경우

10 공기는 여러 가지 기체가 섞여 있는 혼합물입니다.

11

질소는 식품의 내용물을 보존하거나 신선하게 보관하는 데 이용하고, 헬륨은 비행선이나 풍선을 공중에 띄우는 데 이용합니다.

12 압축 공기통과 호흡 장치에 들어 있는 기체는 산소입니다. 또, 산소는 다른 물질이 타는 것을 돕고, 구리, 철과 같은 금속을 녹슬게 하므로 공기가 산소로만 이루어져 있다면 지금보다 불이 더 잘 나고, 구리, 철과 같은 금속이 빨리 녹슬 것입니다.

단원평가 1회

01 ③	**02** ㉡	**03** (다)
04 이산화 탄소	**05** ②, ④	**06** ㉠
07 >	**08** ①	**09** ㉢
10 ③	**11** 혼합물	**12** ④

서술형 문제

13 예시 답안 ㉠, 산소는 다른 물질이 타는 것을 돕기 때문에 산소가 들어 있는 집기병에 향불을 넣으면 향불이 잘 탄다.

14 예시 답안 이산화 탄소, 색깔이 없다. 냄새가 없다. 다른 물질이 타는 것을 막는다. 석회수를 뿌옇게 흐리게 한다. 중 두 가지

15 예시 답안 ㄱ 자 유리관, 이산화 탄소가 발생할 때 ㄱ 자 유리관의 끝부분에서 거품이 나온다.

16 예시 답안 타이어 안에 들어 있는 기체의 온도가 높아져 기체의 부피가 커지기 때문이다.

17 예시 답안 공기 주머니의 부피가 작아진다. 공기 주머니 안에 들어 있는 기체에 압력을 가하기 때문이다.

18 (1) 이산화 탄소 (2) 예시 답안 이산화 탄소는 다른 물질이 타는 것을 막는다.

01 ㉠은 스탠드, ㉡은 깔때기, ㉢은 핀치 집게, ㉣은 가지 달린 삼각 플라스크, ㉤은 집기병입니다.

02 기체 발생 장치에서 산소를 발생시킬 때 깔때기(㉡)에 묽은 과산화 수소수를 넣습니다.

03

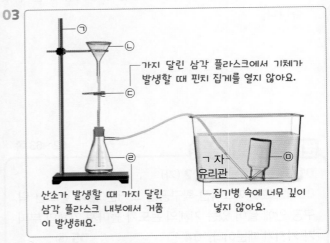

(다): 산소가 발생할 때 가지 달린 삼각 플라스크(㉣) 내부에서 거품이 발생합니다.

왜 틀린 답일까?

(가): 기체가 발생할 때 핀치 집게(㉢)를 열지 않습니다.

(나): ㄱ 자 유리관을 집기병(㉤) 속에 너무 깊이 넣지 않습니다.

04 이산화 탄소는 색깔과 냄새가 없고, 석회수를 뿌옇게 흐리게 합니다.

05 진한 식초와 탄산수소 나트륨이 만나면 이산화 탄소가 발생합니다.

06 이산화 탄소가 들어 있는 집기병에 향불을 넣으면 향불이 꺼집니다. 이를 통해 이산화 탄소는 다른 물질이 타는 것을 막는 것을 알 수 있습니다.

흰색 종이	유리판	향	석회수
색깔이 없음.	냄새가 없음.	다른 물질이 타는 것을 막음.	석회수를 뿌옇게 흐리게 함.

07 고무풍선을 씌운 삼각 플라스크를 뜨거운 물에 넣으면 고무풍선이 부풀어 오르고, 얼음물에 넣으면 고무풍선이 오그라듭니다. 따라서 고무풍선의 크기는 (가)에서가 (나)에서보다 큽니다.

08 공기가 들어 있는 주사기 입구를 막고, 피스톤을 세게 누르면 주사기 안에 들어 있는 공기의 부피가 많이 작아져 피스톤이 많이 들어갑니다.

09 ㉠ 일정한 압력에서 기체의 부피는 온도에 따라 변하고, 일정한 온도에서 기체의 부피는 압력에 따라 변합니다.
㉡ 일정한 압력에서 기체를 가열해 온도가 높아지면 기체의 부피가 커집니다.

왜 틀린 답일까?

㉢ 일정한 온도에서 기체에 가하는 압력이 약할 때에는 기체의 부피가 조금 작아집니다.

10 기체의 부피 변화에 영향을 주는 것은 ③에서 압력이고, ①, ②, ④, ⑤에서 온도입니다.

11 공기는 산소, 이산화 탄소, 질소, 헬륨 등의 여러 가지 기체가 섞여 있는 혼합물입니다.

12 ① 산소는 잠수부의 압축 공기통에 들어 있습니다.
② 이산화 탄소는 탄산음료를 만드는 데 이용합니다.
③ 헬륨은 풍선을 띄우는 데 이용합니다.

왜 틀린 답일까?

④ 식품의 내용물을 보존하거나 신선하게 보관하는 데 이용하는 기체는 질소입니다. 수소는 수소 발전소에서 전기를 만드는 데 이용합니다.

13

㉠의 집기병에 향불을 넣었더니 향불이 잘 타요.
➡ 집기병에 들어 있는 기체는 다른 물질이 타는 것을 도와요.
➡ 집기병에 산소가 들어 있어요.

㉡의 집기병에 향불을 넣었더니 향불이 꺼져요.
➡ 집기병에 들어 있는 기체는 다른 물질이 타는 것을 막아요.
➡ 집기병에 이산화 탄소가 들어 있어요.

산소는 다른 물질이 타는 것을 돕습니다. 따라서 산소가 들어 있는 집기병에 향불을 넣으면 향불이 잘 탑니다.

채점 기준	
상	㉠을 고르고, 산소가 다른 물질이 타는 것을 돕기 때문에 향불이 잘 탄다고 설명한 경우
중	㉠을 고르고, 산소가 다른 물질이 타는 것을 돕는 것과 향불이 잘 타는 것 중 한 가지만 설명한 경우
하	㉠만 옳게 고른 경우

14 ㉠은 깔때기, ㉡은 가지 달린 삼각 플라스크입니다. 가지 달린 삼각 플라스크(㉡)에 물과 탄산수소 나트륨을 넣고, 깔때기(㉠)에 진한 식초를 넣어 기체를 발생시키면 이산화 탄소가 발생합니다.

채점 기준	
상	이산화 탄소를 쓰고, 이산화 탄소의 성질 두 가지를 모두 옳게 설명한 경우
중	이산화 탄소를 쓰고, 이산화 탄소의 성질을 한 가지만 옳게 설명한 경우
하	이산화 탄소만 옳게 쓴 경우

15 ㉢은 ㄱ 자 유리관입니다. 이산화 탄소가 발생할 때 ㄱ 자 유리관의 끝부분에서 거품이 나옵니다.

기체가 발생할 때 관찰한 부분	관찰 결과
가지 달린 삼각 플라스크 내부	거품이 발생함.
ㄱ 자 유리관 끝부분	거품이 나옴.
물을 가득 채운 집기병 내부	물의 높이가 낮아짐.

채점 기준	
상	ㄱ 자 유리관을 쓰고, ㄱ 자 유리관의 끝부분에서 거품이 나온다고 설명한 경우
중	ㄱ 자 유리관만 옳게 쓴 경우

16

타이어 안에 들어 있는 기체의 온도가 높아져요.
→ 기체의 부피가 커져요.
→ 타이어가 팽팽해져요.

여름철에 자전거를 타고 도로를 달리면 타이어 안에 들어 있는 기체의 온도가 높아져 기체의 부피가 커집니다. 따라서 타이어가 팽팽해집니다.

채점 기준	
상	타이어 안에 들어 있는 기체의 온도가 높아져 기체의 부피가 커지기 때문이라고 설명한 경우
중	온도에 대한 언급 없이 타이어 안에 들어 있는 기체의 부피가 커지기 때문이라고만 설명한 경우

17 공기 주머니 안에 들어 있는 기체에 압력을 가하면 기체의 부피가 작아집니다. 따라서 공기 주머니의 부피가 작아집니다.

채점 기준	
상	공기 주머니의 부피가 작아진다고 쓰고, 기체에 압력을 가하기 때문이라고 설명한 경우
중	공기 주머니의 부피가 작아지는 것만 옳게 쓴 경우

18 (1) 박물관이나 미술관에서는 화재 진압 후 잔여물이 남지 않는 이산화 탄소 소화기를 사용합니다. 이산화 탄소 소화기에는 이산화 탄소가 들어 있습니다.
(2) 이산화 탄소는 다른 물질이 타는 것을 막습니다.

채점 기준	
상	다른 물질이 타는 것을 막는다고 설명한 경우
중	불을 끄는 성질이 있다고 설명한 경우

수행평가 1회

75 쪽

01 (1) 핀치 집게 (2) **예시 답안** 유리관을 끼운 실리콘 마개로 가지 달린 삼각 플라스크의 입구를 막는다.
02 (1) ㉣, 커진다 (2) **예시 답안** 고무풍선이 오그라든다. 고무풍선 안에 들어 있는 기체의 온도가 낮아지면 기체의 부피는 작아지기 때문이다.

01 (1) 10 cm 고무관을 끼운 깔때기를 스탠드의 링에 설치한 뒤, 고무관의 중간 부분에 핀치 집게를 끼웁니다.

> **만점 꿀팁** 기체 발생 장치에서 깔때기에 넣은 액체를 조금씩 흘려보낼 때 핀치 집게가 필요해요. 따라서 깔때기에 연결한 고무관의 중간 부분에는 핀치 집게를 끼워야 해요.

(2) 기체 발생 장치를 꾸밀 때 깔때기에 고무관을 끼워 스탠드의 링에 설치하고, 고무관의 중간 부분에 핀치 집게를 끼웁니다. 유리관을 끼운 실리콘 마개로 가지 달린 삼각 플라스크의 입구를 막고, 깔때기에 끼운 고무관을 유리관에 연결합니다.

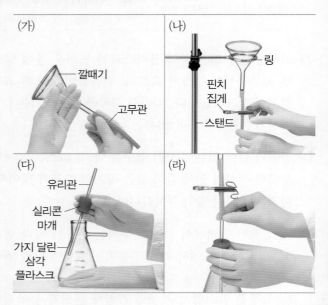

> **만점 꿀팁** 과정 (라)와 제시된 그림으로부터 과정 (다)에서 유리관, 실리콘 마개, 가지 달린 삼각 플라스크를 이용하는 것을 알 수 있어요.

채점 기준	
상	유리관, 실리콘 마개, 가지 달린 삼각 플라스크를 모두 포함하여 과정을 설명한 경우
중	실험 기구 두 가지만 포함하여 설명한 경우
하	실험 기구 한 가지만 포함하여 설명한 경우

02 (1) 일정한 압력에서 기체를 가열해 온도가 높아지면 기체의 부피는 커집니다.

> **만점 꿀팁** 고무풍선을 씌운 삼각 플라스크를 뜨거운 물이 들어 있는 비커에 넣으면 고무풍선 안에 들어 있는 기체의 온도가 높아져 기체의 부피가 커지는 것을 알 수 있어요.

(2) 고무풍선을 씌운 삼각 플라스크를 뜨거운 물에 넣었다가 얼음물에 넣으면 고무풍선 안에 들어 있는 기체의 온도가 낮아지므로 기체의 부피가 작아집니다. 따라서 고무풍선이 오그라듭니다.

만점 꿀팁 고무풍선을 씌운 삼각 플라스크를 얼음물에 넣을 때 기체의 온도가 어떻게 변할지 생각하면 실험 결과를 예상하고 그 까닭을 설명할 수 있어요.

채점 기준	
상	고무풍선이 오그라든다고 쓰고, 온도가 낮아지면 기체의 부피가 작아지기 때문이라고 설명한 경우
중	고무풍선이 오그라든다고 썼지만, 온도에 대한 언급 없이 기체의 부피가 작아지기 때문이라고만 설명한 경우
하	고무풍선이 오그라드는 것만 옳게 쓴 경우

단원 평가 2회
76~78 쪽

01 ②
02 ㉠ 4, ㉡ 6, ㉢ 2, ㉣ 5, ㉤ 3
03 ③
04 (가)
05 ㉡
06 ①, ③
07 ㉠
08 ㉢
09 ②
10 (다)
11 질소

서술형 문제

12 **예시 답안** ㉠에 진한 식초를 넣고, ㉡에 탄산수소 나트륨을 넣는다.

13 **예시 답안** 다른 물질이 타는 것을 돕는 성질이 있는 기체는 산소이므로 ㉠에 묽은 과산화 수소수를 넣고, ㉡에 이산화 망가니즈를 넣는다.

14 **예시 답안** 가지 달린 삼각 플라스크(㉡)에서 기체가 발생할 때 핀치 집게를 열면 발생한 기체가 거꾸로 흐를 수 있기 때문이다.

15 **예시 답안** 동전이 딸각거리며 움직인다. 차가운 유리병을 손으로 감싸면 유리병 안에 들어 있는 기체의 온도가 높아져 기체의 부피가 커지기 때문이다.

16 **예시 답안** ㉠, 하늘 위로 올라갈수록 과자 봉지 안에 들어 있는 기체에 가하는 압력이 약해지기 때문에 비행기가 하늘에 있을 때 과자 봉지가 더 많이 부풀어 오른다.

17 **예시 답안** 공기에는 산소, 이산화 탄소, 질소, 헬륨 등의 여러 가지 기체가 섞여 있기 때문이다.

18 **예시 답안** 질소, 식품의 내용물을 보존하거나 신선하게 보관하는 데 이용한다.

01 유리 막대는 기체 발생 장치를 꾸밀 때 필요한 실험 기구가 아닙니다.

02 깔때기에 고무관을 끼운 뒤 ㉢ → ㉤ → ㉠ → ㉣ → ㉡ 순으로 기체 발생 장치를 꾸밉니다.

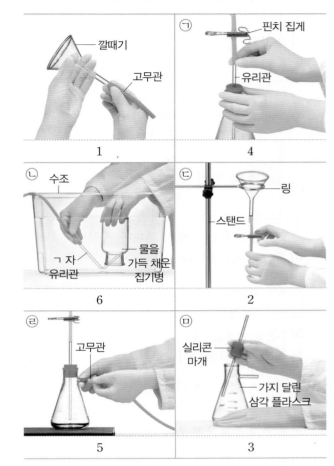

03 기체 발생 장치에서 가지 달린 삼각 플라스크에 물과 이산화 망가니즈를 넣고, 깔때기에 묽은 과산화 수소수를 넣은 뒤 핀치 집게를 조절해 묽은 과산화 수소수를 조금씩 천천히 흘려보내면 산소가 발생합니다.
①, ② 산소는 색깔과 냄새가 없습니다.
④ 산소는 다른 물질이 타는 것을 돕습니다.
⑤ 산소는 구리, 철과 같은 금속을 녹슬게 합니다.

왜 틀린 답일까?
③ 석회수를 뿌옇게 흐리게 하는 것은 이산화 탄소입니다.

04 (가): 산소는 압축 공기통이나 산소 호흡 장치에 들어 있습니다.

왜 틀린 답일까?
(나): 탄산음료를 만드는 데 이용하는 기체는 이산화 탄소입니다.
(다): 비행선이나 풍선을 공중에 띄울 때 이용하는 기체는 헬륨입니다.

05 산소가 발생할 때 물을 가득 채운 집기병에 산소가 채워지면서 집기병 내부의 물의 높이가 낮아집니다.

06 일정한 압력에서 기체의 부피는 온도에 따라 변합니다. 기체를 가열해 온도가 높아지면 기체의 부피는 커지고, 기체를 식혀 온도가 낮아지면 기체의 부피는 작아집니다.

07

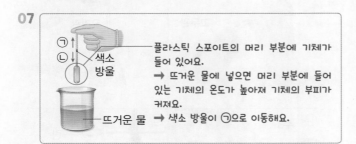

플라스틱 스포이트의 머리 부분에 들어 있는 기체의 온도가 높아지면 기체의 부피가 커지므로 색소 방울이 ㉠으로 이동합니다.

08 액체에 압력을 가할 때 액체의 부피는 거의 변하지 않습니다. 따라서 물이 들어 있는 주사기 입구를 막고, 피스톤을 눌렀을 때 주사기 안에 들어 있는 물의 부피는 거의 변하지 않습니다.

09 햇빛이 비치는 곳에 과자 봉지를 두면 과자 봉지 안에 들어 있는 기체의 온도가 높아져 기체의 부피가 커지므로 과자 봉지가 부풀어 오릅니다.

10 기체의 부피 변화에 영향을 주는 것은 (다)에서 압력이고, (가)와 (나)에서 온도입니다.

11

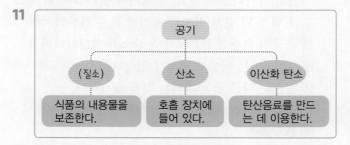

식품의 내용물을 보존하거나 신선하게 보관하는 데 이용하는 기체는 질소입니다.

12 ㉠은 깔때기, ㉡은 가지 달린 삼각 플라스크입니다. 기체 발생 장치에서 물을 넣은 가지 달린 삼각 플라스크(㉡)에 탄산수소 나트륨을 넣고, 깔때기(㉠)에 진한 식초를 넣은 뒤 핀치 집게를 조절해 진한 식초를 조금씩 천천히 흘려보내면 이산화 탄소가 발생합니다.

	채점 기준
상	㉠에 진한 식초를 넣고, ㉡에 탄산수소 나트륨을 넣는다고 설명한 경우
중	㉠과 ㉡에 넣는 물질 중 한 가지만 옳게 설명한 경우

13 다른 물질이 타는 것을 돕는 성질이 있는 기체는 산소입니다. 기체 발생 장치에서 물을 넣은 가지 달린 삼각 플라스크(㉡)에 이산화 망가니즈를 넣고, 깔때기(㉠)에 묽은 과산화 수소수를 넣은 뒤 핀치 집게를 조절해 묽은 과산화 수소수를 조금씩 천천히 흘려보내면 산소가 발생합니다.

	채점 기준
상	제시된 성질이 있는 기체는 산소이므로 ㉠에 묽은 과산화 수소수를 넣고, ㉡에 이산화 망가니즈를 넣는다고 설명한 경우
중	㉠과 ㉡에 넣는 물질만 옳게 설명한 경우
하	㉠과 ㉡에 넣는 물질 중 한 가지만 옳게 설명한 경우

14 가지 달린 삼각 플라스크(㉡)에서 기체가 발생할 때 핀치 집게를 열면 발생한 기체가 거꾸로 흐를 수 있으므로 기체가 발생할 때 핀치 집게를 열지 않아야 합니다.

	채점 기준
상	발생한 기체가 거꾸로 흐를 수 있기 때문이라고 설명한 경우
중	발생한 기체가 밖으로 빠져나간다고 설명한 경우

15

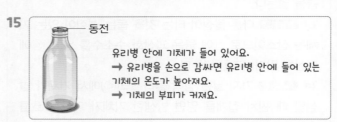

유리병 안에 들어 있는 기체의 온도가 높아져 기체의 부피가 커질 때 유리병의 부피는 변하지 않으므로 유리병 안에 들어 있던 기체의 일부가 동전을 밀어내고 병 밖으로 빠져나갑니다. 동전이 제자리로 돌아오면 기체가 다시 동전을 밀어내는 것을 반복하여 동전이 딸각거리며 움직입니다.

	채점 기준
상	유리병 안에 들어 있는 기체의 온도가 높아져 기체의 부피가 커지기 때문이라고 설명한 경우
중	기체의 부피가 커지기 때문이라고만 설명한 경우

16 과자 봉지를 가지고 비행기를 타면 비행기가 하늘 위로 올라갈수록 과자 봉지가 더 많이 부풀어 오릅니다.

채점 기준	
상	⊙을 고르고, 하늘 위로 올라갈수록 과자 봉지 안에 들어 있는 기체에 가하는 압력이 약해지기 때문이라고 설명한 경우
중	⊙을 고르고, 압력에 대한 언급 없이 하늘 위로 올라갈수록 과자 봉지가 부풀어 오른다고만 설명한 경우
하	⊙만 옳게 고른 경우

17 공기는 산소, 이산화 탄소, 질소, 헬륨 등의 여러 가지 기체가 섞여 있는 혼합물입니다.

채점 기준	
상	공기에는 산소, 이산화 탄소, 질소, 헬륨 등의 여러 가지 기체가 섞여 있기 때문이라고 설명한 경우
중	공기가 여러 가지 물질로 이루어진다고 설명한 경우

18 식품의 내용물을 보존하거나 신선하게 보관할 때, 비행기 타이어를 채울 때 질소를 이용합니다.

채점 기준	
상	질소를 쓰고, 식품의 내용물을 보존하거나 신선하게 보관하는 데 이용한다고 설명한 경우
중	질소만 옳게 쓴 경우

수행평가 2회

79 쪽

01 (1) 이산화 탄소 (2) **예시 답안** ・탐구 과정: 집기병에 석회수를 넣고 흔들어 석회수의 변화를 관찰한다.
・탐구 결과: 석회수가 뿌옇게 흐려진다.
02 (1) (가) ⓛ, (나) ⊙ (2) **예시 답안** 기체에 가하는 압력이 약할 때에는 기체의 부피가 조금 작아지고, 기체에 가하는 압력이 셀 때에는 기체의 부피가 많이 작아진다.

01 (1) 이산화 탄소는 색깔과 냄새가 없습니다. 또, 다른 물질이 타는 것을 막는 성질이 있어 이산화 탄소가 들어 있는 집기병에 향불을 넣으면 향불이 꺼집니다.

> **만점 꿀팁** 탐구 결과에서 집기병에 들어 있는 기체는 색깔과 냄새가 없고, 향불을 넣었을 때 향불이 꺼지는 것으로 보아 이산화 탄소임을 알 수 있어요.

(2) 이산화 탄소는 석회수를 뿌옇게 흐리게 합니다.

탐구 과정	탐구 결과
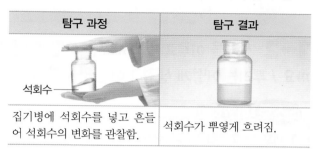 석회수 집기병에 석회수를 넣고 흔들어 석회수의 변화를 관찰함.	석회수가 뿌옇게 흐려짐.

> **만점 꿀팁** 이산화 탄소의 성질 중에서 석회수를 뿌옇게 흐리게 하는 것만 관찰하지 않았음을 알고, 석회수를 이용해 이산화 탄소의 성질을 확인하는 탐구 과정과 탐구 결과를 설명해요.

채점 기준	
상	탐구 과정과 탐구 결과를 모두 옳게 설명한 경우
중	탐구 과정과 탐구 결과 중 한 가지만 옳게 설명한 경우

02

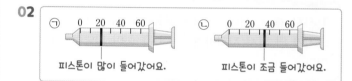
⊙ 0 20 40 60 피스톤이 많이 들어갔어요.   ⓛ 0 20 40 60 피스톤이 조금 들어갔어요.

(1) 공기가 들어 있는 주사기의 피스톤을 약하게 누르면 피스톤이 조금 들어가고, 세게 누르면 피스톤이 많이 들어갑니다.

> **만점 꿀팁** 공기가 들어 있는 주사기 입구를 막고, 피스톤을 누르면 주사기 안에 들어 있는 공기의 부피가 작아져요. 이때 피스톤을 누르는 세기에 따라 피스톤이 들어가는 정도가 달라요.

(2) 주사기의 피스톤을 약하게 누르면 주사기 안에 들어 있는 공기의 부피가 조금 작아지고, 피스톤을 세게 누르면 주사기 안에 들어 있는 공기의 부피가 많이 작아집니다.

> **만점 꿀팁** 피스톤을 약하게 누를 때와 피스톤을 세게 누를 때의 결과를 비교하면 압력에 따른 기체의 부피 변화를 설명할 수 있어요.

채점 기준	
상	기체에 가하는 압력이 약할 때와 셀 때의 부피 변화를 모두 옳게 설명한 경우
중	두 가지 중 한 가지만 옳게 설명한 경우
하	압력을 가하면 기체의 부피가 변한다고만 설명한 경우

4 식물의 구조와 기능

1~2 생물을 이루고 있는 세포는 어떻게 생겼을까요 / 뿌리는 어떻게 생겼고 어떤 일을 할까요

스스로 확인해요
82 쪽

1 세포 **2** 예시 답안 공통점은 핵과 세포막이 있는 것이고, 차이점은 식물 세포에는 세포벽이 있지만 동물 세포에는 세포벽이 없는 것이다.

2 식물 세포와 동물 세포에는 모두 핵과 세포막이 있습니다. 식물 세포에는 세포벽이 있지만, 동물 세포에는 세포벽이 없습니다.

스스로 확인해요
82 쪽

1 지지, 흡수, 저장 **2** 예시 답안 소나무가 토마토보다 크기가 더 커서 지지하는 데 더 큰 힘이 필요하기 때문이다.

2 크기가 큰 식물일수록 뿌리가 식물을 지지하는 데 더 큰 힘이 필요하기 때문에 뿌리가 땅속으로 더 깊고 넓게 뻗어 있습니다.

문제로 개념 탄탄
83 쪽

1 (1) × (2) ○ (3) ○ **2** (1) ㉠ (2) 핵
3 ㉠ 토마토, ㉡ 양파 **4** ㉡

1 (1) 세포는 종류에 따라 크기와 모양이 다르고, 하는 일도 다릅니다.
(2) 세포는 생물을 이루는 기본 단위로, 모든 생물은 세포로 이루어져 있습니다.
(3) 세포는 달걀과 같이 크기가 큰 것도 있지만, 대부분 맨눈으로 볼 수 없어 현미경으로 관찰해야 합니다.

2 (1) 광학 현미경으로 양파 표피 세포를 관찰하면 블록이 차곡차곡 쌓여 있는 것처럼 보이고, 입안 상피 세포를 관찰하면 모양이 일정하지 않은 세포들이 흩어져 있습니다. 따라서 ㉠은 양파 표피 세포, ㉡은 입안 상피 세포입니다.

(2) 양파 표피 세포(㉠)와 입안 상피 세포(㉡)에서 동그란 점처럼 보이는 (가)는 핵입니다.

3 토마토, 고추, 민들레 등의 뿌리는 굵고 곧은 뿌리에 가는 뿌리들이 나 있고, 양파, 파, 강아지풀 등의 뿌리는 굵기가 비슷한 뿌리들이 수염처럼 나 있습니다.

4 뿌리를 자르지 않은 양파는 물을 흡수하지만, 뿌리를 자른 양파는 물을 거의 흡수하지 못합니다. 따라서 뿌리를 자른 양파 쪽 비커보다 뿌리를 자르지 않은 양파 쪽 비커의 물이 더 많이 줄어듭니다.

3 줄기는 어떻게 생겼고 어떤 일을 할까요

스스로 확인해요
84 쪽

1 지지, 저장 **2** 예시 답안 뿌리에서 흡수한 물이 식물의 각 부분으로 이동하지 못하여 식물이 시들게 될 것이다.

2 줄기에 물이 이동하는 통로가 없다면 뿌리에서 흡수한 물이 잎, 꽃 등 식물의 각 부분으로 이동하지 못할 것입니다.

문제로 개념 탄탄
85 쪽

1 (1) 소나무 (2) 뿌리 (3) 고구마 **2** ㉡
3 물(붉은 색소 물) **4** (1) ○ (2) × (3) ○

1 (1) 소나무는 줄기가 굵고 곧습니다.
(2) 식물의 줄기는 아래로는 땅속으로 뻗은 뿌리와 이어져 있고, 위로는 잎, 꽃, 열매 등이 달려 있습니다.
(3) 고구마는 가늘고 긴 줄기가 땅 위를 기는 듯이 뻗습니다.

2 백합 줄기에서 물이 이동하는 통로는 줄기의 여러 군데에 분포하므로, 가로로 자른 단면에서는 여러 개의 붉은 점이 줄기에 퍼져 있습니다.

3 백합 줄기의 단면에서 붉게 물든 부분은 물이 이동한 통로입니다. 줄기는 뿌리에서 흡수한 물이 이동하는 통로 역할을 합니다.

4 (1) 감자, 토란 등과 같은 식물은 줄기에 양분을 저장합니다.

(2) 땅속으로 깊고 넓게 뻗어 물을 흡수하는 것은 뿌리가 하는 일입니다.

(3) 줄기는 잎과 꽃을 받쳐 주어 식물을 지지하고, 물이 이동하는 통로 역할을 합니다.

문제로 실력 쏙쏙

86~87 쪽

01 광학 현미경   **02** ㉢   **03** ①, ③
04 ㉡, 세포벽   **05** 뿌리털   **06** ④
07 ㉢   **08** 예시 답안 뿌리를 자르지 않은 양파는 물을 흡수했지만, 뿌리를 자른 양파는 물을 거의 흡수하지 못했기 때문이다. 이를 통해 뿌리는 물을 흡수한다는 것을 알 수 있다.   **09** ④
10 ①   **11** 예시 답안 가로 단면에서는 붉은 점이 여러 개 퍼져 있고, 세로 단면에서는 붉은 선이 여러 개 있다.   **12** ④

01

양파 표피 세포
동그란 점(핵)이 있고, 블록이 차곡차곡 쌓여 있는 것처럼 보여요.

입안 상피 세포
동그란 점(핵)이 있고, 모양이 일정하지 않은 세포들이 흩어져 있어요.

양파 표피 세포와 입안 상피 세포는 크기가 매우 작아 광학 현미경을 이용하여 확대해서 관찰해야 합니다.

02 세포벽은 세포를 보호하고 모양을 유지하는 역할을 합니다. 양파 표피 세포는 세포벽이 있어 모양이 비교적 일정하지만, 입안 상피 세포는 세포벽이 없어 모양이 일정하지 않습니다.

03 ①, ③ 양파 표피 세포(식물 세포)와 입안 상피 세포(동물 세포) 모두 핵과 세포막을 갖고 있습니다.

왜 틀린 답일까?

② 양파 표피 세포는 각진 모양입니다.
④ 양파 표피 세포와 입안 상피 세포 모두 크기가 매우 작아 맨눈으로 관찰하기 어렵습니다.
⑤ 양파 표피 세포에는 세포벽이 있지만, 입안 상피 세포에는 세포벽이 없습니다.

04 ㉠은 핵, ㉡은 세포벽, ㉢은 세포막입니다. 식물 세포에는 세포벽이 있고, 동물 세포에는 세포벽이 없습니다.

05 뿌리에는 솜털처럼 작고 가는 뿌리털이 나 있습니다. 뿌리털은 물과 닿는 면적을 넓혀 주어 뿌리가 물을 더 잘 흡수하게 합니다.

06 고추, 민들레, 토마토의 뿌리는 굵고 곧은 뿌리에 가는 뿌리들이 나 있습니다. 파의 뿌리는 굵기가 비슷한 뿌리들이 수염처럼 나 있습니다.

07 식물은 뿌리를 통해 물을 흡수하기 때문에 뿌리를 자르지 않은 양파는 뿌리에서 물을 흡수하고, 뿌리를 자른 양파는 물을 거의 흡수하지 못합니다. 따라서 뿌리를 자르지 않은 양파를 올려놓은 비커의 물이 뿌리를 자른 양파를 올려놓은 비커의 물보다 더 많이 줄어듭니다.

08 뿌리를 자른 양파는 뿌리에서 물을 흡수하지 못했기 때문에 비커에 든 물의 양이 거의 줄어들지 않았지만, 뿌리를 자르지 않은 양파는 뿌리에서 물을 흡수했기 때문에 비커에 든 물의 양이 많이 줄어들었습니다.

채점 기준	
상	뿌리를 자르지 않은 양파 쪽 물이 더 많이 줄어든 까닭과 이를 통해 알 수 있는 뿌리가 하는 일을 모두 옳게 설명한 경우
중	뿌리를 자르지 않은 양파 쪽 물이 더 많이 줄어든 까닭과 이를 통해 알 수 있는 뿌리가 하는 일 중 한 가지만 옳게 설명한 경우
하	뿌리를 자르지 않은 양파가 물을 흡수했다고만 설명한 경우

09 토란, 연꽃은 줄기에 양분을 저장하고, 고구마는 뿌리에 양분을 저장합니다. 사과와 토마토는 열매에 양분을 저장합니다.

10 소나무는 줄기가 꺼칠꺼칠합니다. 나팔꽃과 고구마의 줄기가 매끈합니다.

11 백합 줄기의 단면을 관찰했을 때 보이는 붉게 물든 부분은 줄기에서 물이 이동하는 통로입니다.

채점 기준	
상	가로 단면과 세로 단면을 관찰한 결과를 모두 옳게 설명한 경우
중	가로 단면과 세로 단면을 관찰한 결과 중 한 가지만 옳게 설명한 경우

12 줄기는 식물을 지지하고, 양분을 저장하는 일을 하기도 하지만, 이 실험 결과를 통해서는 줄기가 뿌리에서 흡수한 물이 이동하는 통로 역할을 한다는 것을 알 수 있습니다.

4 잎은 어떻게 생겼고 잎으로 이동한 물은 어떻게 될까요

스스로 확인해요
88 쪽

1 증산 작용　**2** [예시 답안] 습할 때보다 건조할 때 잎에서 나온 물이 공기 중으로 빠르게 날아가므로 습할 때보다 건조할 때 증산 작용이 더 잘 일어난다.

2 습할 때보다 건조할 때 물이 공기 중으로 빠르게 증발되므로 증산 작용도 습할 때보다 건조할 때 더 잘 일어납니다.

문제로 개념 탄탄
89 쪽

1 ㉠ 잎몸, ㉡ 잎맥, ㉢ 잎자루　**2** 잎의 유무
3 ㉡　**4** (1) × (2) ○ (3) ○

1 식물의 잎은 잎몸(㉠)에 잎맥(㉡)이 뻗어 있고, 대부분 잎몸과 연결된 잎자루(㉢)가 줄기에 달려 있습니다.

2 잎으로 이동한 물이 어떻게 되는지 알아보기 위한 실험이므로, 줄기에 달린 잎의 유무를 제외한 모든 조건(식물의 종류, 식물의 크기 등)은 같게 해야 합니다.

3 뿌리에서 흡수한 물이 잎을 통해 식물 밖으로 빠져나가므로, 1 일~2 일이 지난 뒤 잎을 모두 떼어 낸 고추 모종의 비닐봉지 안에는 변화가 없고, 잎을 그대로 둔 고추 모종의 비닐봉지 안에는 물이 생깁니다.

4 (1) 증산 작용은 주로 식물의 잎에서 일어납니다.
(2) 잎으로 이동한 물이 수증기 형태로 기공을 통해 식물 밖으로 빠져나가는 현상을 증산 작용이라고 합니다.
(3) 증산 작용은 뿌리에서 흡수한 물을 식물의 꼭대기까지 끌어 올릴 수 있도록 돕고, 식물의 온도를 조절합니다.

5 잎은 어떤 일을 할까요

스스로 확인해요
90 쪽

1 광합성　**2** [예시 답안] 식물을 빛이 잘 드는 곳에 놓아두고 식물에 물을 충분히 준다.

2 식물이 어두운 곳에서 빛을 받지 못하면 광합성이 일어나지 못하므로 식물을 빛이 잘 드는 곳에 두고 식물에 물을 충분히 주어야 합니다.

문제로 개념 탄탄
91 쪽

1 ㉡　**2** 녹말　**3** 광합성
4 (1) ○ (2) × (3) ○

1 빛을 받은 잎에서만 광합성이 일어나 녹말이 만들어지므로, 아이오딘 – 아이오딘화 칼륨 용액을 떨어뜨렸을 때 어둠상자를 씌우지 않은 잎(㉡)만 청람색으로 변합니다.

2 실험 결과 빛을 받은 잎이 청람색으로 변한 것을 통해 빛을 받은 잎에서 녹말과 같은 양분이 만들어진 것을 확인할 수 있습니다.

3 식물이 빛과 이산화 탄소, 뿌리에서 흡수한 물을 이용하여 스스로 양분을 만드는 것을 광합성이라고 합니다.

4 (1) 광합성은 식물의 다른 부분에서도 일어나지만, 주로 잎에서 일어납니다.
(2) 뿌리에서 잎으로 이동한 물의 일부는 광합성에 이용되고, 일부는 잎의 기공을 통해 식물 밖으로 빠져나갑니다.
(3) 잎에서 광합성을 통해 만들어진 양분은 뿌리, 줄기, 열매 등 식물의 각 부분으로 운반되어 사용되거나 저장됩니다.

6 꽃은 어떻게 생겼고 어떤 일을 할까요

스스로 확인해요
92 쪽

1 암술, 수술　**2** [예시 답안] 씨를 만들기 위해서이다.

2 식물이 꽃가루받이를 하는 까닭은 씨를 만들어 번식하기 위해서입니다. 꽃가루받이가 이루어지고 나면 수정이 일어나고, 수정이 일어나면 씨가 만들어져 자랍니다.

93 쪽

문제로 개념 탄탄

1 ㉠ 암술, ㉡ 꽃받침, ㉢ 꽃잎, ㉣ 수술
2 (1) ◯ (2) × (3) × (4) ◯   **3** 꽃가루받이
4 (1) ㉢ (2) ㉠ (3) ㉡ (4) ㉣

1

암술: 꽃가루받이가 이루어지면 씨를 만들어요.
㉠
꽃받침: 꽃잎을 ㉡ 보호해요.
꽃잎: 암술과 수술을 보호해요. ㉢
㉣ 수술: 꽃가루를 만들어요.

사과꽃은 암술(㉠), 꽃받침(㉡), 꽃잎(㉢), 수술(㉣)로 이루어져 있습니다.

2 (1) 암술(㉠)은 꽃가루받이가 이루어지면 씨를 만듭니다.
(2) 호박의 암꽃에는 수술(㉣)이 없고, 호박의 수꽃에는 암술(㉠)이 없습니다.
(3) 꽃받침(㉡)은 꽃잎을 보호합니다. 수술(㉣)에서 꽃가루가 만들어집니다.
(4) 꽃잎(㉢)은 암술과 수술을 보호합니다.

3 꽃가루받이(수분)는 수술에서 만들어진 꽃가루가 암술로 옮겨지는 것으로, 곤충, 새, 바람, 물 등의 도움으로 이루어집니다. 꽃가루받이가 이루어지고 나면 암술에서 씨가 만들어져 자랍니다.

4 (1) 소나무, 옥수수, 벼, 부들 등은 바람에 의해 꽃가루받이가 이루어집니다.
(2) 동백나무, 바나나 등은 새에 의해 꽃가루받이가 이루어집니다.
(3) 검정말, 나사말, 물수세미 등은 물에 의해 꽃가루받이가 이루어집니다.
(4) 코스모스, 사과나무, 매실나무, 연꽃, 봉선화 등은 곤충(벌, 나비 등)에 의해 꽃가루받이가 이루어집니다.

7~8 열매에 있는 씨는 어떻게 퍼질까요 / 뿌리, 줄기, 잎, 꽃, 열매는 서로 어떤 관련이 있을까요

스스로 확인해요

94 쪽

1 씨   **2** 예시 답안 열매나 씨의 생김새는 씨가 퍼지는 방법에 따라 씨를 멀리 퍼뜨리기에 유리한 구조로 생겼다.

2 식물의 열매나 씨의 생김새는 씨를 멀리 퍼뜨리기에 유리한 구조로 되어 있습니다. 예를 들어 도꼬마리는 열매 끝이 갈고리 모양이어서 동물의 털이나 사람의 옷에 잘 붙고, 단풍나무는 열매에 날개가 있어 돌면서 멀리 날아갈 수 있습니다.

스스로 확인해요

94 쪽

1 ◯   **2** 예시 답안 식물의 각 부분은 서로 관련되어 있기 때문에 한 부분에 문제가 생기면 그 식물은 건강하게 자라지 못할 수도 있다.

2 식물의 뿌리, 줄기, 잎, 꽃, 열매는 서로 관련되어 있어 한 부분에 문제가 생기면 다른 부분도 영향을 받게 됩니다.

문제로 개념 탄탄

95 쪽

1 씨   **2** (1) ㉣ (2) ㉡ (3) ㉢ (4) ㉠
3 우엉   **4** (1) ◯ (2) × (3) × (4) ◯

1 씨를 싸고 있는 암술이나 꽃받침 등이 함께 자라 열매가 되며, 열매는 씨를 보호하고 씨를 퍼뜨리는 일을 합니다.

2 (1) 서양민들레는 열매에 가벼운 솜털이 있어 바람에 날려 씨가 퍼집니다.
(2) 도꼬마리는 열매가 동물의 털이나 사람의 옷에 붙어 씨가 퍼집니다.
(3) 단풍나무는 열매에 날개가 있어 돌면서 멀리 날아가 씨가 퍼집니다.
(4) 산수유는 열매가 동물에게 먹힌 뒤 소화되지 않은 씨가 동물의 똥을 통해 나와 퍼집니다.

바른답·알찬풀이

3 도꼬마리와 우엉은 열매 끝이 갈고리 모양이어서 동물의 털이나 사람의 옷에 붙어 씨가 퍼집니다.

4 뿌리를 통해 흡수한 물은 줄기를 거쳐 식물의 각 부분으로 이동합니다. 잎으로 이동한 물의 일부는 잎의 기공을 통해 식물 밖으로 빠져나가고, 일부는 광합성을 통해 양분을 만드는 데 이용됩니다. 잎에서 만들어진 양분은 줄기를 통해 식물의 각 부분으로 전달됩니다. 꽃은 꽃가루받이를 거쳐 씨를 만들고, 열매는 씨를 보호하고 씨를 멀리 퍼뜨립니다. 이와 같이 식물의 각 부분은 하는 일이 다르지만 서로 밀접하게 관련되어 있습니다.

문제로 실력 쏙쏙
96~97 쪽

01 ① **02** ㉠ **03** 기공
04 예시 답안 빛을 받지 못한 잎과 빛을 받은 잎을 비교하기 위해서이다. **05** ㉢ **06** ④
07 ㉠, ㉡ **08** 예시 답안 암술, 꽃가루받이가 이루어지면 씨를 만든다. **09** ③
10 ④ **11** ② **12** ①, ③

01

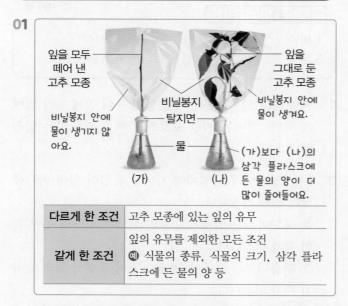

다르게 한 조건	고추 모종에 있는 잎의 유무
같게 한 조건	잎의 유무를 제외한 모든 조건 ⑩ 식물의 종류, 식물의 크기, 삼각 플라스크에 든 물의 양 등

잎으로 이동한 물이 증산 작용을 통해 식물 밖으로 빠져나가는 것을 알아보기 위한 실험입니다.

02 ㉠ 잎으로 이동한 물이 잎의 기공을 통해 식물 밖으로 빠져나가기 때문에 잎이 있는 모종에 씌운 비닐봉지 안에는 물이 생기고, 잎이 없는 모종에 씌운 비닐봉지 안에는 물이 생기지 않습니다.

> **왜 틀린 답일까?**
> ㉡ 물이 잎을 통해 식물 밖으로 빠져나가 비닐봉지 안에 맺혔으므로, 잎이 없는 모종보다 잎이 있는 모종의 삼각 플라스크에 든 물의 양이 더 많이 줄어듭니다.
> ㉢ 잎의 유무를 제외한 모든 조건(식물의 종류, 식물의 크기, 삼각 플라스크에 든 물의 양 등)은 같게 해야 합니다.

03 잎으로 이동한 물이 수증기 형태로 기공을 통해 식물 밖으로 빠져나가는 것을 증산 작용이라고 합니다. 기공은 잎의 표면에 있는 우리 눈에 보이지 않는 작은 구멍입니다.

04 빛을 받지 못한 잎과 빛을 받은 잎에서 만들어진 양분을 확인하기 위한 실험이므로, 고추 모종 한 개는 어둠상자를 씌워 빛을 받지 못하게 하고, 다른 한 개는 어둠상자를 씌우지 않고 빛을 받게 했습니다.

채점 기준	
상	빛을 받지 못한 잎과 빛을 받은 잎을 비교하기 위해서라고 설명한 경우
중	어둠상자를 씌워 빛을 차단하기 위해서라고만 설명한 경우

05 이 실험에서 다르게 한 조건은 빛의 유무입니다. 빛을 받은 잎에서는 광합성이 일어나 녹말이 만들어지므로, 아이오딘 – 아이오딘화 칼륨 용액을 떨어뜨렸을 때 빛을 받은 잎만 청람색으로 변합니다.

06 ①, ② 식물이 빛과 이산화 탄소, 물을 이용하여 스스로 양분을 만드는 것을 광합성이라고 합니다.
③ 광합성 결과 녹말과 같은 양분이 만들어집니다.
⑤ 광합성으로 생긴 양분은 줄기를 통해 뿌리, 줄기, 꽃, 열매 등 식물의 각 부분으로 운반됩니다.

> **왜 틀린 답일까?**
> ④ 식물은 광합성으로 생긴 양분을 뿌리, 줄기, 열매 등에 저장합니다.

07 식물의 꽃은 대부분 사과꽃처럼 암술, 수술, 꽃잎, 꽃받침으로 이루어져 있지만, 호박꽃처럼 암술, 수술, 꽃잎, 꽃받침 중 일부가 없는 것도 있습니다. 호박의 암꽃은 수술이 없고, 호박의 수꽃은 암술이 없습니다. 꽃에서 꽃가루받이가 이루어집니다.

08 ⊙은 암술입니다. 수술에서 만든 꽃가루가 암술로 옮겨지는 것을 꽃가루받이라고 합니다. 꽃가루받이가 이루어지고 나면 암술에서 씨가 만들어져 자랍니다.

채점 기준	
상	암술을 쓰고, 꽃가루받이가 이루어지면 씨를 만든다고 설명한 경우
중	암술을 쓰고, 씨를 만든다고만 설명한 경우
하	암술만 쓴 경우

09 ③ 코스모스, 사과나무, 매실나무, 연꽃 등은 곤충에 의해 꽃가루받이가 이루어지는 식물입니다.

왜 틀린 답일까?

① 소나무, 옥수수, 벼 등은 바람에 의해 꽃가루받이가 이루어지는 식물입니다.
② 검정말, 나사말, 물수세미 등은 물에 의해 꽃가루받이가 이루어지는 식물입니다.
④ 동백나무, 바나나 등은 새에 의해 꽃가루받이가 이루어지는 식물입니다.

10

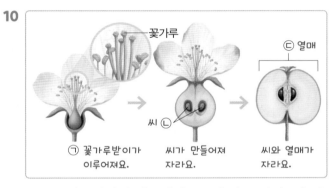

⊙은 꽃가루받이가 이루어지는 모습이고, ⊙은 씨, ⊙은 열매입니다. 꽃가루받이가 이루어지면 암술 속에서 씨가 만들어져 자랍니다. 사과 열매는 씨와 씨를 둘러싼 껍질로 되어 있고, 씨와 껍질 사이에 양분이 저장되어 있습니다.

11 벚나무, 산수유, 겨우살이는 열매가 동물에게 먹힌 뒤 씨가 동물의 똥과 함께 나와 퍼지고, 봉선화는 열매껍질이 터지면서 씨가 튕겨 나가 퍼집니다.

12 ① 꽃은 꽃가루받이가 이루어지면 씨를 만드는 일을 합니다.
③ 열매는 어린 씨를 보호하고, 씨를 멀리 퍼뜨리는 일을 합니다.

왜 틀린 답일까?

② 줄기는 식물의 각 부분으로 물과 양분이 이동하는 통로 역할을 합니다.

④ 뿌리는 땅속의 물을 흡수합니다.
⑤ 잎은 광합성을 통해 양분을 만들고, 증산 작용을 통해 식물 밖으로 물을 내보냅니다.

단원 평가 ①회 106~108 쪽

01 (나)	**02** >	**03** ②
04 ⓒ	**05** ①	**06** ⓒ
07 기공	**08** ⊙, ⓒ	**09** ④
10 ⊙ 꽃가루, ⓒ 꽃가루받이(수분)		**11** ⑤
12 ③		

서술형 문제

13 예시 답안 핵이 있다. 세포막으로 둘러싸여 있다.
14 예시 답안 고구마는 뿌리에 양분을 저장하고, 감자는 줄기에 양분을 저장하기 때문이다.
15 예시 답안 뿌리에서 흡수한 물을 식물의 꼭대기(잎)까지 끌어 올릴 수 있도록 돕는다.
16 (1) 녹말 (2) 예시 답안 아이오딘 – 아이오딘화 칼륨 용액은 녹말과 반응하면 청람색으로 변하기 때문이다.
17 예시 답안 꽃가루가 바람에 날려 암술에 옮겨 붙는다.
18 예시 답안 가벼운 솜털이 있어 바람에 날려 씨가 퍼진다.

01 세포는 크기와 모양이 다양하고, 종류에 따라 하는 일이 다릅니다. 대부분의 세포는 크기가 매우 작아 맨눈으로 관찰하기 어렵습니다.

02 뿌리를 자른 양파는 물을 거의 흡수하지 못하고 뿌리를 자르지 않은 양파는 물을 흡수하므로, ⊙의 비커보다 ⓒ의 비커에 담긴 물의 양이 더 많이 줄어듭니다.

03 뿌리를 자른 양파를 올려놓은 ⊙의 비커보다 뿌리를 자르지 않은 양파를 올려놓은 ⓒ의 비커에 담긴 물의 양이 더 많이 줄어든 것을 통해 뿌리는 물을 흡수한다는 것을 알 수 있습니다.

04 소나무의 줄기는 굵고 곧습니다. 나팔꽃의 줄기는 가늘고 길며, 다른 물체를 감고 올라갑니다. 고구마의 줄기는 땅 위를 기는 듯이 뻗습니다.

05 붉은 색소 물에 넣어 둔 백합 줄기의 단면에서 볼 수 있는 붉게 물든 부분은 물이 이동한 통로입니다. 이를 통해 줄기는 물이 이동하는 통로 역할을 한다는 것을 알 수 있습니다.

바른답·알찬풀이

06 잎을 모두 떼어 낸 고추 모종 (가)의 비닐봉지 안에는 물이 생기지 않고, 잎을 그대로 둔 고추 모종 (나)의 비닐봉지 안에만 물이 생긴 까닭은 뿌리에서 흡수한 물이 잎을 통해 식물 밖으로 빠져나가기 때문입니다.

07 기공은 잎의 표면에 있는 우리 눈에 보이지 않는 작은 구멍입니다. 잎으로 이동한 물의 일부는 기공을 통해 식물 밖으로 빠져나갑니다.

08 ㉠ 잎에 있는 기공을 통해 물이 수증기 형태로 식물 밖으로 빠져나가는 것을 증산 작용이라고 합니다.
㉢ 광합성은 식물이 빛과 이산화 탄소, 뿌리에서 흡수한 물을 이용하여 스스로 양분을 만드는 것으로, 주로 잎에서 일어납니다.

> **왜 틀린 답일까?**
㉡ 잎에서 만들어진 양분은 줄기를 통해 식물의 각 부분으로 운반됩니다.

09 사과꽃은 암술, 수술, 꽃잎, 꽃받침으로 이루어져 있습니다. ㉠은 암술, ㉡은 꽃잎, ㉢은 수술, ㉣은 꽃받침입니다.

10 수술에서 만들어진 꽃가루가 암술로 옮겨지는 것을 꽃가루받이 또는 수분이라고 합니다. 꽃가루받이가 이루어지면 암술에서 씨가 만들어져 자랍니다.

11 ⑤ 단풍나무는 열매에 날개가 있어 돌면서 멀리 날아가 씨가 퍼집니다.

> **왜 틀린 답일까?**
① 열매가 물에 떠서 이동하여 씨가 퍼지는 식물에는 연꽃, 수련, 코코야자 등이 있습니다.
② 열매에 가벼운 솜털이 있어 바람에 날려 씨가 퍼지는 식물에는 서양민들레, 박주가리, 버드나무 등이 있습니다.
③ 열매가 동물에게 먹힌 뒤 씨가 똥과 함께 나와 퍼지는 식물에는 산수유, 벚나무, 머루, 다래 등이 있습니다.
④ 열매가 동물의 털이나 사람의 옷에 붙어 씨가 퍼지는 식물에는 도꼬마리, 우엉, 도깨비바늘, 가막사리 등이 있습니다.

12 ③ 가죽나무는 단풍나무와 같이 열매에 날개가 있어 돌면서 멀리 날아가 씨가 퍼집니다.

> **왜 틀린 답일까?**
① 봉선화는 열매껍질이 터지면서 씨가 튕겨 나가 퍼집니다.
② 산수유는 열매가 동물에게 먹힌 뒤 소화되지 않은 씨가 동물의 똥을 통해 나와 씨가 퍼집니다.
④ 도꼬마리는 열매 끝이 갈고리 모양이어서 열매가 동물의 털이나 사람의 옷에 붙어 씨가 퍼집니다.

13

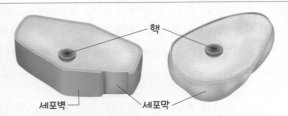

식물 세포와 동물 세포의 공통점은 핵과 세포막이 있는 것이고, 차이점은 식물 세포에는 세포벽이 있지만 동물 세포에는 세포벽이 없는 것이에요.

식물 세포와 동물 세포는 세포막으로 둘러싸여 있고 그 안에 핵이 있습니다.

채점 기준	
상	핵이 있으며, 세포막으로 둘러싸여 있다고 설명한 경우
중	핵이 있는 것과 세포막으로 둘러싸여 있는 것 중 한 가지만 설명한 경우

14 고구마, 무, 당근과 같은 식물은 뿌리에 양분을 저장합니다. 감자, 토란, 연꽃과 같은 식물은 줄기에 양분을 저장합니다.

채점 기준	
상	고구마는 뿌리에 양분을 저장하고, 감자는 줄기에 양분을 저장하기 때문이라고 설명한 경우
중	고구마와 감자 중 한 가지만 크고 뚱뚱해진 까닭을 옳게 설명한 경우
하	양분을 저장하기 때문이라고만 설명한 경우

15 잎으로 이동한 물이 수증기 형태로 기공을 통해 식물 밖으로 빠져나가는 현상을 증산 작용이라고 하며, 증산 작용은 뿌리에서 흡수한 물을 식물의 꼭대기까지 끌어 올릴 수 있도록 돕습니다.

채점 기준	
상	뿌리에서 흡수한 물을 식물의 꼭대기(잎)까지 끌어 올릴 수 있도록 돕는다고 설명한 경우
중	잎으로 물을 이동시킨다고 설명한 경우

16 (1) 아이오딘 – 아이오딘화 칼륨 용액은 녹말과 반응하면 청람색으로 변합니다.
(2) 어둠상자를 씌운 잎은 빛을 받지 못해 녹말이 만들어지지 않았으므로, 아이오딘 – 아이오딘화 칼륨 용액을 떨어뜨렸을 때 색깔이 변하지 않습니다. 어둠상자를 씌우지 않은 잎은 빛을 받아 광합성이 일어나서 녹말이 만들어졌기 때문에 아이오딘 – 아이오딘화 칼륨 용액을 떨어뜨렸을 때 청람색으로 변합니다.

채점 기준	
상	아이오딘 - 아이오딘화 칼륨 용액은 녹말과 반응하면 청람색으로 변하기 때문이라고 설명한 경우
중	어둠상자를 씌우지 않은 잎만 청람색으로 변했기 때문이라고 설명한 경우

17 벼, 소나무, 옥수수 등과 같은 식물은 바람에 의해 꽃가루받이가 이루어집니다. 이 식물들의 꽃가루는 작고 가벼워서 바람에 날아가기 쉽습니다.

채점 기준	
상	꽃가루가 바람에 날려 암술에 옮겨 붙는다고 설명한 경우
중	꽃가루가 바람에 날아간다고만 설명한 경우

18 서양민들레, 박주가리 등은 열매에 가벼운 솜털이 있어서 바람에 날려 씨가 퍼집니다.

채점 기준	
상	가벼운 솜털이 있어 바람에 날려 씨가 퍼진다고 설명한 경우
중	바람에 날려 씨가 퍼진다고 서양민들레의 씨가 퍼지는 방법을 옳게 설명했으나 열매의 생김새와 관련짓지 못한 경우
하	열매에 가벼운 솜털이 있다고만 설명한 경우

수행평가 1회

109 쪽

01 (1) ㉠ 동물 세포, ㉡ 식물 세포 (2) **예시 답안** 식물 세포는 세포벽이 있어 비교적 모양이 일정하지만, 동물 세포는 세포벽이 없어 모양이 일정하지 않기 때문이다.
02 (1) 암술 (2) **예시 답안** 사과꽃은 암술, 수술, 꽃잎, 꽃받침으로 이루어져 있지만, 호박의 암꽃은 수술이 없어 암술, 꽃잎, 꽃받침으로 이루어져 있다.

01 (1) 양파 표피 세포는 식물 세포이고, 입안 상피 세포는 동물 세포입니다. 양파 표피 세포를 광학 현미경으로 관찰하면 블록이 차곡차곡 쌓여 있는 것처럼 보입니다. 입안 상피 세포를 광학 현미경으로 관찰하면 모양이 일정하지 않은 세포들이 불규칙하게 흩어져 있습니다.

만점 꿀팁 광학 현미경으로 관찰했을 때 양파 표피 세포는 블록이 쌓여 있는 것처럼 보이고, 입안 상피 세포는 일정하지 않은 모양의 세포 여러 개가 흩어져 있다는 것을 기억하면 양파 표피 세포와 입안 상피 세포를 쉽게 구별할 수 있어요.

(2) 식물 세포는 세포벽과 세포막으로 둘러싸여 있고 그 안에 핵이 있습니다. 동물 세포는 세포막으로 둘러싸여 있고 그 안에 핵이 있습니다. 식물 세포에는 세포벽이 있지만, 동물 세포에는 세포벽이 없습니다.

만점 꿀팁 세포벽은 세포막에 비해 두껍고 견고해서 세포를 보호하고 모양을 유지하는 역할을 해요. 따라서 식물 세포는 세포벽이 있어 비교적 모양이 일정하고, 동물 세포는 세포벽이 없어 모양이 일정하지 않아요.

채점 기준	
상	식물 세포는 비교적 모양이 일정하고, 동물 세포는 모양이 일정하지 않다는 것을 세포벽의 유무와 관련지어 옳게 설명한 경우
중	식물 세포는 세포벽이 있고, 동물 세포는 세포벽이 없다고만 설명한 경우
하	식물 세포는 비교적 모양이 일정하지만, 동물 세포는 모양이 일정하지 않다고만 설명한 경우

02 (1) ㉠은 암술입니다. 암술은 꽃가루받이가 이루어지면 씨를 만듭니다.

만점 꿀팁 사과꽃과 호박의 암꽃에서 공통으로 볼 수 있는 것은 암술, 꽃잎, 꽃받침인데, ㉠은 꽃의 가장 안쪽 중앙에 위치하고 있으므로 암술이에요.

(2) 식물의 꽃은 사과꽃처럼 암술, 수술, 꽃잎, 꽃받침으로 이루어져 있는 꽃도 있고, 호박꽃처럼 암술, 수술, 꽃잎, 꽃받침 중 일부가 없는 꽃도 있습니다. 호박의 암꽃에는 수술이 없고, 호박의 수꽃에는 암술이 없습니다.

만점 꿀팁 사과꽃은 암술, 수술, 꽃잎, 꽃받침을 모두 갖고 있지만, 호박의 암꽃은 암술, 꽃잎, 꽃받침만 갖고 있고 수술은 없다는 것을 비교하여 설명해요.

채점 기준	
상	사과꽃과 호박의 암꽃 생김새를 비교하여 차이점을 옳게 설명한 경우
중	호박의 암꽃은 수술이 없다고만 설명한 경우

바른답·알찬풀이

01 ㉡	02 ㉠, ㉢	03 ③
04 ①	05 ㉢	06 ①, ⑤
07 ③	08 ㉢	09 ⑤
10 (다)	11 ㉠	12 ④

서술형 문제

13 [예시 답안] 동물 세포에는 식물 세포에 있는 세포벽이 없다.

14 [예시 답안] 소나무 줄기는 굵고 곧게 뻗지만, 나팔꽃 줄기는 가늘고 길며 다른 물체를 감고 올라간다.

15 [예시 답안] ㉡, 뿌리에서 흡수한 물이 잎에서 증산 작용을 통해 식물 밖으로 빠져나갔기 때문이다.

16 [예시 답안] 잎에서 만들어진 양분은 줄기를 통해 뿌리, 줄기, 꽃과 열매 등 식물의 각 부분으로 운반되어 사용되거나 저장된다.

17 [예시 답안] 꽃잎은 암술과 수술을 보호하고, 꽃받침은 꽃잎을 보호한다.

18 [예시 답안] 씨를 멀리 퍼뜨려야겠다.

01 양파 표피 세포를 광학 현미경으로 관찰했을 때 동그란 점으로 보이는 것이 핵(㉡)입니다. 핵은 세포의 생명 활동을 조절합니다. ㉠은 양파 표피 세포를 둘러싸고 있는 세포벽입니다.

02 ㉠ 토마토 뿌리는 땅속으로 뻗어 물을 흡수하는데, 뿌리에 있는 솜털처럼 작고 가는 뿌리털이 물을 더 잘 흡수하게 합니다.
㉢ 토마토, 고추 등의 뿌리는 굵고 곧은 뿌리에 가는 뿌리들이 나 있습니다.

왜 틀린 답일까?
㉡ 굵기가 비슷한 뿌리들이 수염처럼 난 모습의 뿌리를 가진 식물에는 양파, 파 등이 있습니다.

03 ① 뿌리는 땅속으로 뻗어 물을 흡수합니다.
② 뿌리는 땅속으로 깊고 넓게 뻗어 식물 전체를 받쳐 주어 식물을 지지합니다.
④ 뿌리털은 물과 닿는 면적을 넓혀 뿌리가 물을 더 잘 흡수하게 합니다.
⑤ 고구마, 무, 당근 등은 뿌리에 양분을 저장합니다.

왜 틀린 답일까?
③ 증산 작용은 물이 수증기 형태로 기공을 통해 식물 밖으로 빠져나가는 현상으로, 주로 잎에서 일어납니다.

04 ① 붉은 색소 물에 넣어 두었던 백합 줄기를 세로로 자른 단면에는 붉은 선이 여러 개 있습니다.

왜 틀린 답일까?
② 붉은 색소 물에 넣어 두었던 봉선화 줄기를 세로로 잘랐을 때의 모습입니다. 붉은 선들이 줄기의 양쪽 가장자리에 있습니다.
③ 붉은 색소 물에 넣어 두었던 백합 줄기를 가로로 잘랐을 때의 모습입니다. 붉은 점들이 줄기 전체에 퍼져 있습니다.
④ 붉은 색소 물에 넣어 두었던 봉선화 줄기를 가로로 잘랐을 때의 모습입니다. 붉은 점들이 줄기 가장자리에 둥글게 원을 이루고 있습니다.

05 백합 줄기의 단면에서 붉게 물든 부분은 물이 이동한 통로입니다. 물은 줄기에 있는 이 통로를 통해 이동합니다.

06 뿌리에서 잎으로 이동한 물의 일부는 광합성에 이용되고, 일부는 잎의 기공을 통해 식물 밖으로 빠져나갑니다.

07 날씨가 따뜻하여 온도가 높을 때, 습도가 낮을 때, 햇빛이 강할 때, 바람이 잘 불 때, 식물 안에 물의 양이 많을 때 증산 작용이 잘 일어납니다.

08 ㉢ 광합성은 식물이 빛을 받아 이산화 탄소와 물을 이용하여 스스로 양분을 만드는 것입니다.

왜 틀린 답일까?
㉠ 광합성에는 빛, 이산화 탄소, 물이 필요합니다.
㉡ 광합성은 주로 잎에서 일어납니다.

09

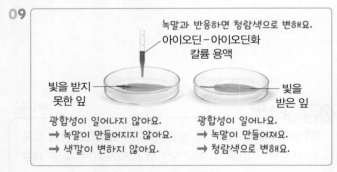

아이오딘－아이오딘화 칼륨 용액을 떨어뜨렸을 때 빛을 받지 못한 잎은 색깔이 변하지 않고, 빛을 받은 잎은 청람색으로 변합니다. 이를 통해 광합성에는 빛이 필요하며, 광합성 결과 녹말이 만들어진다는 것을 알 수 있습니다.

10 수술에서 만들어진 꽃가루가 암술로 옮겨지는 것을 꽃가루받이 또는 수분이라고 합니다. 꽃가루받이는 곤충, 새, 바람, 물 등의 도움으로 이루어지며, 꽃가루받이가 이루어지면 암술에서 씨가 만들어져 자랍니다.

11 ㉠ 동백나무는 새에 의해 꽃가루받이가 이루어집니다.

ⓛ, ⓒ 봉선화와 코스모스는 곤충에 의해 꽃가루받이가 이루어집니다.

12 ④ 산수유, 벚나무, 머루, 다래 등은 열매가 동물에게 먹힌 뒤 소화되지 않은 씨가 동물의 똥을 통해 나와 씨가 퍼집니다.

① 제비꽃은 열매껍질이 터지면서 씨가 튕겨 나가 퍼집니다.
② 박주가리는 열매에 가벼운 솜털이 있어 바람에 날려서 씨가 퍼집니다.
③ 도꼬마리는 열매 끝이 갈고리 모양이어서 열매가 동물의 털이나 사람의 옷에 붙어 씨가 퍼집니다.
⑤ 단풍나무는 열매에 날개가 있어 멀리 날아가 씨가 퍼집니다.

13 식물 세포에는 세포벽이 있고, 동물 세포에는 세포벽이 없습니다.

채점 기준	
상	식물 세포에는 세포벽이 있지만 동물 세포에는 세포벽이 없다는 내용을 설명한 경우
중	식물 세포와 비교하지 않고 동물 세포에는 세포벽이 없다고만 설명한 경우

14 소나무 줄기는 굵고 곧게 위로 뻗는 곧은줄기입니다. 나팔꽃 줄기는 가늘고 길며, 다른 물체를 감고 올라가는 감는줄기입니다.

채점 기준	
상	소나무 줄기와 나팔꽃 줄기의 생김새의 특징을 비교하여 차이점을 옳게 설명한 경우
중	소나무 줄기 생김새의 특징과 나팔꽃 줄기 생김새의 특징 중 한 가지만 옳게 설명한 경우
하	소나무 줄기는 굵고, 나팔꽃 줄기는 가늘다고만 설명한 경우

15 잎에서 증산 작용이 일어나 물이 식물 밖으로 빠져나가므로, 잎을 그대로 둔 고추 모종에 씌운 비닐봉지 안에는 물이 생기고, 잎을 모두 떼어 낸 고추 모종에 씌운 비닐봉지 안에는 물이 생기지 않습니다.

채점 기준	
상	ⓛ을 쓰고, ⓛ의 비닐봉지 안에만 물이 생기는 까닭을 옳게 설명한 경우
중	ⓛ을 쓰고, 잎에서 증산 작용이 일어나기 때문이라고 설명한 경우
하	ⓛ만 쓴 경우

16 잎은 광합성을 통해 스스로 양분을 만듭니다. 잎에서 광합성을 통해 만들어진 양분은 줄기를 거쳐 뿌리, 줄기, 열매 등 필요한 부분으로 운반되어 사용되거나 저장됩니다.

채점 기준	
상	잎에서 만들어진 양분이 줄기를 통해 식물의 각 부분으로 운반되어 사용되거나 저장된다고 설명한 경우
중	잎에서 만들어진 양분이 식물의 각 부분으로 운반되어 사용된다고만 설명한 경우
하	잎에서 만들어진 양분이 식물의 각 부분으로 운반된다고만 설명한 경우

17 식물의 꽃은 대부분 사과꽃처럼 암술, 수술, 꽃잎, 꽃받침으로 이루어져 있습니다. 암술은 꽃가루받이가 이루어지면 씨를 만들고, 수술은 꽃가루를 만듭니다. 꽃잎은 암술과 수술을 보호하고, 꽃받침은 꽃잎을 받치고 보호합니다.

채점 기준	
상	꽃잎과 꽃받침이 하는 일을 모두 옳게 설명한 경우
중	꽃잎과 꽃받침이 하는 일 중 한 가지만 옳게 설명한 경우

18 식물의 각 부분은 서로 관련을 맺으며 영향을 주고받습니다. 뿌리에서 흡수한 물은 줄기를 통해 잎으로 이동합니다. 잎에서는 증산 작용을 통해 식물 밖으로 물을 내보내고, 광합성을 통해 스스로 양분을 만듭니다. 꽃은 꽃가루받이가 이루어지면 씨를 만듭니다. 열매는 씨를 멀리 퍼뜨리는 일을 합니다.

채점 기준	
상	씨를 멀리 퍼뜨린다는 내용을 포함하여 설명한 경우
중	씨를 내보낸다고만 설명한 경우

수행평가 2회
113 쪽

01 (1) 뿌리의 유무 (2) 예시답안 ⓛ의 비커에 든 물의 양보다 ⓛ의 비커에 든 물의 양이 더 많이 줄어들었다.
02 (1) ⓛ (2) 예시답안 어둠상자를 씌우지 않아 빛을 받은 잎에서는 광합성을 통해 녹말이 만들어지기 때문에 아이오딘－아이오딘화 칼륨 용액과 반응하여 청람색으로 변한다.

01

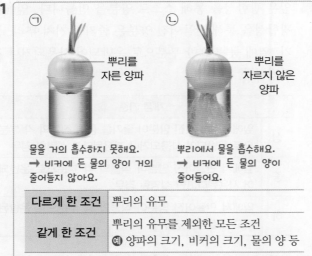

ㄱ 뿌리를 자른 양파
ㄴ 뿌리를 자르지 않은 양파

물을 거의 흡수하지 못해요. → 비커에 든 물의 양이 거의 줄어들지 않아요.

뿌리에서 물을 흡수해요. → 비커에 든 물의 양이 줄어들어요.

다르게 한 조건	뿌리의 유무
같게 한 조건	뿌리의 유무를 제외한 모든 조건 ⑩ 양파의 크기, 비커의 크기, 물의 양 등

(1) 두 개의 양파 중 하나는 뿌리를 자르고, 다른 하나는 뿌리를 자르지 않았습니다. 뿌리의 유무 외에 다른 조건(양파의 크기, 비커의 크기, 물의 양 등)은 모두 같게 해야 합니다.

> **만점 꿀팁** 이 실험이 무엇을 알아보기 위한 것인지 알면 다르게 한 조건을 찾을 수 있어요. 뿌리의 흡수 기능을 알아보기 위한 실험이므로 뿌리의 유무를 제외한 나머지 조건은 모두 같게 해야 해요.

(2) 뿌리를 자르지 않은 양파는 뿌리에서 물을 흡수하지만, 뿌리를 자른 양파는 뿌리가 없기 때문에 물을 거의 흡수하지 못합니다.

> **만점 꿀팁** 뿌리가 물을 흡수하는 일을 한다는 것을 알고 있으면 ㄱ과 ㄴ 중 어느 것의 비커에 든 물의 양이 더 많이 줄어드는지 알 수 있어요.

채점 기준	
상	ㄱ의 비커에 든 물의 양보다 ㄴ의 비커에 든 물의 양이 더 많이 줄어들었다고 설명한 경우
중	ㄱ의 비커에 든 물의 양은 설명하지 않고, ㄴ의 비커에 든 물의 양이 줄어들었다고만 설명한 경우

02

색깔이 변하지 않아요. ㄱ
청람색으로 변해요. ㄴ

어둠상자를 씌운 잎 → 빛을 받지 못해 광합성이 일어나지 않아요.

어둠상자를 씌우지 않은 잎 → 빛을 받아서 광합성이 일어나 녹말이 만들어져요.

(1) 고추 모종 한 개에만 어둠상자를 씌우는 까닭은 빛을 받지 못한 잎과 빛을 받은 잎을 비교하기 위해서입니다. 빛을 받은 잎에서는 광합성이 일어나 녹말이 만들어집니다.

> **만점 꿀팁** 이 실험에서 아이오딘 - 아이오딘화 칼륨 용액을 떨어뜨렸을 때 빛을 받지 못한 잎은 색깔이 변하지 않고, 빛을 받은 잎은 청람색으로 변해요. 따라서 어둠상자를 씌우지 않아 빛을 받은 잎은 색깔이 청람색으로 변한 잎이에요.

(2) 실험 결과 어둠상자를 씌우지 않아 빛을 받은 잎에서만 녹말이 만들어져 아이오딘 - 아이오딘화 칼륨 용액을 떨어뜨렸을 때 청람색으로 변합니다.

> **만점 꿀팁** 잎에서 광합성을 통해 녹말이 만들어진다는 것과 아이오딘 - 아이오딘화 칼륨 용액은 녹말과 반응하면 청람색으로 변한다는 것을 연관 지어 설명해요.

채점 기준	
상	빛을 받은 잎에서만 광합성을 통해 녹말이 만들어진다는 것과 아이오딘 - 아이오딘화 칼륨 용액이 녹말과 반응하여 청람색으로 변한다는 내용을 포함하여 설명한 경우
중	빛을 받은 잎에서만 광합성을 통해 녹말이 만들어졌기 때문이라고 설명한 경우
하	빛을 받은 잎만 청람색으로 변했기 때문이라고 설명한 경우

5 빛과 렌즈

1 햇빛이 프리즘을 통과하면 어떻게 될까요

스스로 확인해요

1 여러 가지   **2** 예시 답안 맑은 날 분수 근처에서 햇빛이 여러 가지 색의 빛으로 나타난 것을 보았다.

2 햇빛이 분수 근처의 물방울을 통과할 때 여러 가지 색의 빛으로 나타납니다.

문제로 개념 탄탄

1 (1) ○ (2) × (3) ×   **2** ㉠ 프리즘, ㉡ 여러
3 프리즘   **4** (1) ○ (2) × (3) ×   **5** ㉡

1 (1) 태양이 있는 맑은 날에 실험해야 합니다.
(2) 햇빛을 눈으로 직접 보지 않도록 주의해야 합니다.
(3) 햇빛이 프리즘을 통과하는 각도에 상관없이 프리즘을 통과한 햇빛은 여러 가지 색의 빛으로 나타납니다.

2 프리즘을 통과한 햇빛은 여러 가지 색의 빛으로 나타납니다.

3 프리즘은 유리나 플라스틱 등으로 만든 투명한 삼각기둥 모양의 기구입니다.

4 햇빛은 여러 가지 색의 빛으로 이루어져 있으며, 유리의 비스듬한 부분을 통과한 햇빛은 여러 가지 색의 빛으로 나타납니다.

5 햇빛이 여러 가지 색의 빛으로 나타나는 예로는 유리의 비스듬한 부분을 통과한 햇빛, 비가 내린 뒤 볼 수 있는 무지개, 프리즘을 통과한 햇빛 등이 있습니다.

2 빛은 서로 다른 물질의 경계에서 어떻게 나아갈까요

스스로 확인해요

1 굴절   **2** 예시 답안 빛이 프리즘에 들어갈 때 공기와 프리즘의 경계에서 굴절하고, 빛이 프리즘에서 나올 때 프리즘과 공기의 경계에서도 굴절하기 때문이다.

2 레이저 지시기의 빛이 공기 중에서 나아가다가 프리즘을 만나면 공기와 프리즘의 경계에서 굴절할 뿐만 아니라 프리즘에서 공기 중으로 나올 때에도 프리즘과 공기의 경계에서 굴절합니다.

문제로 개념 탄탄

1 ㉠, ㉢   **2** (1) × (2) ○ (3) × (4) ○
3 굴절   **4** ㉠ 보인다, ㉡ 꺾여

1 수조의 물에 우유를 두세 방울 넣어 섞고, 수조에 향 연기를 채우면 빛이 나아가는 모습을 잘 관찰할 수 있습니다. 이때 너무 많은 양을 넣으면 안 되고 적당한 양을 넣어야 합니다.

2 공기 중에서 물로, 물에서 공기 중으로, 공기 중에서 유리로 빛이 비스듬히 나아갈 때는 서로 다른 물질의 경계에서 빛이 꺾여서 진행하고, 수직으로 나아갈 때는 서로 다른 물질의 경계에서 빛이 꺾이지 않고 그대로 진행합니다.

3 빛은 진행하다가 서로 다른 물질의 경계에서 꺾여 나아갑니다. 이러한 현상을 빛의 굴절이라고 합니다.

4 컵에 물을 부으면 동전이 보이고, 컵에 물을 부으면 빨대가 꺾여 보이는 것은 빛이 물과 공기의 경계에서 굴절하기 때문에 나타나는 현상입니다.

문제로 실력 쑥쑥

01 ㉢   **02** (나)   **03** ④
04 ②, ③   **05** 예시 답안 햇빛은 여러 가지 색의 빛으로 이루어져 있기 때문에 햇빛이 프리즘을 통과하면 여러 가지 색의 빛이 나타난다.
06 ㉠ 우유, ㉡ 향 연기   **07** ④
08 ㉢   **09** ㉡   **10** ⑤
11 (나)   **12** 예시 답안 컵 속에 물을 부으면 빛이 물과 공기의 경계에서 굴절하기 때문에 컵 속의 동전이 떠올라 보이므로 동전을 볼 수 있다.

01 ㉢ 햇빛의 특징을 관찰하는 실험은 태양이 있는 맑은 날, 운동장에서 실험해야 합니다. 이때 햇빛을 눈으로 직접 보지 않게 주의합니다.

㉠ 햇빛이 직진하는 현상은 물체의 그림자를 통해 알 수 있습니다.
㉡ 프리즘을 대신하기 위해서는 투명하면서 비스듬한 부분이 있는 물체를 사용해야 합니다.

02 프리즘을 통과한 햇빛은 흰색 종이에 여러 가지 색의 빛으로 나타나는데, 이는 햇빛이 여러 가지 색의 빛으로 이루어져 있기 때문입니다.

03 ①, ②, ③ 프리즘은 유리나 플라스틱 등으로 만든 투명한 삼각기둥 모양의 기구로 햇빛이 통과할 수 있습니다.
⑤ 햇빛이 프리즘을 통과하면 여러 가지 색의 빛으로 나타납니다.

④ 프리즘은 유리나 플라스틱 등으로 만든 투명한 삼각기둥 모양의 기구로, 플라스틱으로 만들 수 있습니다.

04 ② 햇빛이 유리의 비스듬한 부분을 통과하면 여러 가지 색의 빛으로 나타납니다.
③ 비가 내린 뒤 볼 수 있는 무지개는 햇빛이 공기 중에 있는 물방울을 통과하면서 여러 가지 색의 빛으로 나타나는 현상입니다.

①, ④ 레이저 빛과 그림자는 빛의 직진과 관련 있는 현상입니다.

05 프리즘을 통과한 햇빛이 여러 가지 색의 빛으로 나타나는 현상의 관찰을 통해 햇빛이 여러 가지 색의 빛으로 이루어져 있음을 알 수 있습니다.

채점 기준	
상	햇빛이 여러 가지 색의 빛으로 이루어져 있기 때문에 여러 가지 색의 빛이 나타난다고 설명한 경우
중	햇빛은 다양한 색의 빛이 섞여 있다고 설명한 경우
하	햇빛이 프리즘을 통과하면서 다양한 색의 빛으로 나뉘기 때문이라고 설명한 경우

06 수조의 물에 우유를 두세 방울 넣고, 수조에 향 연기를 채우면 빛이 나아가는 모습을 잘 관찰할 수 있습니다.

07 ①, ③ 빛이 비스듬히 나아갈 때 공기와 물의 경계에서 꺾여 나아갑니다.
② 빛이 수직으로 나아갈 때 공기와 물의 경계에서 꺾이지 않고 그대로 나아갑니다.

④ 빛이 비스듬히 나아갈 때 물과 공기의 경계에서 꺾여 나아갑니다.

08 빛이 공기에서 유리로 수직으로 나아갈 때는 공기와 유리의 경계에서 꺾이지 않고 그대로 나아갑니다.

09 ㉠ 빛이 공기 중에서 물로 비스듬히 나아갈 때는 공기와 물의 경계에서 꺾여서 나아갑니다.
㉢ 빛이 공기 중에서 유리로 비스듬히 나아갈 때는 공기와 유리의 경계에서 꺾여서 나아갑니다.

㉡ 빛이 물에서 공기 중으로 수직으로 나아갈 때는 물과 공기의 경계에서 꺾이지 않고 그대로 나아갑니다.

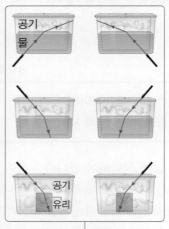

빛을 비스듬하게 비추면 서로 다른 물질의 경계에서 꺾여 나아가요.

빛을 수직으로 비추면 서로 다른 물질의 경계에서 꺾이지 않고 그대로 나아가요.

10 ⑤ 물에 잠긴 젓가락은 빛의 굴절 때문에 실제보다 떠올라 보이므로 위로 꺾여 보입니다.

①, ②, ③, ④ 젓가락이 꺾여 보이는 현상은 빛의 굴절과 관련 있으므로 빛의 반사, 빛의 직진, 빛의 밝기와는 상관없습니다.

11 (나): 빛이 물과 공기의 경계에서 굴절하기 때문에 물속의 물고기가 실제의 위치보다 떠올라 보입니다.

(가): 빛의 굴절에 의해 나타나는 현상입니다.
(다): 빛은 서로 다른 두 물질의 경계에서 꺾여서 진행합니다.

12 빛이 물과 공기의 경계에서 굴절하기 때문에 물속에 있는 물체는 실제와 다른 위치에 있는 것처럼 보입니다. 컵에 물을 부으면 동전을 볼 수 있습니다.

채점 기준	
상	예시 답안과 같이 설명한 경우
중	물을 부으면 빛이 물과 공기의 경계에서 굴절하기 때문에 보인다고 설명한 경우
하	물을 부으면 동전이 보인다고 설명한 경우

3~4 볼록 렌즈를 통과하는 빛은 어떻게 나아갈까요 / 볼록 렌즈로 물체를 보면 어떻게 보일까요

스스로 확인해요
122 쪽

1 굴절　　**2** 예시 답안 물을 담은 지퍼 백의 모양을 최대한 둥글게 만들면 볼록 렌즈와 같은 모양이 되어 햇빛을 한곳으로 모을 수 있다.

2 볼록 렌즈를 통과한 빛은 굴절하여 한곳으로 모을 수 있습니다.

스스로 확인해요
122 쪽

1 다르게　　**2** 예시 답안 어항의 볼록한 부분이 볼록 렌즈 구실을 하여 물고기를 더 크게 관찰할 수 있다.

2 가운데 부분이 가장자리보다 두꺼운 물체는 볼록 렌즈 구실을 합니다.

문제로 개념 탄탄
123 쪽

1 볼록　　　　**2** ㉠, ㉢
3 (1) ○ (2) × (3) ×
4 ㉠ 가장자리를, ㉡ 가운데 부분을, ㉢ 굴절, ㉣ 다르게
5 ㉠, ㉢

1 볼록 렌즈는 렌즈의 가운데 부분이 가장자리보다 두꺼운 렌즈로, 여러 가지 모양의 볼록 렌즈가 있습니다.

2 ㉠ 곧게 나아가던 빛이 볼록 렌즈의 가운데 부분을 통과하면 빛은 꺾이지 않고 그대로 나아갑니다.
㉢ 곧게 나아가던 레이저 지시기의 빛이 볼록 렌즈의 가장자리를 통과하면 빛은 두꺼운 쪽으로 꺾입니다.

왜 틀린 답일까?
㉡ 곧게 나아가던 레이저 지시기의 빛이 볼록 렌즈의 가장자리를 통과하면 빛은 두꺼운 쪽으로 꺾입니다.

3 (1) 볼록 렌즈로 관찰한 물체의 모습은 거꾸로 보이기도 합니다.
(2) 물체의 색은 원래 물체의 색과 같게 보입니다.
(3) 볼록 렌즈로 관찰한 물체의 모습은 실제보다 크거나 작게 보이기도 합니다.

4 • 곧게 나아가던 빛이 볼록 렌즈의 가장자리를 통과하면 빛은 두꺼운 쪽으로 꺾여 나아가고, 가운데 부분을 통과하면 빛은 꺾이지 않고 그대로 나아갑니다.
• 볼록 렌즈를 통과한 빛은 굴절하기 때문에 볼록 렌즈로 물체를 보면 실제 모습과 다르게 보입니다.

5 볼록 렌즈는 가운데 부분이 가장자리보다 두꺼운 렌즈로, 평평한 유리판은 두께가 일정한 평면이기 때문에 볼록 렌즈 구실을 할 수 없습니다.

5~6 우리 생활에서 볼록 렌즈를 어떻게 이용할까요 / 볼록 렌즈를 이용한 도구를 만들어 볼까요

스스로 확인해요
124 쪽

1 볼록　　**2** 예시 답안 의료용 장비에 볼록 렌즈를 이용하면 수술 부위를 확대해서 볼 수 있으므로 섬세한 작업을 할 때 도움이 된다.

2 볼록 렌즈로 물체의 모습을 확대해서 볼 수 있으므로 볼록 렌즈를 이용한 의료용 장비를 사용하면 섬세한 작업에 도움이 됩니다.

스스로 확인해요
124 쪽

1 다릅니다　　**2** 예시 답안 볼록 렌즈를 이용해 곤충을 관찰할 때 사용하는 확대경을 만들고 싶다.

2 볼록 렌즈를 이용한 기구에는 현미경, 망원경, 쌍안경, 사진기, 확대경 등이 있습니다.

문제로 개념 탄탄
125 쪽

1 (1) 멀리 (2) 현미경 (3) 확대해서
2 (1) ○ (2) × (3) ○　　**3** ㉠ 볼록 렌즈, ㉡ 기름종이
4 (1) ㉢ (2) ㉠

바른답·알찬풀이

1 (1) 망원경은 볼록 렌즈를 이용해 멀리 있는 물체를 관찰할 수 있습니다.

(2) 현미경은 볼록 렌즈를 이용해 작은 물체를 확대해서 관찰할 수 있습니다.

(3) 확대경은 볼록 렌즈를 이용해 곤충과 같이 작은 물체를 확대해서 관찰할 수 있습니다.

2 (1) 볼록 렌즈를 사용하면 물체를 확대해서 볼 수 있어 섬세한 작업을 할 때 도움이 됩니다.

(2) 가까이 있는 것이 잘 보이지 않는 사람은 볼록 렌즈로 만든 돋보기안경으로 시력을 교정합니다.

(3) 볼록 렌즈로 만든 현미경으로 작은 물체를 확대해서 볼 수 있고, 볼록 렌즈로 만든 망원경으로 멀리 있는 물체를 자세히 관찰할 수 있습니다.

3 간이 사진기 겉 상자의 동그란 구멍이 뚫린 부분에 볼록 렌즈를 붙이고, 간이 사진기 속 상자의 네모난 구멍이 뚫린 부분에 기름종이를 붙입니다.

4 간이 사진기로 물체를 관찰하면 실제 물체의 모습과 상하좌우가 바뀌어 보입니다.

문제로 실력 쑥쑥

126~127 쪽

01 ㉠ 투명한, ㉡ 두꺼운   **02** ④

03 [예시 답안] (나), 곧게 나아가던 빛이 볼록 렌즈의 가운데 부분을 통과하면 빛은 꺾이지 않고 그대로 나아가기 때문이다.   **04** ③

05 ㉠ 작게, ㉡ 거꾸로   **06** ①

07 볼록 렌즈   **08** ④   **09** ㉠, ㉢

10 ㉠ 볼록 렌즈, ㉡ 기름종이   **11** ③

12 ㉢   **13** [예시 답안] 간이 사진기에 있는 볼록 렌즈에서 빛이 굴절하여 기름종이에 상하좌우가 바뀐 물체의 모습을 만들기 때문이다.

01 볼록 렌즈는 유리와 같이 투명한 물질로 만들어졌습니다. 그리고 가운데 부분이 가장자리보다 두껍고, 빛이 굴절합니다.

02 ①, ② 곧게 나아가던 빛이 볼록 렌즈의 가장자리를 통과하면 두꺼운 부분으로 꺾여 나아갑니다.

③ 곧게 나아가던 빛이 볼록 렌즈의 가운데 부분을 통과하면 꺾이지 않고 그대로 나아갑니다.

왜 틀린 답일까?

④ 곧게 나아가던 빛이 볼록 렌즈의 가장자리를 통과하면 두꺼운 부분으로 꺾여 나아갑니다. 따라서 빛이 두꺼운 쪽인 아래로 굴절합니다.

03 곧게 나아가던 빛이 볼록 렌즈의 가장자리를 통과하면 빛은 두꺼운 쪽으로 꺾여 나아가고, 볼록 렌즈의 가운데 부분을 통과하면 빛은 그대로 나아갑니다. 볼록 렌즈를 통과한 빛은 한곳으로 모일 수 있습니다.

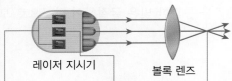

레이저 지시기   볼록 렌즈

곧게 나아가던 빛이 볼록 렌즈의 가장자리를 통과하면 빛은 두꺼운 쪽으로 꺾여 나아가요.

곧게 나아가던 빛이 볼록 렌즈의 가운데 부분을 통과하면 빛은 그대로 나아가요.

볼록 렌즈를 통과한 빛은 한곳으로 모일 수 있어요.

채점 기준		
상	잘못 말한 학생을 쓰고, 빛이 볼록 렌즈의 가운데 부분을 통과하면 빛은 꺾이지 않고 그대로 나아간다고 옳게 설명한 경우	
중	잘못 말한 학생을 쓰고, 빛이 그대로 나아간다고 설명한 경우	
하	잘못 말한 학생만 쓴 경우	

04 볼록 렌즈에 가까이 있는 물체는 실제보다 크게 보이고, 볼록 렌즈에서 멀리 있는 물체는 실제보다 작게 보입니다.

05 볼록 렌즈로 물체를 관찰하면 볼록 렌즈와 물체의 위치에 따라 크거나 작게 보이기도 하고, 거꾸로 보이기도 합니다.

06 ②, ③, ④, ⑤ 빛이 통과하고, 가운데 부분이 가장자리보다 두꺼운 물체들은 볼록 렌즈 구실을 할 수 있습니다.

왜 틀린 답일까?

① 빛은 쇠구슬을 통과할 수 없으므로 쇠구슬은 볼록 렌즈 구실을 할 수 없습니다.

07 사진기는 볼록 렌즈로 빛을 모아 사진을 촬영할 때 사용합니다. 망원경은 볼록 렌즈를 이용하여 멀리 있는 물체를 자세히 관찰할 때 사용합니다. 돋보기안경은 볼록 렌즈를 이용하여 책의 작은 글씨를 확대해서 볼 때 사용합니다.

08 ④ 곤충을 관찰할 때 확대경을 사용하면 작아서 잘 안 보이는 작은 부분을 확대하여 관찰할 수 있습니다.

왜 틀린 답일까?
① 시계 확대경은 시계의 날짜를 확대해서 볼 때 쓰입니다.
② 사진기는 빛을 모아 사진을 촬영할 때 쓰입니다.
③ 망원경은 멀리 있는 물체를 관찰할 때 쓰입니다.

09 ㉠ 볼록 렌즈를 사용하면 작은 물체를 확대해 볼 수 있어 섬세한 작업을 할 때 도움이 됩니다.
㉢ 볼록 렌즈로 만든 돋보기안경은 가까운 것이 잘 보이지 않는 사람의 시력을 교정하는 데 도움이 됩니다.

왜 틀린 답일까?
㉡ 볼록 렌즈를 사용하면 물체를 확대해서 볼 수 있어 작은 물체나 멀리 있는 물체를 자세히 관찰할 수 있습니다.

10

겉 상자
속 상자
볼록 렌즈를 ㉠ 붙여요.
㉡ 기름종이를 붙여요.

간이 사진기의 전개도로 겉 상자를 만들어 구멍 뚫린 부분에 볼록 렌즈를 붙이고, 속 상자를 만들어 네모난 구멍 뚫린 부분에 기름종이를 붙입니다. 겉 상자에 속 상자를 넣어 간이 사진기를 완성합니다.

11 간이 사진기로 글자를 보면 상하좌우가 바뀌어 보이므로 '나'는 'ㅏ'로 보입니다.

12 ㉢ 간이 사진기로 물체를 보면 실제 모습과 상하좌우가 바뀌어 보입니다.

왜 틀린 답일까?
㉠ 간이 사진기로 물체를 보면 실제 모습과 다르게 보입니다.
㉡ 간이 사진기로 본 물체의 색은 실제 물체의 색과 같습니다.

13 간이 사진기의 볼록 렌즈에서 빛이 굴절하여 상하좌우가 바뀐 물체의 모습을 기름종이에 맺히게 합니다.

채점 기준	
상	예시 답안과 같이 설명한 경우
중	볼록 렌즈에 의한 빛의 굴절은 설명하지 못하고, 간이 사진기에 있는 기름종이에 상하좌우가 바뀐 물체의 모습이 만들어지기 때문이라고만 설명한 경우
하	간이 사진기로 물체를 보면 상하좌우가 바뀌기 때문이라고만 설명한 경우

단원평가 1회

01 ①	**02** ㉡	**03** ㉠, ㉢
04 빛의 굴절	**05** ②	**06** ㉡
07 ④	**08** 볼록 렌즈	**09** ㉡
10 (다)	**11** ㉠ 굴절, ㉡ 기름종이	
12 ③		

서술형 문제

13 예시 답안 햇빛이 프리즘을 통과하면 여러 가지 색의 빛으로 나타나는 것으로 보아 햇빛은 여러 가지 색의 빛으로 이루어져 있다.

14 예시 답안 수조에 향 연기를 채우면 빛이 나아가는 모습을 더 잘 관찰할 수 있으며, 레이저 지시기의 빛을 유리판에 비스듬하게 비추면 공기와 유리의 경계에서 꺾여서 나아간다.

15 예시 답안 ㉢, 곧게 나아가던 빛이 볼록 렌즈의 가운데 부분을 통과하면 빛은 굴절하지 않고 그대로 나아간다.

16 예시 답안 볼록 렌즈로 관찰한 물체의 모습은 실제보다 크거나 작게 보이기도 하고, 거꾸로 보이기도 한다.

17 예시 답안 물체를 확대해서 볼 수 있어 작은 물체나 멀리 있는 물체를 자세히 관찰할 수 있다. 가까운 것이 잘 보이지 않는 사람의 시력을 교정하는 데 도움이 된다. 섬세한 작업을 할 때 도움이 된다. 등

18 예시 답안 (다), 간이 사진기의 속 상자에 있는 기름종이가 스크린의 역할을 해서 물체의 모습이 보여.

01 ① 햇빛이 맑은 날 운동장에서 실험해야 합니다.

왜 틀린 답일까?
② 프리즘과 같이 투명한 삼각기둥 모양의 기구를 사용해야 합니다.
③ 태양이 빛을 비추는 실외에서 실험해야 합니다.
④ 검은색 종이는 햇빛이 통과하지 않도록 적당한 두께의 종이를 사용해야 합니다.
⑤ 흰색 종이에는 햇빛의 그림자가 생기지 않고, 여러 가지 색의 빛이 나타납니다.

02 ㉡ 프리즘을 통과한 햇빛이 여러 가지 색의 빛으로 나타나는 것을 통해 햇빛이 여러 가지 색의 빛으로 이루어져 있다는 것을 알 수 있습니다.

왜 틀린 답일까?
㉠ 그림자가 생기는 현상은 빛의 직진과 관련 있습니다. 이 실험에서는 햇빛이 여러 가지 색의 빛으로 이루어져 있음을 설명할 수 있습니다.
㉢ 프리즘을 통과한 햇빛은 여러 가지 색의 빛으로 나타납니다.

03 ㉠, ㉢ 빛이 공기 중에서 물로 비스듬히 나아갈 때나 빛이 공기 중에서 유리로 비스듬히 나아갈 때는 두 물질의 경계에서 꺾여 나아갑니다.

> **왜 틀린 답일까?**
> ㉡ 빛이 물에서 공기 중으로 수직으로 나아갈 때나 빛이 공기 중에서 유리로 수직으로 나아갈 때는 꺾이지 않고 그대로 나아갑니다.

04 서로 다른 물질의 경계에서 빛이 꺾여 나아가는 현상을 빛의 굴절이라고 합니다. 물에 잠긴 젓가락은 빛의 굴절 때문에 실제보다 떠올라 보이므로 위로 꺾여 보입니다.

05 ① 볼록 렌즈는 유리와 같이 투명한 물질로 만듭니다.
③ 볼록 렌즈는 가운데 부분이 가장자리보다 두꺼운 렌즈입니다.
④ 곧게 나아가던 나란한 빛이 볼록 렌즈의 가운데 부분을 통과하면 빛은 굴절하지 않고 그대로 나아갑니다.
⑤ 곧게 나아가던 나란한 빛이 볼록 렌즈의 가장자리를 통과하면 빛은 두꺼운 쪽으로 굴절하여 꺾여 나아갑니다.

> **왜 틀린 답일까?**
> ② 곧게 나아가던 나란한 빛이 볼록 렌즈의 가장자리를 통과하면 두꺼운 쪽으로 굴절하여 한곳으로 모일 수 있습니다.

06 볼록 렌즈의 가장자리를 통과하는 빛은 두꺼운 쪽으로 굴절하여 꺾여 나아갑니다. 볼록 렌즈의 가운데 부분을 통과하는 빛은 굴절하지 않고 그대로 나아갑니다.

07 ① 볼록 렌즈로 물체를 보면 실제 모습과 다르게 보입니다.
② 볼록 렌즈로 멀리 있는 물체를 보면 실제 모습보다 작게 보입니다.
③ 볼록 렌즈로 가까이 있는 물체를 보면 실제 모습보다 크게 보입니다.
⑤ 볼록 렌즈로 물체를 보았을 때 상하좌우가 바뀌어 거꾸로 보일 때도 있습니다.

> **왜 틀린 답일까?**
> ④ 볼록 렌즈로 물체를 보았을 때 좌우만 바뀌어 보이지는 않습니다.

08 유리 막대, 유리구슬, 풀잎에 매달린 물방울 등으로 물체를 보면 볼록 렌즈 구실을 하여 실제 물체의 모습과 다르게 보입니다.

09 ㉡ 망원경, 사진기, 확대경은 볼록 렌즈를 이용한 기구로, 빛이 굴절하여 한곳에 모일 수 있습니다.

> **왜 틀린 답일까?**
> ㉠, ㉢ 볼록 렌즈는 가운데 부분이 가장자리보다 두꺼우며, 빛을 한곳으로 모을 수 있습니다.

10 (다): 현미경은 대물렌즈와 접안렌즈에 볼록 렌즈를 이용하여 작은 물체의 모습을 확대해서 볼 수 있게 만든 기구입니다.

> **왜 틀린 답일까?**
> (가): 현미경은 볼록 렌즈를 이용한 기구입니다.
> (나): 망원경은 멀리 있는 물체를 관찰할 때 사용합니다.

11 물체의 실제 모습과 간이 사진기로 관찰한 물체의 모습에 차이가 나는 것은 간이 사진기의 겉 상자에 있는 볼록 렌즈에서 빛이 굴절하여 속 상자에 있는 기름종이에 상하좌우가 바뀐 물체의 모습을 만들기 때문입니다.

12 간이 사진기로 본 물체의 모습은 실제 물체의 모습과 상하좌우가 바뀌어 보입니다.

13 햇빛이 프리즘을 통과하면 여러 가지 색의 빛으로 나타납니다. 이를 통해 햇빛은 여러 가지 색의 빛으로 이루어져 있음을 알 수 있습니다.

채점 기준	
상	햇빛이 프리즘을 통과하면 여러 가지 색의 빛으로 나타나는 것으로 보아 햇빛은 여러 가지 색의 빛으로 이루어져 있다고 설명한 경우
중	햇빛은 여러 가지 색의 빛으로 이루어져 있다고 설명한 경우
하	햇빛이 프리즘을 통과하면 여러 가지 색의 빛으로 나타난다고만 설명한 경우

14 수조에 향 연기를 적당히 채우면 빛이 나아가는 모습을 더 잘 관찰할 수 있습니다. 레이저 지시기의 빛을 유리판에 비스듬하게 비추면 빛이 공기와 유리의 경계에서 꺾여서 나아가고, 수직으로 비추면 빛이 그대로 나아갑니다.

채점 기준	
상	수조에 향 연기를 채우면 빛이 나아가는 모습을 더 잘 관찰할 수 있으며, 레이저 지시기의 빛을 유리판에 비스듬하게 비추면 공기와 유리의 경계에서 꺾여서 나아간다고 설명한 경우
중	레이저 지시기의 빛을 유리판에 비스듬하게 비추면 공기와 유리의 경계에서 꺾여서 나아간다고 설명한 경우
하	수조에 향 연기를 채우면 빛이 나아가는 모습을 더 잘 관찰할 수 있다고 설명한 경우

15 곧게 나아가던 빛이 볼록 렌즈의 가운데 부분을 통하면 빛은 굴절하지 않고 그대로 나아가고, 가장자리 부분을 통과하면 두꺼운 쪽으로 굴절하여 나아갑니다.

	채점 기준
상	㉢이라 쓰고, 곧게 나아가던 빛이 볼록 렌즈의 가운데 부분을 통과하면 빛은 굴절하지 않고 그대로 나아간다고 설명한 경우
중	㉢이라 쓰고, 곧게 나아가던 방향으로 그대로 나아간다고 설명한 경우
하	㉢이라고만 쓴 경우

16 볼록 렌즈로 관찰한 물체의 모습은 실제보다 크거나 작게 보이기도 하고, 거꾸로 보이기도 하는 등 실제 물체와 다르게 보입니다.

	채점 기준
상	볼록 렌즈로 관찰한 물체의 모습은 실제보다 크거나 작게 보이기도 하고, 거꾸로 보이기도 한다고 모두 옳게 설명한 경우
중	볼록 렌즈로 관찰한 물체의 모습은 실제보다 크거나 작게 보인다고만 설명한 경우
하	볼록 렌즈로 관찰한 물체의 모습은 실제와 다르게 보인다고 설명한 경우

17 볼록 렌즈를 사용하면 물체를 확대해서 볼 수 있습니다. 현미경이나 망원경으로 작은 물체나 멀리 있는 물체를 자세히 관찰할 수 있습니다. 가까운 것이 잘 보이지 않는 사람의 시력을 돋보기안경으로 교정할 수 있습니다. 의료용 장비는 수술 부위를 확대해서 볼 수 있어 섬세한 작업을 할 때 도움이 됩니다.

	채점 기준
상	세 가지 모두 옳게 설명한 경우
중	두 가지만 옳게 설명한 경우
하	한 가지만 옳게 설명한 경우

18 간이 사진기의 겉 상자에 있는 볼록 렌즈에서 빛이 굴절하여 속 상자에 있는 기름종이에 상하좌우가 바뀐 물체의 모습을 만듭니다. 이때 기름종이는 물체의 상이 맺히는 스크린의 역할을 합니다. 기름종이에는 상하좌우가 바뀐 물체의 모습이 보입니다.

	채점 기준
상	(다)라 쓰고, 거울 대신 기름종이라고 고쳐서 설명한 경우
중	(다)라 쓰고, 거울은 스크린 역할을 하지 못한다고 설명한 경우
하	(다)라고만 쓴 경우

01 (1) ㉠ ㉡ ㉢ ㉣ ㉤ ㉥

(2) **예시 답안** 빛을 수면이나 유리 면에 비스듬하게 비출 때는 빛이 공기와 물, 공기와 유리의 경계에서 꺾여 나아간다. 빛을 수면이나 유리 면에 수직으로 비출 때는 빛이 공기와 물, 공기와 유리의 경계에서 꺾이지 않고 그대로 나아간다.

02 (1) ㉠ 볼록 렌즈, ㉡ 기름종이 (2) **예시 답안** 간이 사진기에 있는 볼록 렌즈에서 빛이 굴절하여 기름종이에 상하좌우가 바뀐 물체의 모습을 만들기 때문이다.

01 (1) 빛을 수면(유리 면)에 비스듬하게 비추면 공기와 물(유리)의 경계에서 꺾여 나아가고, 빛을 수면(유리 면)에 수직으로 비추면 공기와 물(유리)의 경계에서 꺾이지 않고 그대로 나아갑니다.

> **만점 꿀팁** 서로 다른 물질의 경계에서 빛이 꺾여 나아가는 현상을 빛의 굴절이라고 해요.

(2) 빛은 공기와 물, 공기와 유리 등과 같이 서로 다른 물질이 만나는 경계에서 굴절합니다.

> **만점 꿀팁** 빛이 진행하다가 서로 다른 물질을 만나면 서로 다른 물질의 경계에서 굴절하기 때문에 물속에 있는 물체와 실제 물체가 다르게 보여요.

	채점 기준
상	예시 답안과 같이 설명한 경우
중	빛은 서로 다른 물질의 경계에서 꺾여 나아간다고만 설명한 경우
하	빛은 꺾여 나아가는 성질이 있다고만 설명한 경우

02 (1) 간이 사진기의 겉 상자에는 볼록 렌즈를 붙이고, 간이 사진기의 속 상자에는 기름종이를 붙입니다.

> **만점 꿀팁** 볼록 렌즈에서는 빛이 굴절하고, 기름종이는 물체의 모습이 맺히는 스크린의 역할을 해요.

(2) 간이 사진기는 볼록 렌즈로 빛을 모아 물체의 모습을 기름종이에 맺히게 하여 관찰할 수 있는 기구입니다.

> **만점 꿀팁** 간이 사진기로 물체를 보면 물체의 상하좌우가 바뀌어 보여요.

바른답·알찬풀이

채점 기준	
상	볼록 렌즈에서 빛이 굴절하여 기름종이에 상하좌우가 바뀐 물체의 모습을 만들기 때문이라고 설명한 경우
중	상하좌우가 바뀐 물체의 모습이 기름종이에 맺힌다고 설명한 경우
하	볼록 렌즈에서 빛이 굴절한다고 설명한 경우

단원 평가 2회

140~142 쪽

01 ㉡	02 ⑤	03 ④
04 ④	05 볼록 렌즈	06 ③
07 (다)	08 ③	09 망원경
10 ㉡	11 ⑤	12 윤

서술형 문제

13 예시 답안 햇빛이 물방울을 통과할 때 무지개처럼 여러 가지 색의 빛으로 나타나는 것으로 보아 햇빛은 여러 가지 색의 빛으로 이루어져 있다.

14 예시 답안 레이저 지시기의 빛을 수면에 수직으로 비추었다.

15 예시 답안 물속의 물고기가 실제 위치보다 떠올라 보인다. 물에 반쯤 담긴 젓가락이 꺾여 보인다. 물을 붓기 전 보이지 않던 컵 속의 동전이 물을 부었더니 보인다. 등

16 예시 답안 빛이 통과할 수 있고, 가운데 부분이 가장자리보다 두꺼운 물체들이다.

17 예시 답안 돋보기안경은 책의 작은 글씨를 확대해서 볼 수 있어 가까운 것이 잘 보이지 않는 사람의 시력을 교정하는 데 도움을 준다.

18 예시 답안 ㉮, 간이 사진기의 겉 상자에 붙인 볼록 렌즈에서 빛이 굴절하여 속 상자에 붙인 기름종이에 상하좌우가 바뀐 물체의 모습을 만들기 때문이다.

01 ㉡ (가)는 유리나 플라스틱 등으로 만든 투명한 삼각기둥 모양의 기구로 프리즘입니다.

> **왜 틀린 답일까?**
> ㉠ 프리즘은 빛이 통과하므로 투명해야 합니다.
> ㉢ 가운데 부분이 가장자리보다 두꺼운 것은 볼록 렌즈입니다.

02 ⑤ 햇빛이 프리즘을 통과하면 여러 가지 색의 빛으로 나타나는 것을 통해 햇빛이 여러 가지 색의 빛으로 이루어져 있음을 알 수 있습니다.

> **왜 틀린 답일까?**
> ① 햇빛이 여러 가지 색의 빛으로 이루어져 있음을 알 수 있는 실험으로, 그림자는 빛의 직진에 의해 나타나는 현상입니다.
> ② 프리즘을 대신하려면 투명하면서 비스듬한 부분이 있어야 합니다.
> ③ 프리즘을 통과한 햇빛을 관찰하려면 햇빛이 눈에 직접 닿지 않도록 주의하며, 맑은 날 운동장에서 실험해야 합니다.
> ④ 등대의 불빛은 빛의 직진 현상의 예입니다.

03 빛이 공기 중에서 물이나 유리로 비스듬히 나아가면 두 물질의 경계에서 꺾여서 나아가고, 수직으로 나아가면 두 물질의 경계에서 꺾이지 않고 그대로 나아갑니다.

04 ④ 컵에 물을 부으면 물속에서 공기 중으로 빛이 나올 때 물과 공기의 경계에서 굴절하여 눈으로 들어오기 때문에 동전이 보입니다.

> **왜 틀린 답일까?**
> ①, ②, ③, ⑤ 물속에 있는 물체가 실제와 다르게 보이는 까닭은 물과 공기의 경계에서 빛이 굴절하기 때문입니다.

05 볼록 렌즈는 유리와 같이 투명한 물질로 만들며, 가운데 부분이 가장자리보다 두꺼운 렌즈입니다.

06 볼록 렌즈의 가장자리를 통과하는 빛은 두꺼운 쪽으로 굴절하여 꺾여 나아가고, 볼록 렌즈의 가운데 부분을 통과하는 빛은 굴절하지 않고 그대로 나아갑니다.

07 (다): 볼록 렌즈로 물체를 보면 거꾸로 보이기도 합니다.

> **왜 틀린 답일까?**
> (가), (나): 볼록 렌즈로 가까이 있는 물체를 보면 실제보다 크게 보이고, 볼록 렌즈로 멀리 있는 물체를 보면 실제보다 작게 보이기도 합니다.

08 볼록 렌즈 구실을 하려면 빛이 통과할 수 있고, 가운데 부분이 가장자리보다 두꺼운 물체여야 합니다.
①, ②, ④ 풀잎에 매달린 물방울, 물이 담긴 둥근 어항, 유리구슬 등은 볼록 렌즈 구실을 할 수 있는 물체입니다.

> **왜 틀린 답일까?**
> ③ 거울은 빛이 통과하지 않고 반사하므로 볼록 렌즈 구실을 할 수 없습니다.

09 망원경은 볼록 렌즈를 이용하여 멀리 있는 물체를 확대하여 관찰할 때 사용하는 기구입니다.

10 ㉡ 돋보기로 글자를 가까이에서 보면 글자가 크게 확대되어 보입니다.

> **왜 틀린 답일까?**
> ㉠, ㉢ 돋보기로 글자를 멀리서 보면 글자가 작게 보이기도 하고 거꾸로 보이기도 합니다.

11 ⑤ 빛이 볼록 렌즈에서 굴절하여 기름종이에 상하좌우가 바뀐 물체의 모습을 맺히게 합니다.

① 간이 사진기의 겉 상자에는 볼록 렌즈를 붙이고, 속 상자에는 기름종이를 붙여서 물체를 관찰할 때 사용합니다.
② 빛은 볼록 렌즈를 통과할 때 굴절하며, 물체의 모습은 기름종이에 나타납니다.
③ 간이 사진기는 물체의 모습을 관찰할 수만 있고 종이로 출력할 수는 없습니다.
④ 속 상자에 붙이는 기름종이는 스크린의 역할을 합니다.

12 간이 사진기로 본 글자 '공'은 상하좌우가 바뀌어 '운'으로 보입니다.

13 무지개는 햇빛이 여러 가지 색의 빛으로 나타나는 현상입니다.

채점 기준	
상	햇빛이 물방울을 통과할 때 여러 가지 색의 빛으로 나타나는 것으로 보아 햇빛은 여러 가지 색의 빛으로 이루어져 있다고 설명한 경우
중	햇빛은 여러 가지 색의 빛으로 이루어졌다고 설명한 경우
하	햇빛이 물방울을 통과하면 여러 가지 색의 빛으로 나타난다고만 설명한 경우

14 빛을 수면에 비스듬하게 비추면 공기와 물의 경계에서 꺾여 나아가고, 빛을 수면에 수직으로 비추면 빛이 공기와 물의 경계에서 꺾이지 않고 그대로 나아갑니다.

채점 기준	
상	레이저 지시기의 빛을 수면에 수직으로 비추었다고 설명한 경우
중	레이저 지시기의 빛을 수직으로 비춘다고 설명한 경우
하	레이저 지시기의 빛을 똑바로 비추었다고 설명한 경우

15 공기와 물의 경계에서 빛이 굴절하기 때문에 물속에 있는 물체의 모습은 실제와 다른 위치에 있는 것처럼 보입니다.

채점 기준	
상	물속에 있는 물체의 모습이 실제 모습과 다르게 보이는 예를 세 가지 모두 설명한 경우
중	물속에 있는 물체의 모습이 실제 모습과 다르게 보이는 예를 두 가지만 설명한 경우
하	물속에 있는 물체의 모습이 실제 모습과 다르게 보이는 예를 한 가지만 설명한 경우

16 볼록 렌즈는 유리와 같이 투명한 물질로 만들어졌으며, 가운데 부분이 가장자리보다 두꺼운 렌즈입니다.

채점 기준	
상	빛이 통과할 수 있고, 가운데 부분이 가장자리보다 두꺼운 물체라고 설명한 경우
중	빛이 통과할 수 있고, 둥근 모양이라고 설명한 경우
하	빛이 통과할 수 있다고 설명한 경우

17 돋보기안경은 가까운 것이 잘 보이지 않는 사람의 시력을 교정하는 데 도움을 줍니다.

채점 기준	
상	가까운 것이 잘 보이지 않는 사람의 시력을 교정하는 데 도움을 준다고 설명한 경우
중	책의 작은 글씨가 잘 안 보일 때 도움을 준다고 설명한 경우
하	시력을 교정하는 데 도움을 준다고 설명한 경우

18 물체에서 반사된 빛이 간이 사진기의 볼록 렌즈에서 굴절하여 상하좌우가 바뀐 물체의 모습을 기름종이에 맺히게 합니다.

채점 기준	
상	간이 사진기로 관찰했을 때의 모습을 그리고, 물체가 보이는 원리를 옳게 설명한 경우
중	간이 사진기로 관찰했을 때의 모습을 그리고, 물체가 보이는 원리를 일부 설명한 경우
하	간이 사진기로 관찰했을 때의 모습만 그린 경우

수행평가 2회
143 쪽

01 (1) 프리즘 (2) 예시 답안 햇빛이 프리즘을 통과하면 흰색 종이에 여러 가지 색의 빛이 연속해서 나타난다. 이를 통해 햇빛이 여러 가지 색의 빛으로 이루어져 있음을 알 수 있다.

02 (1) 해설 참조 (2) 예시 답안 곧게 나아가던 빛이 볼록 렌즈의 가장자리를 통과하면 빛은 두꺼운 쪽으로 굴절하여 꺾여 나아간다. 곧게 나아가던 빛이 볼록 렌즈의 가운데 부분을 통과하면 빛은 굴절하지 않고 그대로 나아간다. 볼록 렌즈를 통과한 빛은 한곳으로 모일 수 있다. 등

바른답·알찬풀이

01 (1) 프리즘은 유리나 플라스틱 등으로 만든 투명한 삼각기둥 모양의 기구입니다.

> **만점 꿀팁** 햇빛이 프리즘을 통과하면 흰색 종이에 여러 가지 색의 빛으로 나타납니다.

(2) 햇빛이 프리즘을 통과하면 흰색 종이에 여러 가지 색의 빛으로 나타나며, 이를 통해 햇빛은 여러 가지 색의 빛으로 이루어져 있음을 알 수 있습니다.

> **만점 꿀팁** 햇빛이 여러 가지 색의 빛으로 나타나 보이는 예로는 유리의 비스듬한 부분을 통과한 햇빛, 비가 내린 뒤 볼 수 있는 무지개 등이 있어요.

유리의 비스듬한 부분을
통과한 햇빛

비가 내린 뒤 볼 수 있는
무지개

채점 기준	
상	프리즘을 통과한 햇빛이 흰색 종이에 나타나는 모습과 햇빛의 특징을 모두 옳게 설명한 경우
중	햇빛은 여러 가지 색의 빛으로 이루어져 있다고만 설명한 경우
하	햇빛은 프리즘을 통과하면 흰색 종이에 여러 가지 색의 빛으로 나타난다고 설명한 경우

02 (1) 볼록 렌즈를 통과한 빛은 다음과 같이 나아갑니다.

> **만점 꿀팁** 곧게 나아가던 빛이 볼록 렌즈의 가장자리를 통과하면 빛은 두꺼운 쪽으로 꺾여 나아가고, 가운데 부분을 통과하면 꺾이지 않고 그대로 나아가요.

답
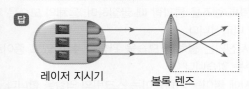
레이저 지시기　　　볼록 렌즈

(2) 곧게 나아가던 빛이 볼록 렌즈의 가장자리를 통과하면 빛은 두꺼운 쪽으로 꺾여 나아가고, 곧게 나아가던 빛이 볼록 렌즈의 가운데 부분을 통과하면 빛은 꺾이지 않고 그대로 나아갑니다. 그리고 볼록 렌즈를 통과한 빛은 한곳으로 모일 수 있습니다.

> **만점 꿀팁** 곧게 나아가던 빛이 볼록 렌즈를 통과하면 볼록 렌즈의 두꺼운 쪽으로 굴절하여 한곳으로 모일 수 있어요.

채점 기준	
상	알 수 있는 사실을 세 가지 모두 옳게 설명한 경우
중	빛이 볼록 렌즈의 가운데 부분을 통과하면 두꺼운 쪽으로 꺾여 나아가고, 가운데 부분을 통과하면 그대로 나아간다고만 설명한 경우
하	볼록 렌즈를 통과한 빛은 한곳으로 모인다고만 설명한 경우

Memo

Memo